電気設備技術者のための

建築電気設備 技術計算 ハンドブック

上　巻

序

　建築電気設備は，建築本体や空調・衛生設備と連携しているため，その設計・施工，機材の選定および検証に，思いのほか多くの時間を費やすことが多い。

　そのため，以前から効率よく業務を進めることができる「電気技術計算書」が求められていた。しかしながら，現在に至るまで電気設備工事関係の計算式が簡潔にまとめられた「電気技術計算書」の類は少ない。

　そこで，建築電気設備技術者が日常の設計・施工業務を円滑に行えるように，計算式と計算例を随所に掲載した本書，『電気設備技術者のための建築電気設備技術計算ハンドブック』を作成したものである。

　本書は，内容が浩瀚にわたるため上・下巻に分けた。

内容は，

　第1編　受変電設備構成上の技術計算
　　・受変電設備の計画，短絡故障，地絡故障，絶縁強調，力率改善，高調波抑制
　　　電圧降下他
　第2編　受変電機器選定上の技術計算
　　・変圧器，開閉器，電力用コンデンサ，直流電源装置，発電設備，無停電電源設備
　　　配電盤他
　第3編　受変電設備と環境
　　・騒音対策，振動対策，災害対策他

で構成されている。

　今回の改訂では，法令・規格・基準類を中心に見直しを行った。

　本書を設計・施工業務のツールとして活用することで，電気設備技術者が，顧客から信頼される経済的で，安全な建築電気設備を構築されることを望むものである。

　今回の改訂作業に携わった執筆者および多大なご協力をいただいた方々に心より，感謝いたします。

令和元年12月
一般社団法人　日本電設工業協会
出版委員会
単行本企画編集専門委員会

目　　次

第1編　受変電設備構成上の技術計算

1　受変電設備の計画 ……………………………………………………………… 1

  1.1　受変電設備の計画手順 …………………………………………………… 1

  1.2　負荷調査と負荷設備容量の算定 ………………………………………… 2

  1.3　受電設備容量の算定と負荷力率の管理 ………………………………… 6

  1.4　電圧変動と許容電圧変動範囲 …………………………………………… 8

  1.5　受電方式の決定 …………………………………………………………… 10

  1.6　受電変圧器の構成と配電方式 …………………………………………… 15

  1.7　短絡電流の計算 …………………………………………………………… 20

  1.8　機器の配置計画と所要面積 ……………………………………………… 21

  1.9　耐震対策 …………………………………………………………………… 24

2　短絡・地絡故障計算の基本 …………………………………………………… 25

  2.1　短絡故障計算と短絡強度の検討 ………………………………………… 25

  2.2　パーセントインピーダンス法 …………………………………………… 29

  2.3　インピーダンスマップ …………………………………………………… 30

3　高圧回路の短絡電流計算 ……………………………………………………… 33

  3.1　短絡保護協調の考え方 …………………………………………………… 33

  3.2　高圧回路の短絡電流計算 ………………………………………………… 34

4　低圧回路の短絡電流計算 ……………………………………………………… 38

  4.1　非対称係数とは …………………………………………………………… 38

  4.2　低圧回路の短絡電流計算 ………………………………………………… 40

5　短絡電流の抑制対策 …………………………………………………………… 43

  5.1　変圧器インピーダンスの変更 …………………………………………… 43

  5.2　限流リアクトルの設置 …………………………………………………… 43

  5.3　系統分離 …………………………………………………………………… 43

6　カスケード保護方式 …………………………………………………………… 45

  6.1　カスケード保護方式の考え方 …………………………………………… 45

  6.2　カスケード保護方式の動作責務 ………………………………………… 45

  6.3　限流ヒューズによるバックアップ ……………………………………… 46

7　地絡故障計算 …………………………………………………………………… 47

  7.1　地絡故障計算の考え方 …………………………………………………… 47

  7.2　接地方式 …………………………………………………………………… 47

  7.3　1線地絡時の地絡電流計算 ……………………………………………… 48

8　電圧降下の計算 ………………………………………………………………… 53

  8.1　定常電圧降下と瞬時電圧降下 …………………………………………… 53

  8.2　電圧降下の計算法 ………………………………………………………… 53

8.3	屋内配線の電圧降下計算	59
8.4	瞬時電圧降下の計算	60
8.5	電動機始動時の電圧降下計算	62
8.6	電圧フリッカの許容値	65

9 力率改善 68
9.1	コンデンサ容量の計算	68
9.2	力率改善の効果	69
9.3	電力損失の軽減	70
9.4	電圧降下の改善	70
9.5	系統容量の増大	71
9.6	電気料金の割引	71

10 高調波 73
10.1	高調波の発生と影響	73
10.2	高調波ガイドラインによる高調波流出電流の計算	75
10.3	高調波対策	79
10.4	共振現象	81

11 異常電圧 83
11.1	雷過電圧（雷サージ）	83
11.2	開閉過電圧（開閉サージ）	84
11.3	変圧器移行電圧	86
11.4	地絡時異常電圧	87

12 絶縁協調 90
12.1	絶縁協調の考え方	90
12.2	各設備の絶縁協調	90
12.3	機器の絶縁強度	91

13 電圧不平衡 93
13.1	電圧不平衡の発生原因	93
13.2	電圧不平衡による影響	93
13.3	電圧不平衡の防止対策	94

第2編 受変電機器選定上の技術計算

1 変圧器 99
1.1	変圧器の短絡インピーダンス	99
1.2	変圧器の絶縁強度	102
1.3	％インピーダンスと電圧変動率の計算	103
1.4	並行運転と負荷分担の計算	105
1.5	変圧器の効率計算と運転条件	107
1.6	変圧器と省エネルギー	110
1.7	変圧器の結線と出力計算	112
1.8	V結線の容量計算	116

1.9	灯動兼用変圧器の負荷分担	118
1.10	変圧器の周囲温度と許容温度上昇限度	120
1.11	変圧器の過負荷運転	122
2	開閉器	126
2.1	遮断器の選定	126
2.2	限流ヒューズの特性	131
2.3	断路器の選定	134
2.4	負荷開閉器の選定	138
2.5	電磁接触器の選定	141
2.6	電力ヒューズの選定	144
3	避雷器	148
3.1	避雷器の定格と絶縁協調	148
3.2	避雷器と機器の絶縁強度	149
3.3	避雷器の選定	150
3.4	避雷器と被保護機器間の配置	151
4	変流器	153
4.1	変流器の原理と比誤差	153
4.2	変流器の種類と用途	154
4.3	変流器の特性	155
4.4	変流器の選定	158
4.5	変流器二次側ケーブルの選定	159
5	計器用変圧器	163
5.1	計器用変圧器の原理と種類	163
5.2	計器用変圧器の特性	165
5.3	接地形計器用変圧器の特性	167
5.4	計器用変圧器二次側ケーブルの選定	168
6	電力用コンデンサ	170
6.1	コンデンサの役割と性能	170
6.2	コンデンサ用直列リアクトル	171
6.3	力率制御	173
6.4	コンデンサ投入時の現象	175
6.5	コンデンサ開放時の現象	176
6.6	自己励磁現象	177
7	直流電源装置	178
7.1	蓄電池の容量計算と短絡電流計算	178
7.2	整流装置の諸特性と各種計算方法	183
7.3	蓄電池室の換気量計算	186
8	発電設備	191
8.1	発電設備の出力計算	191
8.2	単相負荷の扱い	193

8.3　高調波負荷の扱い ……………………………………………… 193

8.4　回転速度の選定 ………………………………………………… 194

8.5　短絡容量計算 …………………………………………………… 195

8.6　騒音対策と耐震対策 …………………………………………… 198

8.7　給・排気，換気系統 …………………………………………… 214

8.8　燃料系統 ………………………………………………………… 224

8.9　潤滑油系統 ……………………………………………………… 230

8.10　冷却水系統 …………………………………………………… 235

8.11　始動装置 ……………………………………………………… 240

9　配電盤 ……………………………………………………………… 247

9.1　主回路導体の許容電流 ………………………………………… 247

9.2　母線短絡時，支持物にかかる力 ……………………………… 247

9.3　制御用電源と制御電線 ………………………………………… 250

9.4　発熱量と換気量 ………………………………………………… 252

10　配線用遮断器 ……………………………………………………… 254

10.1　配線用遮断器の特性と保護協調 …………………………… 254

10.2　配線用遮断器の選定 ………………………………………… 256

11　漏電遮断器 ………………………………………………………… 260

11.1　漏電遮断器の設置義務 ……………………………………… 260

11.2　漏電遮断器の選定 …………………………………………… 262

12　保護継電システムの構成 ………………………………………… 266

12.1　保護の原則 …………………………………………………… 266

12.2　区間保護方式 ………………………………………………… 267

12.3　限時保護方式 ………………………………………………… 270

12.4　方向選択保護方式 …………………………………………… 273

13　無停電電源設備 …………………………………………………… 275

13.1　無停電電源装置の基本構成と動作 ………………………… 275

13.2　UPSと負荷の波形ひずみ …………………………………… 276

13.3　UPSの設備計画と容量の決定 ……………………………… 278

13.4　UPSの過電流協調 …………………………………………… 280

第3編　受変電設備と環境

1　騒音対策 …………………………………………………………… 285

1.1　関連法規等 …………………………………………………… 285

1.2　音の基礎 ……………………………………………………… 285

1.3　騒音の伝播とその防止対策 ………………………………… 289

1.4　変圧器の騒音と防止対策 …………………………………… 290

1.5　騒音の測定 …………………………………………………… 299

2　振動対策 …………………………………………………………… 302

2.1　関連法規等 …………………………………………………… 302

2.2 振動の基礎 ·· 302
2.3 振動の伝播とその防止対策 ······························ 305
2.4 振動の計算 ·· 306
2.5 防振材料 ·· 309
2.6 浮き床 ··· 312

3 換 気 ··· 313
3.1 関連法規等 ·· 313
3.2 換気方式 ·· 313
3.3 電気設備関連諸室の換気 ··································· 314
3.4 発電設備と大気汚染 ··· 319

4 災害対策 ·· 328
4.1 火災対策 ·· 328
4.2 地震対策 ·· 334
4.3 塩害対策 ·· 345
4.4 その他の環境対策 ·· 351

第1編　受変電設備構成上の技術計算

1 受変電設備の計画

1.1 受変電設備の計画手順

　受変電設備の役割は，安全でかつ信頼性や経済性が考慮され，負荷設備が求める電気エネルギーを効率よく供給することにある。負荷設備は，需要家個々に負荷の種類，大きさ，台数などが異なるので，全く同一の設備構成となることはほとんど無いと言ってよい。

　そこで，受変電設備を計画するに当っては，建築物の規模，用途，立地条件，設備の重要度，将来計画などを念頭に，需要家から要求される諸条件を加味し総合的な評価をする必要がある。受変電設備を具体的に計画する方法としては，第1.1図に示す計画手順で進めると効率よく検討できる。

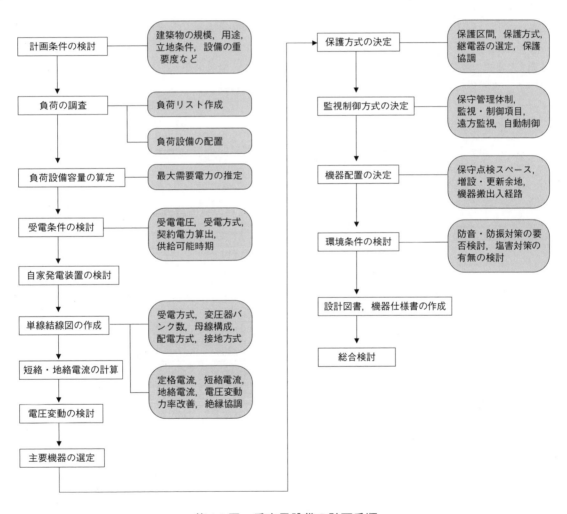

第1.1図　受変電設備の計画手順

1.2　負荷調査と負荷設備容量の算定

建築物に設置される受変電設備を計画する場合，計画当初は負荷設備の詳細が不明なことが多いので，建築物の規模，負荷設備の種類・用途，負荷分布や負荷設備の電力密度などから，電気設備容量を推定して，概略の電気設備が計画される。

1.2.1　負荷設備容量の推定

受変電設備の構成を検討するにあたっては，対象建築物の電力負荷容量が，どの程度必要かを最初に検討する必要がある。なぜなら，電力負荷容量は，契約電力の推定，受電電圧，受電方式，回路構成，変圧器の容量・バンク構成など受変電設備の主要な事項を決定する基本要素となるからである。

負荷容量を算定するにあたっては，負荷の種類，容量，台数，用途など，できるだけ正確に負荷調査をする必要があるが，基本計画の初期段階では，主要な負荷機器を除き負荷の詳細が不明な場合が多いのが普通である。そこで，負荷のデータが明確なものはそのまま使用し，それ以外のものは従来の経験値や各種の統計データを参考にして負荷容量を推定することが一般的である。

第1.1表は，建物用途別の単位面積当たりの負荷設備容量の統計値である。これらのデータを用いて，建築物の用途，規模（延べ床面積）から概算の負荷設備容量，需要電力などを求めることができる。

なお，建物用途別単位面積当たりの負荷設備容量については，(一社) 日本電設工業協会，(一社) 電気設備学会より毎年発刊される「新築ビルディング電気設備調査データファイル」により最新データが得られるので，これを参考にされるとよい。

第1.1表　建物用途別単位面積当たりの負荷設備容量

建物用途	電力負荷設備容量　（W/m²）
事務所ビル	約140
病院	約175
デパート	約130
ホテル	約135
学校	約115
共同住宅	約 20

(出典) (一社) 日本電設工業協会「高圧受電設備の計画・設計・施工」より

建物用途別単位面積当たりの負荷設備容量の統計値を用いて，建物の延べ床面積から負荷設備容量を算出する計算例を以下に示す。

〔負荷設備容量の計算例〕

延べ床面積が5 000m²の事務所ビルの負荷設備容量を概算で求める。第1.1表から

$140W/m^2 \times 5\ 000m^2 = 700kW$

この建物の負荷設備容量は約700kWと推定し，計画を進める。この概算値に基づき，計画の進行に合わせ補正を行なっていけばよい。

1.2.2 負荷リストの作成

　負荷設備容量の推定から受変電設備の概略の規模を算出しても全体の規模しかわからないので,次に受変電設備の計画段階に入ると,受変電設備の回路構成を検討するために,負荷機器毎にその容量と台数を機器配置別に整理して負荷リストを作成する必要がある。

　負荷リストは,**第1.2表**のように負荷の配置ブロック別,負荷の種類別に負荷を集計し,負荷の定格容量および効率,力率から入力容量を算出し,需要率を考慮した需要電力を算出して一覧表にしておくと,配置別の需要電力の算出や変圧器容量の算出に便利である。

第1.2表　負荷リスト（例）

	負荷種別	負荷名称	台数 設備台数	台数 運転台数	使用電圧 (V)	負荷容量 定格容量 (kW)	負荷容量 効率 (%)	負荷容量 力率 (%)	負荷容量 入力容量 (kVA)	負荷容量 需要率 (%)	負荷容量 需要電力 (kW)	備考
Aブロック	一般動力A	○○ファン	2	2	415	22	91.5	88.5	27.2	85	37.4	
		○○ファン	1	1	415	15	93.3	89.7	17.9	80	12.0	
		○○ファン	3	2	415	15	94.2	90.4	17.6	90	27.0	
		○○ポンプ	2	1	415	22	91.5	88.3	27.2	85	18.7	
		○○ポンプ	3	2	415	37	93.2	92.3	43.0	85	62.9	
		○○ポンプ	1	1	415	15	92.5	91.2	17.8	90	13.5	
		小計	12	9								
	一般照明A	○○○										
		○○○										
		○○○										
		○○○										
		小計										
	その他											
		小計										
Aブロック		合計										
Bブロック	一般動力B	○○ファン										
		○○ファン										
		○○ファン										
		○○ポンプ										
		○○ポンプ										
		○○ポンプ										
		小計										
	一般照明B	○○○										
		○○○										
		○○○										
		○○○										
		小計										
	その他											
		小計										
Bブロック		合計										

　また,計画の進行に伴って,負荷の追加や変更が発生するが,この一覧表を作成しておけば修正等も簡単に行なうことができる。また,負荷の容量が当初不明で推定の容量を記入していても,最終的に正確なデータを入力することで,計画時との差異も判定できる。

　負荷リストでは,機器配置別に集計するとともに,使用電圧別にブロックを分けておくと,ブロック単位の変圧器容量の算出が容易になる。さらに,負荷の重要度,たとえば,絶対に停電が許されない負荷,数分程度は許される負荷,場合によっては停止可能な負荷などにグループ分け

- 3 -

を行なうことも必要である。

　また，機器の設置台数に対し，常時運転する台数を明記し，需要電力は常時運転する負荷の容量で算出すれば，総需要電力の計算が簡単となる。

　負荷容量欄は機器の定格容量の値（kW）を記入し，負荷の効率，力率から入力容量を次式から計算する。

$$入力容量 = \frac{定格容量(kW)}{効率 \times 力率} \text{ (kVA)} \qquad \cdots\cdots\cdots 第1-1式$$

　負荷リストにある需要率とは，実際の負荷運転中にかかる機器の定格容量に対する負荷の割合のことで，実際に必要とする需要電力を算出するために用いる数値である。

　また，需要電力は次式から求める。

$$需要電力 = 定格容量(kW) \times 台数 \times 需要率 \text{ (kW)} \qquad \cdots\cdots 第1-2式$$

　このようにして運転台数と需要率から常時の需要電力を計算し負荷リストを作成すれば，正確な負荷容量が算定されるので，需要電力や契約電力の算出に大きな誤りを発生させることはない。

〔入力容量，需要電力の計算例〕

　200V，3.7kW，50Hzの三相誘導電動機の効率が86％，力率が80％，需要率80％のとき，この負荷の入力容量，需要電力を求める。

　第1-1式，第1-2式より

$$入力容量 = \frac{定格容量(kW)}{効率 \times 力率} = \frac{3.7kW}{0.86 \times 0.8} = 5.377 = 5.4 \text{ (kVA)}$$

$$需要電力 = 定格容量(kW) \times 需要率 = 3.7kW \times 0.8 = 2.96 \text{ (kW)}$$

1.2.3　契約電力の推定

　建物が必要とする負荷設備容量が求められると，次に電力会社との契約電力を算定する必要がある。

　契約電力とは，需要家が必要とする需要電力を設備容量から想定して，これ以上需要電力が超過しないという最大需要電力で電力会社と契約する電力のことである。

　一般に，負荷設備機器は24時間連続で運転されるものとは限らないので，需要電力は時刻や季節によって変化している。このため，ある期間における需要電力の最大値を求めて，この最大需要電力により，契約電力を決定する。最大需要電力を算定するためには，需要率や負荷率などの係数が用いられる。

ａ．需要率

　最大需要電力は，負荷の種類や使用状態などにより異なるが，統計データなどから負荷設備容量と最大需要電力との比率は一定の割合となっているので，この比率を需要率として表している。

　需要率は次式で表され，需要率が100％とは，負荷がすべて使用されている場合で，通常100％以下となる。

－ 4 －

$$需要率 = \frac{最大需要電力(kW)}{設備容量(kW)} \times 100 \quad (\%) \qquad \cdots\cdots\cdots 第1-3式$$

また，**第1-3式**から，最大需要電力は

$$最大需要電力 = \frac{設備容量(kW) \times 需要率(\%)}{100} \quad (kW) \qquad \cdots\cdots\cdots 第1-4式$$

となるので，建物の設備容量が求められれば，建築物における需要率の統計データを参考に，この式から最大需要電力を算出して，契約電力を決定することができる。

第1.3表は，建築物における需要率の例である。

需要率は建築物の負荷平準化や変圧器などの設備の容量が適正かどうかの評価に使用する。また，最大需要電力は，電力会社との契約電力の決定や変圧器の更新を行うときのデータとしても使用する。．

第1.3表　建築物における需要率の例

種別	需要率（％）
事務所ビル	40 〜 60
デパート・店舗	50 〜 70
ホテル	40 〜 60
病院	35 〜 55
学校	40 〜 55
マンション（40〜50戸）	60 〜 65

b．負荷率

負荷率とは，ある一定の期間における負荷の最大需要電力に対するその期間の負荷の平均電力との比率を百分率で表したもので，次式で表される。

$$負荷率 = \frac{ある期間の負荷の平均電力(kW)}{その期間の最大需要電力(kW)} \times 100 \quad (\%) \qquad \cdots\cdots\cdots 第1-5式$$

平均電力の期間のとり方により，期間を1日とした場合「日負荷率」，期間を1ヶ月とした場合「月負荷率」，期間を1年とした場合の負荷率を「年負荷率」という。負荷率は，測定する期間が長くなるほど負荷率は小さくなる。

負荷率は需要電力の変化を時間や月日の推移で係数的に把握できるので，負荷平準化の計画，や最大需要電力の算出の参考になる。**第1.4表**は建築物における負荷率の例である。

第1.4表　建築物における負荷率の例

季節	負荷率（％）
夏季	46.2 〜 40.2
冬季	57.5 〜 43.7

このように，建築物の受変電設備の計画にあたって負荷設備容量が求められれば，需要率や負荷率など**第1.3表**や**第1.4表**の統計値を利用して，最大需要電力を算出することができる。

〔需要率，負荷率の計算例〕
　ある建物の日負荷曲線を調査したところ，需要電力の推移は，0時から9時：300kW，9時から12時：800kW，12時から13時：600kW，13時から17時：800kW，17時から24時：300kWであった。この建物の合計設備容量を2 000kWとしたとき，この建物の需要率，負荷率を求める。
　題意より，最大需要電力は800kW，合計設備容量は2 000kWなので，

・需要率 $= \dfrac{800\text{kW}}{2\,000\text{kW}} \times 100\% \fallingdotseq 40$ （％）

・負荷率 $= \dfrac{\text{平均電力}}{\text{最大需要電力}} = \dfrac{\dfrac{300\text{kW}(9+7)+800\text{kW}(3+4)+600\text{kW}}{24}}{800\text{kW}} \times 100 \fallingdotseq 57.3$ （％）

したがって，この建物の需要率は40％，負荷率は57.3％となる。

1.3　受電設備容量の算定と負荷力率の管理
　負荷設備容量は契約電力をはじめ，受電電圧，受電方式，回路構成など受変電設備の重要な事項を決定する基本的な要素である。

1.3.1　受電設備容量の決定
　負荷電力密度の統計値や負荷リストなどから，需要率，負荷率を加味して最大需要電力が算出されると，次に受変電設備の受電に必要な変圧器容量を決定するため，受電設備容量を求める必要がある。
　受電設備容量は，求めた最大需要電力に対して負荷の効率や力率を考慮して，次式により最低必要な受電設備容量が求められる。

$$\text{受電設備容量} = \dfrac{\text{最大需要電力(kW)}}{\text{負荷の総合効率}\times\text{負荷の総合力率}} \text{（kVA）} \qquad \cdots\cdots\cdots \text{第1-6式}$$

　この計算により，受電設備容量が求まり受変電設備としての必要容量が求まるが，これに将来の負荷増設，系統の運用，保守点検，系統短絡電流，電圧変動などを考慮して，総合的に受電設備容量を決定する。
　これらを考慮せずに，必要設備容量だけで計画すると，将来負荷の高機能化などで負荷容量が増加するのが一般的なため，変圧器の増設や容量の変更が必要になるなど不経済な設備投資をすることになる。
　また，受変電設備機器の定期点検などで，負荷を停電できなくなる場合や，万一の機器故障時などに系統の切換操作などで短時間に停電系統へ電気を送ることなどが出来ないなどの不都合が生ずることになる。
　受電設備容量を総合的に判断するための検討事項をまとめると**第1.5表**のようになる。

第1編　受変電設備構成上の技術計算

第1.5表　受電設備容量算定の検討事項

将来の負荷増設	将来の負荷増加をどの程度計画に見込むかは，経済性との関連で難しい面もあるが，必要時期により当初から設置するか将来2期工事として増設するかの判断が必要となる。 一般に，増設容量が大容量でなく，1〜2年程度で必要となる場合は，当初より増設分を見込んだ設備容量としたほうが経済的であり，5年以上見込める場合や，大容量の増設となる場合は，後から設置したほうが経済的である。
系統の運用 保守点検	保守点検や機器故障が発生した時，系統を切換えて負荷への給電が可能となるよう系統構成を考慮する。 変圧器1台で構成すると，変圧器1台が停止すると停電となるので他の電源（例えば非常電源など）に頼るか，変圧器を複数台設置して，系統切換により供給できるようにする。 変圧器2台で構成すると，通常は必要設備容量の1/2で供給し，1台停止時は1台で100%供給することになるので，設備容量としては，2倍必要となる。
系統短絡電流	受変電設備の回路構成では，系統保護や機器の運転操作のため遮断器が設置されるが，系統の遮断電流によっては設備費用の面で経済的な影響がある。 短絡電流を小さくすると遮断器は安価なものを使用できるが変圧器台数が多くなり，遮断器の数も増えることになり，経済的でなくなる場合がある。 一方，短絡電流を大きくすると，台数やスペースが小さくなるが，遮断器の価格が高くなり，系統の母線や接続機器の電流耐量を大きくする必要が出てくる。

　したがって，最大需要電力から求めた必要な受電設備容量に対して，**第1.5表**に示したような点を考慮し，1.5倍〜2.5倍程度の受電設備容量とするのが一般的である。

1.3.2　負荷力率の管理

　電気設備の仕事をするために必要なのは有効電力であるが，建物に設置される負荷設備は遅れ力率の負荷が多く，遅れ力率の負荷は無効電力を系統に流すことになり力率が悪くなる。このため，**第1−6式**の計算式からもわかるように，力率が悪くなると過剰な電気設備が必要となり，設備容量を増加させることになる。

　力率は負荷設備の力率によって決まるので，負荷の増減に応じて力率管理，力率の改善を行なえば，過剰な設備容量を設置しなくても，適正な設備容量による運用が可能となる。

　力率は，皮相電力のうち，有効電力として消費される割合を表し，**第1−7式**により算出できる。

$$力率 = \frac{有効電力(kW)}{皮相電力(kVA)} \times 100 = \frac{有効電力}{\sqrt{(有効電力)^2 + (無効電力)^2}} \times 100$$

$$= \frac{kW}{\sqrt{(kW)^2 + (kvar)^2}} \times 100 \ (\%) \quad \cdots\cdots\cdots 第1−7式$$

〔力率の計算例〕

　ある建物の三相平衡負荷が300kW，無効電力が180kvarであるとき，この負荷の力率を求める。

− 7 −

$$力率 = \frac{300kW}{\sqrt{(300kW)^2 + (180kvar)^2}} \times 100\% ≒ 85.7\%$$

　受変電設備の力率改善は進相用コンデンサによって行なわれるのが一般的であり，通常，力率管理はなるべく95％以上に保つよう制御される。また，力率は負荷の力率によって決まるので，負荷の増減に伴い進相用コンデンサを制御することにより，定期的に力率の管理を行なう必要がある。

　力率改善のための受変電設備の進相用コンデンサの設置場所は，第1.2図に示すように，受電点，変圧器二次母線，負荷側入力部，電動機負荷端などが考えられる。力率改善に最も効果的なのは，電力損失の減少，電圧降下の改善，系統容量の減少などの面から，負荷端に個別に設置するのが良いが，設置場所が負荷に近くなるほど小容量のコンデンサが多数必要となり，必ずしも経済的でなく，設備コスト，電力損失，力率改善，制御方法など総合的に判断して決定する必要がある。

　力率改善用コンデンサの設置場所は，電力料金の節約，経済性，管理の容易さなどから，一般的に変圧器二次の母線部に集中して設置する場合が多い。

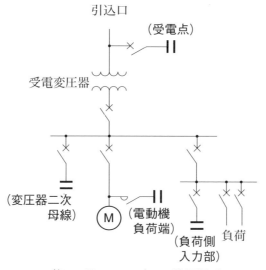

第1.2図　コンデンサ設置場所

1.4　電圧変動と許容電圧変動範囲

　電力系統の負荷は時々刻々変化しており，負荷の変動，電圧不平衡，事故，系統切換などにより，電圧変動が生じている。このため受変電設備の計画にあたっては，負荷設備機器の許容電圧変動範囲に収まるよう受変電設備を計画する必要がある。

　全ての負荷には許容電圧変動範囲が定められており，その範囲内に系統の電圧が納まるよう計画する必要がある。許容電圧変動範囲内にあっても，機器によっては電圧の高・低で運転特性上好ましくない場合や寿命に影響する場合などがあるので，負荷機器の特性を見極め，適正な端子電圧となるよう系統設計を行なう必要がある。

第1編　受変電設備構成上の技術計算

　系統の過度的な電圧変動に対しては，負荷時タップ切換変圧器による自動電圧調整，進相コンデンサ，分路リアクトル，同期調相機による無効電圧調整などの対策がとられる。

1.4.1　機器の許容電圧・周波数変動範囲

　受変電設備に使用される主要な機器としては，交流電動機，変圧器，進相用コンデンサなどがあるが，これらの許容電圧・周波数変動範囲は，各機器の使用上支障がない電圧及び周波数の上限と下限の幅を，定格電圧・周波数に対する比率で**第1.6表**のように各規格で規定している。

第1.6表　各機器の電圧・周波数許容変動範囲

機　　器	電　　圧	周波数	関連規格
交流発電機	±5％（注1）	－	JEC-2130
交流電動機	±10％（注2）	±5％（注3）	JEC-2137
	電圧，周波数が同時に変化する場合は，電圧±10％，周波数±5％以内で，その両変化の絶対値の和が10％以下		
変圧器	±5％（注4）	±5％（注5）	JEC-2200
	電圧，周波数が同時に変化する場合は，おのおのの変化が±5％以内で，その両変化の絶対値の和が5％以下		
進相用コンデンサ	±10％（注6）	－	JIS C 4901 JIS C 4902

（注1）定格周波数，指定力率において
（注2）定格周波数において
（注3）定格電圧において
（注4）定格周波数，指定力率において
（注5）定格電圧，定格力率において
（注6）定格周波数において（24時間のうち12時間以内）

1.4.2　電圧変動，電圧降下

　電圧変動や電圧降下に対しては，電気事業法施工規則や内線規程などで次のような規則，規定がある。

ａ．電気事業法

　電気事業法は，電気事業の運営を適正かつ合理的に行い，電気の使用者の利益を保護し，電気事業の健全な発達を図り，電気工作物の工事，維持及び運用を規制することにより，公共の安全を確保し，環境の保全を図ることを目的とした法律で，電気事業法施行規則第44条で，標準電圧に対する維持すべき電圧の値として，**第1.7表**のように規則を定めている。

第1.7表　標準電圧に対する維持すべき電圧の値

標　準　電　圧	維持すべき電圧の値
100V	101V±6Vを超えない値
200V	202V±20Vを超えない値

ｂ．内線規程（JEAC 8001）

内線規程は，電気事業法に基づく『電気設備の技術基準の解釈』を，より具体的に定めるとともに，電気工作物の工事，維持及び運用の実務にあたって，技術上必要な事項を細部にわたり規定した民間規格で，この中で，低圧配線の電圧降下について以下のように規定している。

１）低圧配線の電圧降下は，幹線及び分岐回路において，それぞれ標準電圧の２％以下とするのを原則とする。ただし，電気使用場所内の変圧器より供給される場合の幹線の電圧降下は，３％以下とすることができる。

２）供給変圧器の二次側端子から最遠端の負荷に至る電線のこう長が60mを超える場合は，上記にかかわらず負荷電流より計算して**第1.8表**のようにすることができる。

第1.8表　こう長が60mを超える場合の電圧降下

供給変圧器の二次端子または引込線取付点から最遠端の負荷に至る間の電線のこう長(m)	電圧降下（％）	
	電気使用場所内に設けた変圧器から供給する場合	電気事業者から低圧で電気の供給を受けている場合
120m以下	５％以下	４％以下
200m以下	６％以下	５％以下
200m超過	７％以下	６％以下

1.5　受電方式の決定

1.5.1　契約電力と受電電圧

受電電圧は建築物で使用される需要電力に応じて供給電圧が決められるが，需要場所の地理的条件や契約電力の規模，将来の需要電力の増加見込みなどから決定され，**第1.9表**に示す国内の電力会社の契約電力と供給電圧の関係により決められる。

しかしながら，地理的条件や電力会社の給電計画及び受電地点の状況などにより，この表と異なる場合があるので，契約電力を決定した時点で，経済性や将来計画を加味して，事前に電力会社と十分に協議する必要がある。

第1編　受変電設備構成上の技術計算

第1.9表　契約電力と供給標準電圧の関係

電力会社	周波数(Hz)	標準電圧 (kV)							
		6	10	20	30	60	70	100	140
北海道電力	50	2 000kW未満			2 000kW以上10 000kW未満	10 000kW以上			
東北電力	50	2 000kW未満			2 000kW以上10 000kW未満	10 000kW以上50 000kW未満			50 000kW以上
東京電力	50	2 000kW未満		2 000kW以上10 000kW未満		10 000kW以上50 000kW未満			50 000kW以上
北陸電力	60	2 000kW未満		2 000kW以上10 000kW未満		10 000kW以上50 000kW未満			50 000kW以上
中部電力	50または60	2 000kW未満		2 000kW以上10 000kW未満			10 000kW以上50 000kW未満		50 000kW以上
関西電力	60	2 000kW未満		2 000kW以上10 000kW未満		10 000kW以上			
中国電力	60	2 000kW未満		2 000kW以上10 000kW未満		10 000kW以上30 000kW未満		30 000kW以上	
四国電力	60	2 000kW未満		2 000kW以上10 000kW未満		10 000kW以上			
九州電力	60	2 000kW未満		2 000kW以上10 000kW未満		10 000kW以上50 000kW未満		50 000kW以上	
沖縄電力	60	2 000kW未満	(注)13.8kV 2 000kW以上	2 000kW以上		2 000kW以上			

（注）既存の顧客のみ

1.5.2　受電方式の種類

　受電方式は，需要家設備の重要度，予備電源の有無，予想される停電回数，停電時間，経済性，電力会社の供給条件などを考慮して，電力会社との協議により決定される。

　電力会社によって多少の相違はあるものの，自家用受変電設備の標準的な受電方式としては，以下の方式に分類できる。

1）1回線受電方式
2）2回線常用・予備受電方式
3）ループ受電方式
4）スポットネットワーク受電方式

各受電方式の特徴比較を**第 1.10 表**に回路図を**第 1.3〜1.6 図**に示す。

第 1.10 表　各種受電方式の特徴

受電方式		特　　　徴	回路図
1 回線受電方式		高圧受電などの小規模受電設備に多用される最も基本的な受電方式で経済的であるが，配電線等の系統事故で全停電となり事故復旧まで受電できないなど，供給信頼性が低い。 需要家に専用線で供給する専用受電方式と配電線に多数の需要家が接続されるT分岐受電方式がある。	第 1.3 図
2回線受電方式	常用・予備受電方式	受電回線を 2 回線設け，常時 2 回線とも電圧が印加されているが，一方の受電回線は開放して，片側回線だけで受電する。 基本的には 1 回線と同じであるが，常時受電している回線が事故などで停電すると他方の予備回線に短時間で切換えて，受電を継続する。 電力会社の同一電源，同一母線から受電する方式と常用・予備線が別電源，別母線から受電する方式がある。 1 回線受電より供給信頼度は向上するが，設備費や引込み負担金，所要面積が大となる。停電時の自動切換え制御方式や電力系統の計画停電に備えて，無停電切換方式が採用される場合がある。	第 1.4 図
	ループ受電方式	大都市の負荷過密地域で採用されている方式で 1 つの配電線に 4〜5 の需要家をループ状に接続するので，供給回線が故障停止しても無停電で継続受電できる。 配電線はループ系統に接続される全需要家の全負荷容量を供給できる必要があり，線路に接続される各需要家の母線や各機器の定格もループ系統全体の容量により定められる。 回線停止でも無停電で電力供給ができるので供給信頼度は高いが，故障区間の検出，除去のための保護継電方式が複雑で高価である。 また，電力系統の一部が需要家設備となるので，点検保守などに際しては電力会社の給電指令に従う必要がある。	第 1.5 図
スポットネットワーク受電方式		大都市部の負荷過密地区のビル向けの受電方式で，22/33kVにて 2〜4 回線で受電し，受電変圧器二次側を高圧又は低圧で全バンク並行運転する。 受電側の遮断器は省略されるので経済的であり，所要面積が少ない。 配電線事故時は，事故回線の電力会社側と需要家側の遮断器を自動遮断して，無停電で供給されるので供給信頼性が高い。 需要家側の変圧器は，130%の過負荷耐量を持たせているので，1 回線が事故等で停止しても負荷を制限することなく運転を継続できる。 スポットネットワーク用の保護継電装置が必要となる。	第 1.6 図

- 12 -

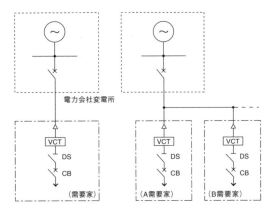

（a）専用受電方式　　（b）T分岐受電方式
第1.3図　1回線受電方式

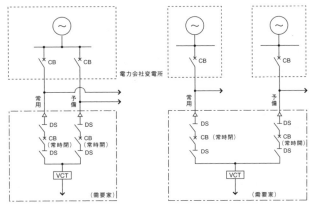

（a）同系統受電方式　　（b）異系統受電方式
第1.4図　2回線受電方式（常用・予備受電方式）

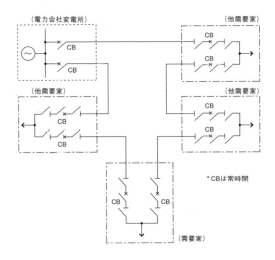

第1.5図　2回線受電方式（ループ受電方式）

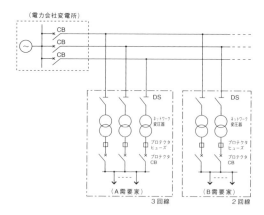

第1.6図　スポットネットワーク受電方式

1.5.3　受電電圧と受電方式の組み合わせ

　第1.10表の各種受電方式は，どの方式でも受電できるはずであるが，実際には電力会社の供給事情，地理的条件，経済性，要求される信頼性などにより，需要家が望む方式が採用できない場合もある。一般的には，第1.11表に示すような受電電圧と受電方式の組み合わせとなっている。この組み合せの中から，電力会社と協議して受電方式が決定される。

第1.11表　受電電圧と受電方式の組み合わせ

受電電圧 \ 受電方式		1回線受電方式 専用受電方式	1回線受電方式 T分岐受電方式	2回線受電方式 常用・予備受電方式	2回線受電方式 ループ受電方式	スポットネットワーク受電方式
高圧受電	6.6kV	○	○	△	×	×
特高受電	22kV / 33kV	○	△	○	○	○
特高受電	66kV / 77kV	○	△	○	○	×

（注）○：一般に採用されている方式
　　　△：採用されることの少ない方式
　　　×：採用されていない方式

1.6 受電変圧器の構成と配電方式

　変圧器の容量は負荷設備容量に応じて決定されるが，負荷の構成や用途などにより，複数の変圧器構成とする場合が多い。

1.6.1 変圧器のバンク構成

　受電用変圧器は，受変電設備の最重要機器の内の1つであり，バンク数を少なくすると系統構成が単純となり経済性や機器据付面積の面で有利となる。受電変圧器のバンク構成には，一般に次のような構成がある。

1）1バンク構成
2）2バンク構成
3）3バンク構成以上

　一般には，電源供給信頼性の確保，将来負荷増に対応した拡張性，変圧器の保守点検時の無停電化，故障時の停電範囲を縮小化，変圧器バンク停止による運用上の利便性から，複数バンクとすることが望ましく，一般には2バンク以上の構成が多く採用されている。

　第1.7図は，受電用変圧器のバンク数と一次側，二次側の開閉器の構成方法を示した系統図例を示したものである。

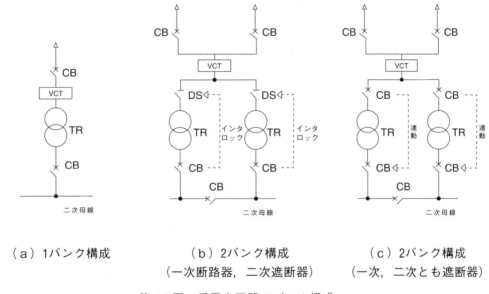

　　（a）1バンク構成　　　　（b）2バンク構成　　　　（c）2バンク構成
　　　　　　　　　　　　（一次断路器，二次遮断器）　（一次，二次とも遮断器）

第1.7図　受電変圧器のバンク構成

　2バンク構成とした時の変圧器容量は，1台停止時でも必要設備容量を供給できるような変圧器容量を必要とするので，受電設備全体の設備容量は必要設備容量の2倍となる。

　第1.12表は，受電変圧器の2バンクから4バンク構成について，主回路構成，電力の授受，特徴などの面から比較したものである。一般需要家の受変電設備に用いられる方式としては，2バンク構成とする場合が多い。

第1.12表 変圧器のバンク構成比較

バンク構成	主回路構成	設備容量と変圧器容量	特　徴
2バンク方式		変圧器1台止時は、他の健全変圧器で全負荷に供給する。 全負荷必要容量＝Q〔kVA〕 変圧器容量＝Q〔kVA〕 全体の設備容量＝T_1＋T_2＝2Q〔kVA〕	①最も単純な構成で、ほとんどの受変電設備はこの方式を採用している。 ②将来の負荷増設を考慮した変圧器容量とする必要がある。 ③運用方法は容易である。
3バンク方式		①3台とも単独運転で供給する方式 1台止時は残りの2台のうち1台から供給する。 全負荷必要容量＝Q〔kVA〕 変圧器容量＝2/3Q〔kVA〕 全体の設備容量＝T_1＋T_2＋T_3 ＝2/3Q×3台＝2Q〔kVA〕 ②3台常時並列運転で供給する方式 1台止時は残り2台で供給する。 変圧器容量＝1/2Q〔kVA〕 全体の設備容量＝T_1＋T_2＋T_3 ＝1/2Q×3台＝1.5Q〔kVA〕	①回路構成がやや複雑となるため、機器インタロックや非常用発電設備との接続方式が複雑となる。 ②単独運転方式の場合の設備容量は2倍必要となるが、常時並列運転方式の場合は1.5倍となり、短絡電流が大きくなる。 ③負荷の分布が3分割となるので、負荷配分がやや困難となり、変圧器の負荷分担が不平衡となる可能性が高い。
4バンク方式		隣接する変圧器相互で運用切換を行う方式で、1台休止時は隣の変圧器の変圧器で供給する。 全負荷必要容量＝Q〔kVA〕 変圧器容量＝1/2Q〔kVA〕 全体の設備容量＝T_1＋T_2＋T_3＋T_4 ＝1/2Q×4台＝2Q〔kVA〕 ＊1台休止時に3台並列運転を行う方式とすると、変圧器容量は1/3Q〔kVA〕となり、全体の設備容量は、およそ1.3倍(1/3Q×4台≒1.3Q)でよい。	①2バンク方式が2組あるとして運用するのが一般的で、運用は比較的容易である。 ②当初の設備容量を抑え、将来の負荷増加時に変圧器台数を増やす計画に適している。

第1編　受変電設備構成上の技術計算

1.6.2　変圧器二次母線方式

　変圧器の二次母線の構成としては，**第1.8図**に示す（a）単一母線方式，（b）母線連絡のある単一母線方式，（c）二重母線方式が考えられる。

　これらの方式のうち，単一母線方式は，母線事故の場合に復旧まで電気が供給されないことから，閉鎖形を用いることや，絶縁母線を採用するなど母線での事故確率を低減する工夫が必要となる。

　一般には，保守点検時や事故時にも変圧器バンクを分離できる利点から，運用自由度が高い母線連絡遮断器のある母線方式が推奨される。また，バンクを分離する場合は，断路器でも十分であるが，実際には電流を開閉できる遮断器が運用上優位なので，遮断器が用いられる。

　さらに，母線連絡遮断器を設ける理由として系統の短絡電流を低減する目的とする場合がある。変圧器の並行運転は，負荷の融通性，電圧変動などの面から好ましいが，短絡電流が増加するため，短絡電流の大きな遮断器を採用する必要がある。このため，変圧器の利用率が少々悪くなっても，単独運転とするほうが経済性や運用の面から良い場合には，母線連絡遮断器を常時開として，分離運転する方式も多く採用されている。

変圧器二次母線構成			
母　線　構　成			特　　徴
単一母線	(a)母線連絡なし	1バンク単一母線，2バンク母線連絡なし 	・単純構成で経済的 ・系統の短絡容量は低減できない ・母線点検時は全停
	(b)母線連絡あり	単一母線，母線連絡あり 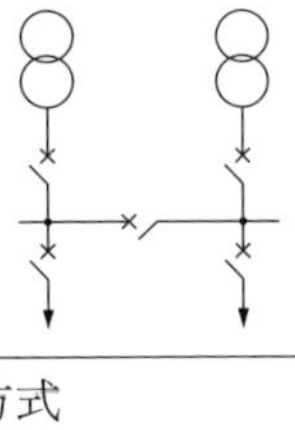	・系統の短絡容量を低減できる ・部分的停電で母線の点検ができる
(c)二重母線		二重母線2CB方式 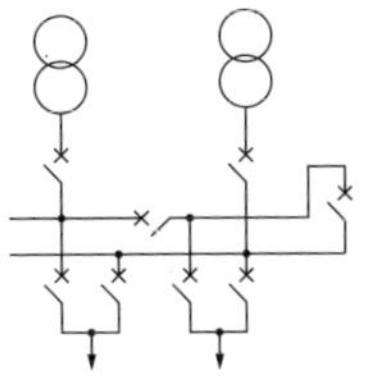	・無停電で母線の点検ができる ・異系統の運転ができる

第1.8図　変圧器二次母線構成

1.6.3　配電方式

　変圧器二次から負荷側に配電する配電方式を決定する上で，留意する事項としては以下のような項目があげられる。

a．配電系統の簡略化

　信頼度を低下させない範囲で，負荷設備の運転に支障のない構成とする。

b．故障範囲の極小化

　故障時の影響範囲を最小限に留め，迅速に復旧できる構成とする。

c．運用，保守の容易性

　容易に運用操作や保守ができる機器配置とする。

　このような留意事項を考慮した配電方式の例を第1.9図に示す。

第1編　受変電設備構成上の技術計算

配　電　方　式		
系　統　構　成		特　　徴
放射状方式	放射状方式 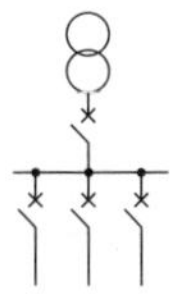　　樹脂状方式 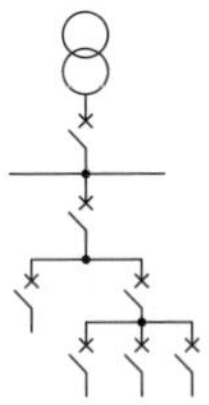 	・単純構成で経済的 ・1か所の故障で当該部分が停電となる
常用―予備方式	常用－予備方式 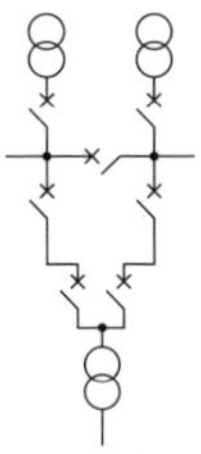　　常用－予備方式 　　　　　　　　　（共通予備線） 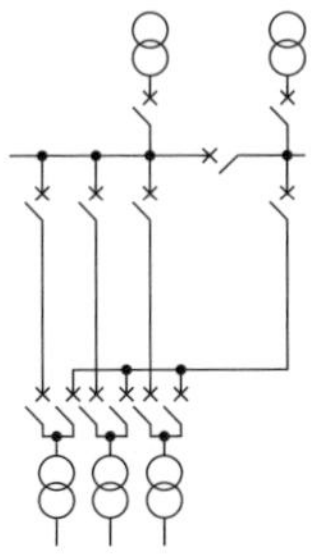 	・配電用変圧器以降の故障で当該部分が停電となる ・高圧系統の信頼性が高い
二次選択方式	二次選択方式 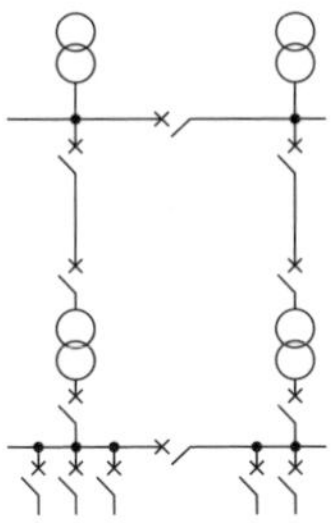	・電源供給の信頼度は高い ・設備費はやや高価
ループ方式	ループ方式 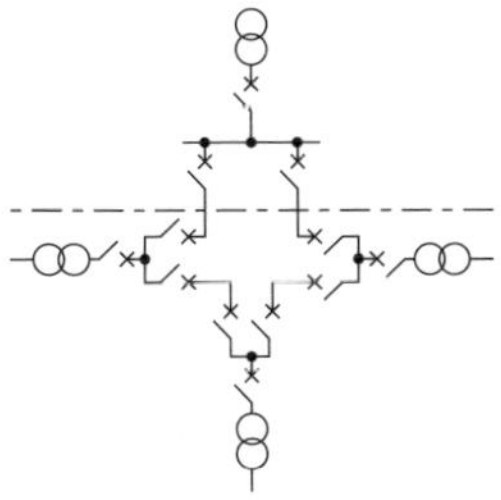 	・変電所側の構成が簡潔 ・1か所の故障では無停電 ・保護方式が複雑

第1.9図　各種配電方式

　また，受変電設備には保安用又は非常用の電源として自家発電設備を設けているのが一般的であり，配電方式に自家発電設備との接続方式にも留意する必要がある。第1.10図に常用電源と自家発電源の接続方式例を示す。

- 19 -

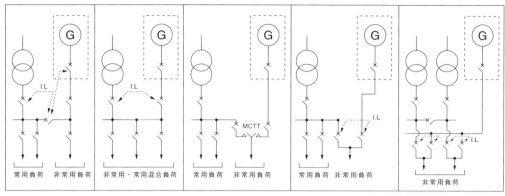

第1.10図　常用電源と自家発電源の接続方式

1.7　短絡電流の計算
1.7.1　短絡電流計算の目的
　短絡とは，電位差のある電気回路で2つ以上の点が，故意又は事故によって直接または低いインピーダンスで接続される状態のことで，そのとき流れる電流が短絡電流である。すなわち，電気回路において，回路の絶縁破壊，火花放電，金属性異物の接触などの事故によって短絡状態となると，電気回路が定常時に比べ非常に小さいインピーダンスが接続された状態となり，系統につながる交流発電機が電源となって，非常に大きな電流が流れる現象のことである。

　短絡電流は，定常時に比べ非常に大きな電流となるため，過大な熱や電磁力が発生し，系統の電気機械器具を過熱焼損する恐れがあるため，短絡故障箇所を速やかに切り離し，短絡故障点を回路から除去する必要がある。

　受変電設備で短絡事故が発生した時の対策としては，以下の事項について検討する必要がある。
1）短絡事故を起こした回路を迅速に，かつ確実に遮断すること。
2）短絡事故が発生してから遮断されるまで，回路上にある電気機器や線路は，そのとき流れる短絡電流に耐えられること。

　このような短絡電流を迅速かつ確実に遮断するための遮断器や，その短絡電流に対して熱的，機械的に十分耐えるだけの強度を有する電気機器や線路の選定には，短絡電流の計算が必要となる。したがって，短絡事故が発生したときに流れる電流がどのようなもので，大きさはどのくらいかを計算することは，受変電設備を設計する上で重要な事項となる。

　短絡電流のうちで最大の故障電流は三相短絡電流であるが，精密に計算することは難かしいため，一般にはインピーダンス法による実用計算法によって計算されている。

1.7.2　短絡電流計算の順序
　電力系統の短絡電流を求めるには，系統各部のインピーダンスを求めることが必要となる。さらに各部のインピーダンスを合成して，系統のインピーダンスマップを作成し，故障点から見た電源側の合成インピーダンスを算出して短絡電流を求める。

　一般に短絡電流計算は故障電流が最大となる三相短絡故障計算が行なわれ，系統の遮断電流などを検討するときの基本となるものである。

　短絡電流は以下の計算手順により求められる。

1）電力系統を表す単線接続図により全体系統を確認する。

2）電力会社などの電力供給側（電源側）の短絡電流を調査する。

3）機器や線路のインピーダンス，リアクタンス，抵抗値などの定数を決定し，インピーダンスマップを作成する。

4）遮断器等主要機器の設置場所における短絡電流や過電流強度を求めるため，短絡故障発生箇所を想定し，電力系統上の故障点の位置を決定する。

5）インピーダンスマップにより，電源から故障点までの対称分回路図を作成し，整理して故障点までのインピーダンスを求める。

6）求めたインピーダンスにより，想定した故障点における短絡電流を計算する。

1.8　機器の配置計画と所要面積

1.8.1　配置計画のポイント

　受変電設備の機器配置を計画するにあたっては，設備の形態や設置建屋の形状などを考慮して，機器配置を検討する必要がある。また，電気設備技術基準や消防法，高圧受電設備規程などでは機器の保有距離などが示されているので，機器の保有距離などにも注意する必要がある。**第1.13表**は火災予防条例における変電設備などの保有距離である。

第 1.13 表　変電設備などの保有距離（東京都火災予防条例施行規則第 4 条）

種類	保有距離を確保する部分		保有距離
変電設備	配電盤	操作を行う面	①1.0m以上
			②1.2m以上：操作を行う面が互いに面する場合
		点検を行う面	0.6m以上（点検に支障とならない部分は除く）
		換気口を有する面	0.2m以上
	変圧器，コンデンサ，その他これらに類する機器	点検を行う面	①0.6m以上
			②1.0m以上：操作を行う面が互いに面する場合
		その他の面	0.1m以上
発電設備	発電機および内燃機関	周囲	0.6m以上
		相互間	1.0m以上
	操作盤	操作を行う面	①1.0m以上
			②1.2m以上：操作を行う面が互いに面する場合
		点検を行う面	0.6m以上（点検に支障とならない部分は除く）
		換気口を有する面	0.2m以上
蓄電池設備	充電装置	操作を行う面	1.0m以上
		点検を行う面	0.6m以上
		換気口を有する面	0.2m以上
	蓄電池	点検を行う面	0.6m以上
		列の相互間	①0.6m以上
			②1.0m以上：架台などに設ける場合で蓄電池の上端の高さが床面から1.6mを超える場合
		その他の面	0.1m以上：単位電槽相互間を除く

　機器配置を検討するにあたってのポイントとしては，以下の項目があげられる。

1 ）経済性と線路の電圧降下を考慮して，引込みと負荷設備へのケーブル配線ができるだけ短距離となるような機器配置とする。

2 ）高圧ケーブル，低圧ケーブル，制御ケーブルなどが容易に分離でき，しかも交差を避けるように，電圧や種類の異なる機器をそれぞれまとめて配置する。

3 ）変圧器や遮断器などが容易に保守点検できるよう，点検通路を確保する。

4 ）機能性や操作性を損なわないよう，電気室の照明器具の位置，空調ダクトや配管などとの取り合いを考慮した配置とする。

5 ）将来の機器増設時に支障をきたさないよう，増設スペースを確保するとともに，機器の搬出や搬入が容易に行なえるよう搬出入のためのルートを確保する。

1.8.2　電気室の所要面積の算出

　受変電設備を設置する電気室の所要面積を算出する場合，計画当初では受変電設備の詳細が決定していない場合が多いので，過去の統計値などを参考に所要面積を算出し，計画の進行に伴って詳細設計を行なうことが一般的である。

　建築物における受変電設備の電気室所要面積は，変圧器総容量に概ね比例しており，新築ビル

ディング電気設備データによると，**第1.11図**のように示されている。

1994年度合計		最大値	最小値	平均値	標準偏差	中央値	データ件数
X：高圧Tr計	kVA	7 600.0	95.0	1 598.9	1 338.9	1 330.0	105
Y：変電室	m²	581.7	6.0	105.6	92.7	83.3	
Y/X：m²/kVA		0.428800	0.010991	0.084669	0.065507	0.066087	

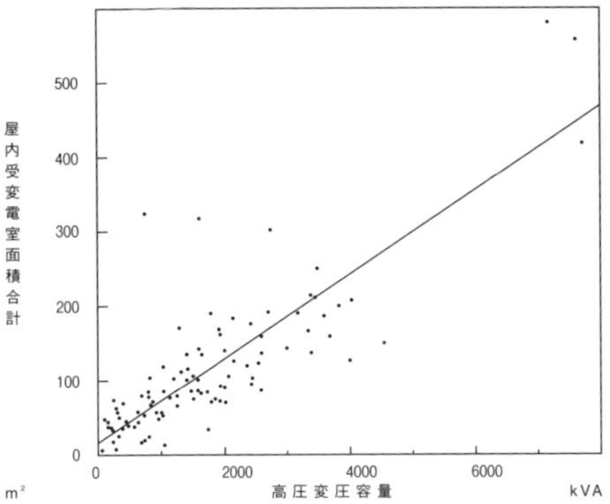

Y/X：m²kVA	94年度 度数	累計	ヒストグラム ($*=1.0$)
0.023234未満	4	4	****
0.023234〜0.035478未満	7	11	*******
0.035478〜0.047722未満	10	21	**********
0.047722〜0.059965未満	20	41	********************
0.059965〜0.072209未満	20	61	********************
0.072209〜0.084452未満	11	72	***********
0.084452〜0.096696未満	10	82	**********
0.096696〜0.108940未満	3	85	***
0.108940以上	20	105	********************
合　計	105	----	
中央値	0.066087		
平均値	0.084669		
標準偏差	0.065507		

データ件数：$n=105$件　　相関係数：$r=0.8156$
最大値　：$X=7\ 600$　　回帰式：
　　　　：$Y=582$　　　$Y=0.0565\cdot X+15.25$
最小値　：$X=95$　　　回帰式の95%
　　　　：$Y=6$　　　　予測区間：グラフ参照
平均値　：$X=1\ 599$　　回帰式はデータが存在
　　　　：$Y=106$　　　する範囲内で成立する

第1.11図　変圧器総容量に対する電気室の面積（参考例）

また，電気室を建物内に設ける場合は天井高さにも注意が必要である。室内に電気室を設ける場合は，建築計画の当初から電気室の位置とその場所で天井はどの程度確保できるか検討しておくことが重要となる。**第1.12図**は一般的な建築物の断面構造図であるが，受変電設備機器の高さと主回路や制御回路のケーブル配線のために必要な機器の天井上部や床面必要高さ，機器据付け作業スペースなどを考慮して，有効高さを確保する必要がある。

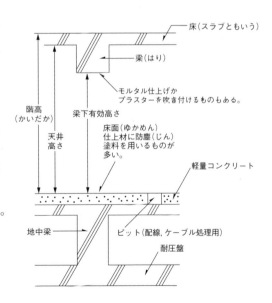

第1.12図　建築物の断面構造図例

1.9　耐震対策

　機器の配置計画が決まると次に機器の据付け方法を検討する必要があるが，機器据付けにおいて重要な項目の1つに耐震対策がある。日本は地震多発地域であり，地震により重要な受変電設備が損傷を受けてはならないので，電気設備機器の固定方法及び耐震性確保のための必要な対策を行なう必要がある。

1.9.1　耐震設計の基本

　受変電設備の耐震設計を行なう場合は，建築物の耐震設計と同等の耐震性能が求められる。そこで，受変電設備の耐震設計の基本的な考え方としては，中規模程度の地震では，電気設備に損傷を与えることなく，大地震では電気設備が建物から脱落したり，転倒したり，移動したりすることなく，電気設備の機能を確保すること，一部の機能に支障が生じても早急な回復が可能であることが求められる。耐震設計の計画時には以下の事項に留意することが重要である。

1）重要なシステムは二重化など冗長性を持たせた設計とし，全体のシステムが機能停止とならないように計画する。

2）重要な機器などは，耐震の信頼性が高くなるよう，地震力の比較的小さい低層階や建物から変形を受けにくい場所などに機器配置するよう配慮する。

3）機器本体は耐震性能の高いものを選定し，万一の故障時や損傷時には互換性があるよう標準化を図るとともに，地震後の点検に備えて，点検スペースを確保する。

1.9.2　機器固定の考え方

　地震時に受変電設備が転倒，移動しないよう建物構造物に固定することが望ましいが，建物本体が地震で振動すると，建物と機器間で揺れが増幅されるので，耐震対策ではこのことを考慮して検討する必要がある。

　この考え方に基づき，『建築設備耐震設計・施工指針』では，建築設備機器の設計用標準震度を定めている。地震時に発生する水平方向及び垂直方向の地震力に対して，機器の移動，転倒が起こらないようこの設計用標準震度（水平地震力と垂直地震力）を用いて，固定用のボルトの種類やサイズ，本数を選定する。（詳細は，第3編　受変電設備と環境　4.2 地震対策参照）

2 短絡・地絡故障計算の基本

2.1 短絡故障計算と短絡強度の検討

電気系統で短絡故障が発生すると，電源から故障点まで流れる短絡電流により，電路は過熱や電磁力の影響を受ける。

電気設備の安全性，信頼性，経済性などを検討するために短絡故障計算が必要となる。

短絡故障計算は，対称座標法やインピーダンス法が用いられるが，ここでは一般に用いられているインピーダンス法について説明する。

2.1.1 インピーダンス法

電気回路の短絡電流を計算するには，回路のインピーダンスを求めることが必要である。電気回路の短絡故障は三相短絡（各相すべてが短絡），二相短絡（線間が短絡）が考えられるが，一般的に三相短絡が最大の電流となるので，三相回路では遮断器の遮断容量や電気機器の短絡強度の検討に三相短絡故障計算を主体に検討される。

短絡電流計算に用いられるインピーダンス法の計算としては，オーム法，パーセントインピーダンス法，パーユニット法の3種類がある。

a．オーム法

オーム法は電源から故障点までの機器，線路などのインピーダンスを実際のオーム値で表し，それを合成してオームの法則と同じ式で計算する方法で，三相短絡電流は次の計算式により求める。

$$I_s = \frac{E}{\sqrt{3} \times Z} \times K \quad \cdots\cdots\cdots 第2-1式$$

ここで，I_s：短絡電流，E：線間電圧

Z：短絡点までのインピーダンス（Ω）

K：非対称係数（時間軸に対称な交流分に対して，短絡発生瞬時の電圧位相と回路の力率によって定まる直流分が含まれる割合）

オーム法はオーム値で計算するため，電源から故障点まで変圧器などを介して種類の異なる電圧が存在する場合，基準となる電圧にそれぞれの回路のインピーダンス（オーム値）を換算しなければならず，煩雑となるので，変圧器などがない回路の故障計算に向いている。

オーム法を用いた短絡電流計算の計算例を以下に示す。

〔オーム法の計算例〕

第2.1図のような回路において，電源短絡容量，各機器のリアクタンス値，抵抗値が与えられているので，二次電圧のE_2を基準電圧として計算する。ここでは，計算が複雑となるので，インピーダンス値を記号で表す。

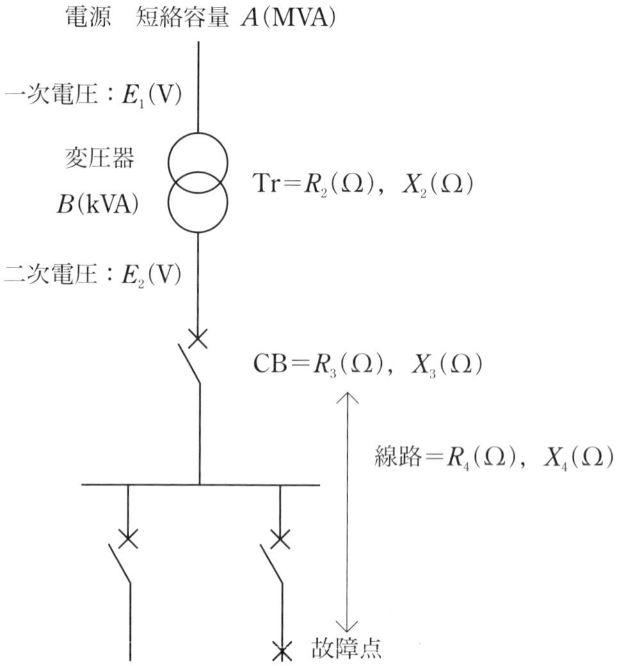

電源　短絡容量 $A(\mathrm{MVA})$

一次電圧：$E_1(\mathrm{V})$

変圧器
$B(\mathrm{kVA})$

$\mathrm{Tr}=R_2(\Omega),\ X_2(\Omega)$

二次電圧：$E_2(\mathrm{V})$

$\mathrm{CB}=R_3(\Omega),\ X_3(\Omega)$

線路$=R_4(\Omega),\ X_4(\Omega)$

故障点

第2.1図　計算例の回路図

電源は$A\,(\mathrm{MVA})$の短絡容量であるので，E_1基準でインピーダンスを求めると

$$Z_1(E_1\text{基準})=\frac{E_1^{\,2}}{A}\times10^{-6}\quad(\Omega)$$

となるので，E_2基準に換算すると

$$Z_1(E_2\text{基準})=\frac{E_1^{\,2}}{A}\times10^{-6}\times\left(\frac{E_2}{E_1}\right)^2=\frac{E_2^{\,2}}{A}\times10^{-6}\quad(\Omega)$$

電源インピーダンスはほとんどリアクタンス分と考えて良いので，$Z_1=X_1$とする。

基準電圧E_2における合成インピーダンスは

$$Z=\sqrt{(R_2+R_3+R_4)^2+(X_1+X_2+X_3+X_4)^2}\ \ \text{であるので，}$$

短絡点の短絡電流は，

$$I_s=\frac{E_2}{\sqrt{3}\times Z}\times\mathrm{K}=\frac{E_2}{\sqrt{3}\times\sqrt{(R_2+R_3+R_4)^2+(X_1+X_2+X_3+X_4)^2}}\times\mathrm{K}$$

となる。

Kは非対称係数で，$\dfrac{X_1+X_2+X_3+X_4}{R_2+R_3+R_4}$により非対称係数表（後述）から求める。

第1編　受変電設備構成上の技術計算

b．パーセントインピーダンス法

　パーセントインピーダンス法は，インピーダンスの値をある基準容量におけるパーセント（%）で表したもので，オーム法のように電圧換算しなくても，短絡容量が求められるので，短絡容量計算では広く用いられている。パーセントインピーダンス法は，2.2項で説明する。

c．パーユニット法

　パーユニット法は，%インピーダンスが100の数字を用いているので，これを1/100した「1に対する比（パーユニットという）」でインピーダンスを表して計算する方法で，%インピーダンス法と同様に，電圧換算しなくても短絡電流が求められる。

　パーユニット法は%インピーダンス法のインピーダンスを1/100しただけなので，%インピーダンス法と同じように計算すればよい。

2.1.2　機器，線路の短絡強度

　電気回路に短絡電流が流れると，回路を構成する機器には，過大な電流による熱的影響や電磁反発力による衝撃を受ける。短絡強度とは，短絡時に線路に接続された機器の導体温度上昇や電磁力による損傷などの熱的・機械的な異常を生じないことを示すものである。

　短絡事故が発生した場合，遮断器やヒューズなどの保護機器で遮断完了するまでに，回路に接続された開閉器，母線，ケーブル，変圧器などは，短絡電流に対して熱的・機械的に耐える必要がある。この熱的・機械的強度を短絡強度または短時間耐量といっている。

a．熱的強度

　回路に流れる電流による機器内部の発生熱量は，機器の導体抵抗と電流および電流の持続時間により次式のように計算される。この計算式から解るように，導体に発生する熱量はI^2tに比例する関係にある。

　　$Q＝I^2×R×t$（J）　　………第2－2式

　ここで，Q：発生熱量（J），I：電流（A），R：導体抵抗（Ω），t：持続時間（s）

　短絡電流のように過大な電流が短時間で流れる場合の発生熱量は，周囲に放散せずに導体の温度上昇となるので，周囲の絶縁物の変質や焼損，場合によっては熱応力による破壊などが発生する。したがって，負荷電流に対する熱的強度だけでなく，短絡時の温度上昇に対する熱的強度も確保しなければならない。

　また，発生熱量は時間関数にも比例しているので，保護装置の動作時間内に耐える熱的強度を有していれば温度上昇を抑えられ，機器に損傷を与えることなく故障復旧後の使用が可能となる。

　受変電設備では，保護継電器と遮断器の組み合せにより，短絡電流を遮断して回路の熱的強度を保護しているが，電源から負荷端まで遮断器が直列で接続されているので，電源から離れた末端ほど短時間で保護し，電源に近いほど保護時間は長くなる。そのため，受変電設備に使用される電気機器の熱的強度として，**第2.1表**のように定格短時間電流，定格遮断電流と通電時間を規格で規定されている。

b．機械的強度

　短絡電流による電磁力は基本的に電流の波高値の2乗に比例し，導体間中心距離に反比例するため，この電磁力に起因する機械的応力に耐える強度を機械的強度という。

　機械的強度は短絡瞬時の直流分の影響を大きく受けるので，最大電磁力を短絡電流に対して波高値係数を乗じた波高値で規定し，**第2.1表**に示すように熱的強度と同様，各種の定格値に対し

－ 27 －

て機械的強度を定めている。

c．短絡強度の検討

短絡容量の大きい電気系統に接続される機器を選定する場合，求められた系統の短絡電流値に対して，機器の熱的，機械的強度の両面から短絡強度が十分か検討する必要がある。

第2.1表　受変電機器の熱的・機械的強度

機器の種類	熱的強度（交流対称分実効値）	機械的強度（波高値）	規格
遮断器	定格遮断電流2秒間	定格遮断電流×2.5×$\dfrac{1.2}{1.1}$	JEC-2300
電磁接触器	定格遮断電流0.5秒	定格遮断電流×2.0	JEM-1038
断路器	定格遮断電流2秒間	短時間電流×2.5	JEC-2310
変圧器	変圧器二次短絡電流に対して2秒間但し，最高は25倍，これを超える場合は協議による。	変圧器二次電流×2.55	JEC-2200
変流器	定格過電流強度1秒間定格一次電流の倍数で決められる値	定格過電流強度×2.5	JEC-1201
零相変流器	定格過電流強度1秒間定格一次電流の倍数で決められる値（貫通形は一次導体によるため規定せず）	定格過電流強度×2.5	JEC-1201
配電盤	定格短時間電流2秒間	波高値については規定していない。遮断器に合わせる。	JEM-1425

〔変流器の検討例〕

定格一次電流50A，定格過電流強度40倍の変流器が短絡電流10kA，全遮断時間150msの回路で使用可能か検討する。

この変流器は，定格過電流強度から50A×40倍＝2 000Aを1秒間耐えられる耐量を有しているので，熱的エネルギーは$I^2t=(2\,000)^2×1$秒$=4×10^6$（As²）となる。

一方，回路に流れる短絡電流による熱的エネルギーは$I^2t=(10\,000)^2×0.15$秒$=15×10^6$（As²）となり，変流器の熱的強度より短絡電流による熱的エネルギーが大きいので，この変流器は強度不足で使用できない。したがって，この回路に使用する変流器は過電流強度のランクを上げて，150倍の過電流強度の変流器を使用することが必要となる。

150倍の変流器の場合，熱的エネルギーは$I^2t=(50A×150倍)^2×1$秒$=56.^{25}×10^6$（As²）なので，使用可能となる。

d．電線やケーブルの短絡時許容電流

電線やケーブルに短絡電流が流れたとき，導体の温度上昇によって絶縁物の劣化が生じない範囲で，短絡電流を流し続けることができる電流を短絡時許容電流という。

線路に流れる短絡電流の通電時間は，普通数秒以下の極めて短い時間であり，この時間内に発

生する熱は，外部に放散されないですべて導体の温度を上昇させると考えられるので，電線，ケーブルはこの短時間許容電流により短絡強度を求めている。

電線やケーブルに使用されている絶縁物は，種類によって短絡時の最高許容温度が定められており，短絡時に発生する導体の最高温度がこの許容温度より低い場合は，電線，ケーブルの絶縁物に影響を与えないとされている。

2.2 パーセントインピーダンス法
2.2.1 パーセントインピーダンス

パーセントインピーダンスとは，回路に定格電流が流れたときに，回路のインピーダンスによって生じる電圧降下と回路電圧との比を%（パーセント）で表したものである。

第2.2図において，パーセントインピーダンスは次式で表される。

$$\%Z = \frac{Z \times I_n}{V} \times 100 \; (\%) \quad \cdots\cdots\cdots 第2-3式$$

ここで，$\%Z$：パーセントインピーダンス（%）

Z：回路のインピーダンス（Ω），

I_n：定格電流（A）

V：回路電圧（V）

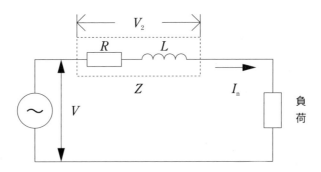

第2.2図　パーセントインピーダンス説明図

2.2.2 短絡電流

短絡電流の計算は上記の**第2-3式**により求められる。

第2-3式より，回路のインピーダンスZは

$$Z = \frac{\%Z}{100} \times \frac{V}{I_n} \quad \cdots\cdots\cdots 第2-4式 \quad となる。$$

したがって，短絡電流I_sは

$$I_s = \frac{V}{Z} = \frac{V}{\frac{\%Z}{100} \times \frac{V}{I_n}} = I_n \times \frac{100}{\%Z} \; (A) \quad \cdots\cdots\cdots 第2-5式$$

となり，パーセントインピーダンスを用いると簡単に短絡電流が求めることができる。

- 29 -

2.2.3 基準容量

パーセントインピーダンスの定義は定格電流が関係しているので，同じインピーダンスでも定格電流が違うとパーセントインピーダンスも異なることになる。

すなわち，パーセントインピーダンスは，定格電流（定格容量）に対する値を示しているので，パーセントインピーダンス法で短絡電流を計算する場合は，計算を行なう回路全体の定格電流（定格容量）を同一にする必要がある。この統一する容量を「基準容量」という。

そこで，線路に接続された機器のインピーダンスは，ある基準容量に合わせるため次式により換算して，インピーダンスの合成を行なう必要がある。

$$\%Z_a = \%Z_b \times \frac{P_a}{P_b} \quad \cdots\cdots\cdots 第2-6式$$

ここで，$\%Z_a$：基準容量P_aのときのパーセントインピーダンス（%）
$\%Z_b$：機器のパーセントインピーダンス（%）
P_a：基準容量（kVA）
P_b：機器の容量（kVA）

2.3 インピーダンスマップ

機器や線路の接続状態を抵抗やリアクタンスに置き換えて表した図をインピーダンスマップといい，短絡電流や電圧降下の計算に用いられる。

2.3.1 機器，線路のインピーダンス

短絡電流計算をするには，電源から短絡点までの回路に存在する機器や線路のインピーダンスを計算する必要がある。機器や線路のインピーダンスとしては次のものがある。

ａ．電源インピーダンス

受電点側から見た電力会社の電力系統全体のインピーダンスのことで，電源インピーダンスは電力会社から指示される受電点の遮断容量（遮断電流）から計算する。電源側インピーダンスの抵抗分は小さいので，求めた値はリアクタンスと考えて良い。

電源インピーダンスは以下の計算式により求められる。

$$\%X = \frac{P}{P_R \times 10^3} \times 100 \ (\%) \quad \cdots\cdots\cdots 第2-7式$$

ここで，$\%X$：電源インピーダンス（%）
P：基準容量（kVA）
P_R：遮断容量（MVA）

また，受電点の遮断容量が遮断電流で指示されている場合は，次の計算式により計算する。

$$P_R = \sqrt{3} \times E \times I_s \ (MVA) \quad \cdots\cdots 第2-8式$$

ここで，P_R：遮断容量（MVA）
E：公称電圧$\times \dfrac{1.2}{1.1}$（＝定格電圧）（kV）
I_S：遮断電流（kA）

第1編　受変電設備構成上の技術計算

b．変圧器インピーダンス

　変圧器のインピーダンスは，変圧器の種類や電圧によって異なるが，通常その変圧器容量における値が示されている。

　したがって，変圧器のインピーダンスを計算する場合は，基準容量に換算する必要がある。

　基準容量に換算するには次の計算式により求められる。

$$\%Z=\%Z_\mathrm{T}\times\frac{P}{P_\mathrm{T}}\ (\%)\qquad\cdots\cdots\cdots第2-9式$$

　ここで，$\%Z$：基準容量に換算した変圧器のパーセントインピーダンス（％）

　　　　　$\%Z_\mathrm{T}$：変圧器のパーセントインピーダンス（％）

　　　　　　P：基準容量（kVA）

　　　　　P_T：変圧器の容量（kVA）

c．電動機のインピーダンス

　負荷運転中の電動機は短絡事故が発生すると，発電作用により短絡点に向かって電流を供給するので電源として考えなければならない。これを電動機の寄与電流（モータコントリビューション）という。

　一般に使われている誘導電動機は残留磁束だけで発電作用が働くので，減衰は早く数サイクル程度で消滅する。そこで，低圧回路に使用する配線用遮断器や電力ヒューズなどは動作時間が速いので，この電動機寄与電流を考慮して短絡電流計算をする必要がある。

　電動機のインピーダンスを計算するには，電動機の過渡リアクタンスから計算するが，電動機容量は一般に出力kWで表示されているので，以下の式により電動機の効率，力率から皮相電力（kVA）に換算する必要がある。

$$電動機容量(kVA)=\frac{電動機出力(kW)}{効率\times力率}\qquad\cdots\cdots\cdots第2-10式$$

　電動機のインピーダンスを基準容量に換算するには以下の式により計算する。

$$\%Z=\%Z_\mathrm{M}\times\frac{P}{P_\mathrm{M}}\qquad\cdots\cdots\cdots第2-11式$$

　ここで，$\%Z$：基準容量に換算した電動機のパーセントインピーダンス（％）

　　　　　$\%Z_\mathrm{M}$：電動機のパーセントインピーダンス（％）

　　　　　　P：基準容量（kVA）

　　　　　P_M：電動機の容量（kVA）

d．線路のインピーダンス

　電線，ケーブル，バスダクトなどのインピーダンスは短絡電流抑制に大きく影響するので無視できない。これらの線路インピーダンスは種類，サイズ，距離などにより変化するので，それぞれのインピーダンス値から計算する必要がある。

　また，線路のインピーダンスは通常オーム値で示されているので，これを基準容量における$\%R$，$\%X$に換算するため，以下の計算式により計算する。

- 31 -

$$\%R_L = \frac{R \times P}{10 \times V^2} \quad (\%) \quad \cdots\cdots\cdots 第2-12式$$

ここで, $\%R_L$：基準容量におけるパーセント抵抗（%）
　　　　R：線路の抵抗（Ω）
　　　　P：基準容量（kVA）
　　　　V：回路電圧（kV）

$$\%X_L = \frac{X \times P}{10 \times V^2} \quad (\%) \quad \cdots\cdots\cdots 第2-13式$$

ここで, $\%X_L$：基準容量におけるパーセントリアクタンス（%）
　　　　X：線路のリアクタンス（Ω）
　　　　P：基準容量（kVA）
　　　　V：回路電圧（kV）

線路のインピーダンスには，この他遮断器や変流器，母線などがあるが，他のインピーダンスに比べて非常に小さい値となるので，省略されることが多い。ただし，インピーダンス値が分かっている場合は計算に加える。

2.3.2 インピーダンスマップの作成

それぞれのインピーダンスが計算されると，このインピーダンスを電力系統に当てはめて，インピーダンスによる回路図が作成できる。これをインピーダンスマップといい，この図からインピーダンスを合成して短絡電流を計算することができる。

第2.3図は，単線接続図からインピーダンスマップを作成し，インピーダンスの合成をする過程を示したものである。

変圧器側と電動機側の並列合成インピーダンスを計算し，A点までの合成インピーダンス$\%Z = \sqrt{(\%R)^2 + (\%X)^2}$からA点の短絡電流を求める。

具体的な計算例は「3 高圧回路の短絡電流計算」の項で説明する。

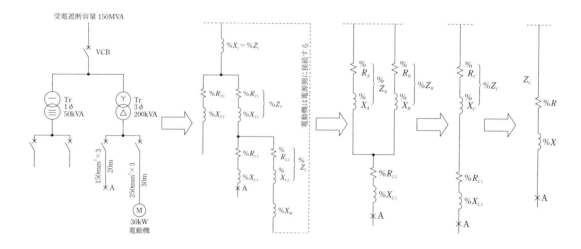

第2.3図　インピーダンスマップの作成

3 高圧回路の短絡電流計算

3.1 短絡保護協調の考え方

受変電設備は第3.1図に示すように、電力会社から配電線を経て多くの需要家設備に電源が供給され、需要家設備内では各負荷設備が必要とする電圧に降圧され配電されており、電力会社と需要家設備が一体となって構成されている。

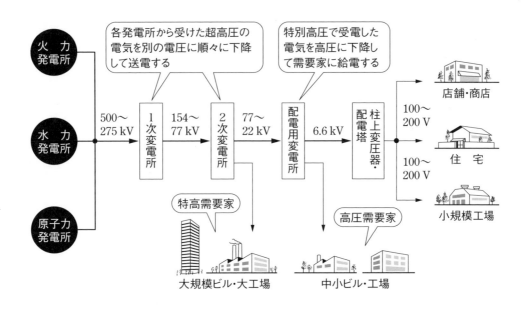

第3.1図　電力会社から需要家までの電気の流れ

このような系統構成で需要家設備の構内で短絡事故が発生した場合、該当回路の遮断器が動作して事故区間のみを系統から除去できれば良いが、該当回路で保護できずに上位の遮断器もしくは電力会社側の遮断器で保護することになると、広範囲な停電事故となる。一需要家の事故が電力会社の送電を停止させることを波及事故と呼んでおり、他需要家まで影響を与えることになる。

電路に短絡などの故障が発生した場合、故障回路の保護装置だけが動作して、他の健全な回路は給電を継続し、機器や配線が損傷しないよう動作特性を整合させることを短絡保護協調または過電流保護協調という。

受変電設備では、第3.2図に示すように電力会社の配電系統を含め、何段階かの区分点を経て需要家に給電され、各区分点には遮断器と過電流継電器が設けられ、この過電流継電器の動作時間は負荷側から電源側に向かって順次長くなるように整定されている。

短絡、過負荷などの事故が発生すると事故点に最も近い過電流継電器が動作し、対応する遮断器を遮断する。事故回路のみを切り離すことで事故範囲を最小限にすることができる。

短絡協調とは、このように段階的に時限差を設けて選択遮断する考え方であり、高圧回路などでは一般的に用いられる方式である。

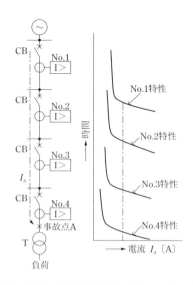

第3.2図　過電流保護協調の考え方

3.2　高圧回路の短絡電流計算

受変電設備の短絡電流を求める計算方法について「2 短絡・地絡故障計算」で説明してきたが，ここでは第3.3図（a）に示す高圧受電設備の単線接続図により，パーセントインピーダンス法による短絡電流計算の例で説明する。

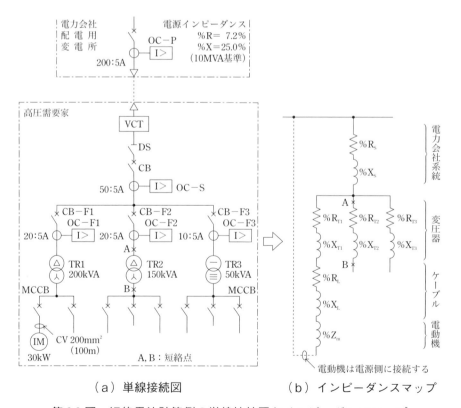

（a）単線接続図　　　　　　（b）インピーダンスマップ

第3.3図　短絡電流計算例の単線接続図とインピーダンスマップ

3.2.1 基準容量の決定

基準容量は自由に選定できるが，高圧回路では一般に1000kVAが採用されるので，基準容量1000kVA，基準電圧6.6kVとする。

3.2.2 電源側インピーダンスの基準値換算

電源側インピーダンスは，$\%R = 7.2\%$（10MVA基準），$\%X = 25.0\%$（10MVA基準）と示されているので，以下の式から1000KVA基準に換算する。

$$基準容量の\%Z = 電源の\%Z \times \frac{基準容量}{電源の基準容量}$$

$$\%R_{\mathrm{s}} = \%R \times \frac{P}{P_{\mathrm{s}}} = 7.2 \times \frac{1\,000}{10\,000} = 0.72\ （\%）$$

$$\%X_{\mathrm{s}} = \%X \times \frac{P}{P_{\mathrm{s}}} = 25.0 \times \frac{1\,000}{10\,000} = 2.5\ （\%）$$

3.2.3 変圧器インピーダンスの基準値換算

各変圧器のインピーダンスは**第3.1表**のデータから求めると次のように計算される。

第3.1表　変圧器のインピーダンス

変圧器	相　数	容量（kVA）	$\%R$	$\%X$	$\%Z$
Tr 1	三相	200	1.40	1.80	2.28
Tr 2	三相	150	1.50	1.60	2.19
Tr 3	単相	50	1.45	1.50	2.09

a．三相200kVA変圧器

$$\%R_{\mathrm{T1}} = \%R_{\mathrm{T}} \times \frac{P}{P_{\mathrm{s}}} = 1.40 \times \frac{1\,000}{200} = 7.0\ （\%）$$

$$\%X_{\mathrm{T1}} = \%X_{\mathrm{T}} \times \frac{P}{P_{\mathrm{s}}} = 1.80 \times \frac{1\,000}{200} = 9.0\ （\%）$$

b．三相150kVA変圧器

$$\%R_{\mathrm{T2}} = \%R_{\mathrm{T}} \times \frac{P}{P_{\mathrm{T}}} = 1.50 \times \frac{1\,000}{150} = 10.0\ （\%）$$

$$\%X_{\mathrm{T2}} = \%X_{\mathrm{T}} \times \frac{P}{P_{\mathrm{T}}} = 1.60 \times \frac{1\,000}{150} \fallingdotseq 10.67\ （\%）$$

c．単相50kVA変圧器

$$\%R_{\mathrm{T3}} = \%R_{\mathrm{T}} \times \frac{P}{P_{\mathrm{T}}} = 1.45 \times \frac{1\,000}{50} = 29.0\ （\%）$$

$$\%X_{T3}=\%X_T\times\frac{P}{P_T}=1.50\times\frac{1\,000}{50}=30\ （\%）$$

3.2.4 ケーブルインピーダンスの基準値換算

CV200mm², 3心ケーブルのインピーダンスは，抵抗：0.121Ω/km，リアクタンス：0.076Ω/km，ケーブルの亘長は100mなので，

抵抗：0.121Ω/km×100m＝0.0121Ω

リアクタンス：0.076Ω/km×100m＝0.0076Ω

これより，以下の式からケーブルのインピーダンスを求める。

$$\%R_L=\frac{R_L(\Omega)\times P(kVA)}{10\times(基準電圧(kV))^2}=\frac{0.0121\times 1\,000}{10\times 0.21^2}\fallingdotseq 27.44\ （\%）$$

$$\%X_L=\frac{X_L(\Omega)\times P(kVA)}{10\times(基準電圧(kV))^2}=\frac{0.0076\times 1\,000}{10\times 0.21^2}\fallingdotseq 17.23\ （\%）$$

3.2.5 電動機インピーダンスの基準値換算

電動機の過渡リアクタンス25％，電動機入力容量は出力の1.5倍と仮定してP_M＝30kW×1.5＝45kVAとすると，以下の式から電動機インピーダンスを求める。

$$\%Z_M=\%X_M\times\frac{P(kVA)}{P_M(kVA)}=25\times\frac{1\,000}{45}\fallingdotseq 556\ （\%）$$

以上の計算結果から，第3.3図（a）の単線接続図を基本として基準値に換算したインピーダンスを記入したインピーダンスマップを作成する。（第3.3図（b））

3.2.6 インピーダンスの合成

インピーダンスマップから，各部の％抵抗と％リアクタンスのそれぞれの和をとり，合成イン

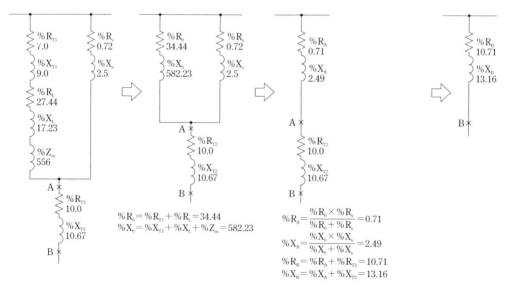

（a）インピーダンスマップ　　（b）電源部の合成　　（c）A点でのインピーダンス　　（d）B点でのインピーダンス

第3.4図　インピーダンスの合成

- 36 -

ピーダンスを計算すると**第3.4図**のようになる。

これにより，故障点A点の％抵抗，％リアクタンスは$\%R_\mathrm{A}=0.71$（％），$\%X_\mathrm{A}=2.49$（％）となるので，合成インピーダンスは

$$\%Z_\mathrm{A}=\sqrt{(\%R_\mathrm{A})^2+(\%X_\mathrm{A})^2}=\sqrt{0.71^2+2.49^2}\fallingdotseq2.59（\%）\quad となる。$$

また，故障点B点の％抵抗，％リアクタンスは

$\%R_\mathrm{B}=10.71$（％），$\%X_\mathrm{B}=13.16$（％）となるので，合成インピーダンスは

$$\%Z_\mathrm{B}=\sqrt{(\%R_\mathrm{B})^2+(\%X_\mathrm{B})^2}=\sqrt{10.71^2+13.16^2}\fallingdotseq16.97（\%）\quad となる。$$

3.2.7　短絡電流の計算

短絡電流は以下の式により計算できる。

$$I_\mathrm{S}=\frac{P(基準容量kVA)}{\sqrt{3}\times V(基準電圧kV)}\times\frac{100}{\%Z(\%インピーダンス)}（A）\qquad\cdots\cdots\cdots第3-1式$$

したがって，故障点A点およびB点における短絡電流は以下のように計算できる。

ａ．故障点Aの短絡電流

$$I_\mathrm{SA}=\frac{1\,000kVA}{\sqrt{3}\times6.6kV}\times\frac{100}{2.59}\quad（A）\fallingdotseq3.38（kA）$$

ｂ．故障点Bの短絡電流

$$I_\mathrm{SB}=\frac{1\,000kVA}{\sqrt{3}\times6.6kV}\times\frac{100}{16.97}\quad（A）\fallingdotseq515（A）（6.6kV側）$$

$$I_\mathrm{SB}=\frac{1\,000kVA}{\sqrt{3}\times0.21kV}\times\frac{100}{16.97}\quad（A）\fallingdotseq16.2（kA）（210V側）$$

ｃ．B点における非対称係数

B点のX/Rは，$X/R=13.16/10.71\fallingdotseq1.23$となるので，非対称係数は$\fallingdotseq1.005$となる。

非対称係数は後述の**第4.1表**から求めることができる。

したがって，低圧側（210V）に使用する配線用遮断器が必要とする遮断電流は，

$I=I_\mathrm{SB}\times1.005\fallingdotseq16.3$（kA）となり，TR2（150kVA）の二次側配線用遮断器は16.3（kA）以上の定格遮断電流のものを用いる。

4 低圧回路の短絡電流計算

4.1 非対称係数とは

短絡事故直後の電流は，交流分のほか直流分も含まれており，第4.1図のような波形となっている。短絡電流の交流分は時間軸に対して対象であるが，直流分は電圧と電流の位相関係が短絡瞬時に変化して非対称となるために発生する。直流分は，回路のリアクタンスと抵抗の比（X/R）によって決まり，数サイクル後には回路の抵抗によって減少する。このため，短絡瞬時は交流分と直流分が含まれているので，時間軸に対して非対称となる。直流分を含んだ短絡電流を非対称短絡電流と呼び，以下の式で表される。

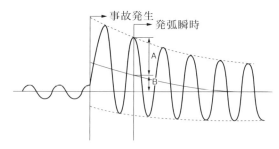

A：交流分電流値
B：直流分電流値

第4.1図　短絡電流の波形

$$\text{非対称短絡電流} = \sqrt{\left(\frac{\text{短絡電流の対称成分}}{2}\right)^2 + \text{短絡電流の非対称成分}} \quad \cdots\cdots\cdots\text{第4-1式}$$

このときの直流分の含まれる割合を非対称係数といい，次の式で表される。

$$\text{非対称係数} = \frac{\text{非対称短絡電流}}{\text{対称短絡電流}} \quad \cdots\cdots\cdots\text{第4-2式}$$

このように短絡瞬時に遮断するような遮断器では，非対称短絡電流を遮断することになる。高圧回路に使用する遮断器は遮断時間が数サイクルと比較的長いので対称短絡電流だけを考えれば良いが，電力ヒューズや低圧回路に使用する配線用遮断器などは，1/2サイクル程度の短絡直後に遮断するので，非対称短絡電流を計算する必要がある。

この非対称係数は，第4.1表に示すように回路のリアクタンスと抵抗の比から計算できる。

第1編　受変電設備構成上の技術計算

第4.1表　非対称係数

短絡電流力率 (%)	短絡回路の X/R	対称値に乗ずべき係数		短絡電流力率 (%)	短絡回路の X/R	対称値に乗ずべき係数	
		単相最大非対称係数実効値K_1	三相平均非対称係数実効値K_3			単相最大非対称係数実効値K_1	三相平均非対称係数実効値K_3
0	∞	1.732	1.394	29	3.3001	1.139	1.070
1	100.00	1.696	1.374	30	3.1798	1.130	1.066
2	49.993	1.662	1.355	31	3.0669	1.121	1.062
3	33.322	1.630	1.336	32	2.9608	1.113	1.057
4	24.979	1.598	1.318	33	2.8606	1.105	1.053
5	19.974	1.568	1.301	34	2.7660	1.098	1.049
6	16.623	1.540	1.285	35	2.6764	1.091	1.046
7	14.251	1.512	1.270	36	2.5916	1.084	1.043
8	12.460	1.485	1.256	37	2.5109	1.078	1.039
8.5	11.723	1.473	1.248	38	2.4341	1.073	1.036
9	11.066	1.460	1.241	39	2.3611	1.068	1.033
10	9.9501	1.436	1.229	40	2.2913	1.062	1.031
11	9.0354	1.413	1.216	41	2.2246	1.057	1.028
12	8.2733	1.391	1.204	42	2.1608	1.053	1.026
13	7.6271	1.370	1.193	43	2.0996	1.049	1.024
14	7.0721	1.350	1.182	44	2.0409	1.045	1.022
15	6.5912	1.330	1.171	45	1.9845	1.041	1.020
16	6.1695	1.312	1.161	46	1.9303	1.038	1.019
17	5.7967	1.295	1.152	47	1.8780	1.034	1.017
18	5.4649	1.278	1.143	48	1.8277	1.031	1.016
19	5.1672	1.262	1.135	49	1.7791	1.029	1.014
20	4.8990	1.247	1.127	50	1.7321	1.026	1.013
21	4.6557	1.232	1.119	55	1.5185	1.015	1.008
22	4.4341	1.218	1.112	60	1.3333	1.009	1.004
23	4.2313	1.205	1.105	65	1.1691	1.004	1.002
24	4.0450	1.192	1.099	70	1.0202	1.002	1.001
25	3.8730	1.181	1.093	75	0.8819	1.008	1.00004
26	3.7188	1.170	1.087	80	0.7500	1.002	1.00005
27	3.5661	1.159	1.081	85	0.6128	1.004	1.00002
28	3.4286	1.149	1.075	100	0.0000	1.000	1.00000

NEMA規格　ABI-1964による

4.2 低圧回路の短絡電流計算

第4.2図に示す回路図の故障点F_1〜F_4における三相短絡電流をパーセントインピーダンス法により計算する。

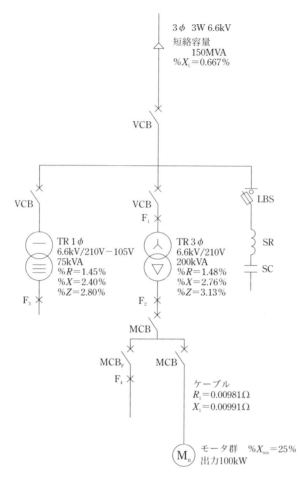

第4.2図　低圧回路の短絡電流回路例

4.2.1　電源インピーダンスを求める

電源の短絡容量は150MVAであるので，基準容量を1 000kVAとして電源インピーダンス（Z_L）を計算する。

$$Z_L = \frac{1\,000}{150 \times 10^3} \times 100 ≒ 0.667 \text{（\%）}$$

電源インピーダンスは全部リアクタンス分と考えて，電源インピーダンスは%X_L=0.667（%）となる。

第1編　受変電設備構成上の技術計算

4.2.2　三相200kVA変圧器のインピーダンスを求める

三相200kVA変圧器インピーダンスは%R＝1.48%，%X＝2.76%なので，これを基準容量に換算すると

$$\%R_{t1}=1.48\times\frac{1\,000\,(\text{kVA})}{200\,(\text{kVA})}=7.40\,(\%)$$

$$\%X_{t1}=2.76\times\frac{1\,000\,(\text{kVA})}{200\,(\text{kVA})}=13.8\,(\%)$$

4.2.3　単相75kVA変圧器のインピーダンスを求める

単相75kVA変圧器インピーダンスは%R＝1.45%，%X＝2.40%なので，これを基準容量に換算すると

$$\%R_{t2}=1.45\times\frac{1\,000\,(\text{kVA})}{75\,(\text{kVA})}=19.33\,(\%)$$

$$\%X_{t2}=2.40\times\frac{1\,000\,(\text{kVA})}{75\,(\text{kVA})}=31.99\,(\%)$$

4.2.4　電動機インピーダンスを求める

総出力容量100kWの低圧電動機の入力容量は1.5倍と仮定すると，入力容量は

電動機容量＝100×1.5＝150（kVA）

電動機の%リアクタンスは25%として，電動機インピーダンスを基準容量に換算すると

$$\%X_{m}=25\times\frac{1\,000\,(\text{kVA})}{150\,(\text{kVA})}=25\times6.67=166.75\,(\%)$$

4.2.5　電動機までのケーブルインピーダンスを求める

電動機群までのケーブルインピーダンスを基準容量に換算すると

$$\%R_{L}=\frac{R\times P}{10\times V^2}=\frac{0.00981\times1\,000}{10\times0.21^2}\fallingdotseq22.24\,(\%)$$

$$\%X_{L}=\frac{X\times P}{10\times V^2}=\frac{0.00991\times1\,000}{10\times0.21^2}\fallingdotseq22.47\,(\%)$$

4.2.6　故障点F_1〜F_4の短絡電流を計算する

ａ．故障点F_1の短絡電流

F_1点における三相短絡電流（I_{S1}）は，%X_L＝0.667（%）なので，

$$I_{S1}=\frac{1\,000\,(\text{kVA})}{\sqrt{3}\times6.6\,(\text{kV})}\times\frac{100}{0.667}\fallingdotseq13\,115\,(\text{A})\quad(6.6\text{kV側において})\quad となる。$$

ｂ．故障点F_2の短絡電流

故障点F_2におけるリアクタンス分の合計は，%X_2＝%X_L＋%X_{t1}＝0.667＋13.8＝14.467（%）となるので，合成インピーダンス%Z_2は

－ 41 －

$%Z_2=\sqrt{%R_{t1}^2+%X_2^2}=\sqrt{7.40^2+14.467^2}=16.45$（％）　となる。

したがって故障点F_2の短絡電流は，

$$I_{S2}=\frac{1\,000\,(\mathrm{kVA})}{\sqrt{3}\times0.21\,(\mathrm{kV})}\times\frac{100}{16.45}\fallingdotseq16\,712\,(\mathrm{A})\,(210\mathrm{V}側において)　となる。$$

c．故障点F_3の短絡電流

故障点F_3におけるリアクタンス分の合計は，$%X_3=%X_L+%X_{t2}=0.667+31.99=32.66$（％）となるので，合成インピーダンス$%Z_3$は

$%Z_3=\sqrt{%R_{t2}^2+%X_3^2}=\sqrt{19.33^2+32.66^2}=37.95$（％）　となる。

単相短絡電流は$\sqrt{3}/2$を乗ずれば求められるので，故障点F_3の短絡電流は

$$I_{S3}=\frac{\sqrt{3}}{2}\times\frac{1\,000\,(\mathrm{kVA})}{3\times0.21\,(\mathrm{kV})}\times\frac{100}{37.95}\fallingdotseq6\,274\,(\mathrm{A})\,(210\mathrm{V}側にて)　となる。$$

d．故障点F_4の短絡電流

故障点F_4の短絡電流は電動機寄与電流分を考慮しなければならないので，電動機インピーダンス$%X_m$と電動機までのケーブルインピーダンス$%R_L$，$%X_L$と故障点F_2までの合成インピーダンス$%Z_2$が並列に接続されたことになるので，これを合成すると

$$%Z_4=\frac{(%R_{t1}+\mathrm{j}%X_2)\times\{%R_L+\mathrm{j}(%X_m+%X_L)\}}{(%R_{t1}+\mathrm{j}%X_2)+\{%R_L+\mathrm{j}(%X_m+%X_L)\}}$$

$$\frac{(7.40+\mathrm{j}14.467)\times\{22.24+\mathrm{j}(166.75+22.47)\}}{(7.40+\mathrm{j}14.467)+\{22.24+\mathrm{j}(166.75+22.47)\}}\fallingdotseq6.48+\mathrm{j}13.57$$

$$\fallingdotseq\sqrt{6.48^2+13.57^2}\fallingdotseq15.04\,（％）　となる。$$

したがって故障点F_4の短絡電流は

$$I_{S4}=\frac{1\,000\,(\mathrm{kVA})}{\sqrt{3}\times0.21\,(\mathrm{kV})}\times\frac{100}{15.04}\fallingdotseq18\,279\,(\mathrm{A})\,(210\mathrm{V}側において)　となる。$$

この電流は対称短絡電流なので非対称短絡電流を求める。回路のX/Rは，$13.57/6.48=2.09$なので，**第 4.1 表**より非対称係数は1.024となる。

したがって，故障点 F_4 を遮断する配線用遮断器の非対称短絡電流は

$I_{S4}=I_S\times\mathrm{K}=18\,279\times1.024=18\,718\,(\mathrm{A})$　となる。

5　短絡電流の抑制対策

　短絡電流の抑制対策としては，変圧器のインピーダンスの変更，限流リアクトルの設置，系統分離などがある。

5.1　変圧器インピーダンスの変更

　標準の変圧器インピーダンスにより短絡電流計算をすると，通常使用する標準的な遮断器の遮断電流以上の短絡電流となる場合がある。このような場合，より詳細な短絡電流計算をして検討することになるが，それでも遮断器の遮断電流が超過する場合，遮断器の遮断電流は1ランク上の大きな定格のものを採用することになる。

　遮断電流が大きくなると，コスト増，機器スペースの増加，遮断器の種類変更，標準品の適用が困難などの問題が発生し，負荷側に使用する開閉器の選定にも影響する。

　このような場合，変圧器のインピーダンスを増やすことができれば，系統の短絡電流が抑えられるので，標準の遮断器を適用することが選定できる。

　変圧器のインピーダンスを増やすことは，変圧器自身のコストや機器寸法及び電圧変動率の増加を招くので，系統全体の計画と機器のコスト増，所要スペース，機器選定の自由度などから総合判断して，より有利な方式を採用すべきである。

　変圧器のインピーダンスの変更にあたっては，製作メーカにインピーダンス変更の可否を含めた変圧器の設計検討を事前にする必要がある。

5.2　限流リアクトルの設置

　設備更新による容量増加で短絡電流が既設の開閉器類の定格以上となる場合，既設の開閉器を更新することは更新費用や更新の容易性などから困難となる場合がある。

　このような場合，限流リアクトルを系統に追加することで短絡電流を抑制する方式がとられる。

　限流リアクトルを追加する場合，限流リアクトルの設置スペースの確保，コスト増，運転損失増加，電圧変動率の増大などの問題がある。このため，限流リアクトルを高圧回路などの系統に挿入することはほとんどなく，低圧の分岐回路などに設け配線用遮断器の自由度を持たせる方式が多い。

　以下は低圧回路に限流リアクトルを設ける場合の検討事項である。

1）短絡電流が大きくなり，標準の配線用遮断器では遮断電流が不足するため，限流リアクトルを使用して短絡電流を制限する。
2）限流リアクトルを適用するにあたって，限流すべき短絡電流の値は分岐回路に使用する配線用遮断器の定格遮断電流以下に選定する。
3）限流リアクトルを選定したら，定常時の電圧降下，電動機始動時の電圧降下などを検討する。

5.3　系統分離

　第5.1図に示すように受電変圧器が2台以上ある場合などに並行運転すると，負荷側における短絡電流が大きくなる。変圧器二次や母線連絡の遮断器はどちらかの変圧器の大きい容量に対応した遮断電流があればよいが，配電線側の遮断器は変圧器2台の並行運転に対応した遮断電流が必要である。

系統分離の方式は，配電線の遮断器を経済的な設備とする場合に用いられる。
　この方式は，配電線側で事故が発生した場合，母線連絡遮断器によって先に系統分離を行い，その後，該当の配電線の遮断器を遮断させる方式である。したがって，配電線の遮断器も変圧器容量の大きい方に対応した遮断電流であればよいことになる。

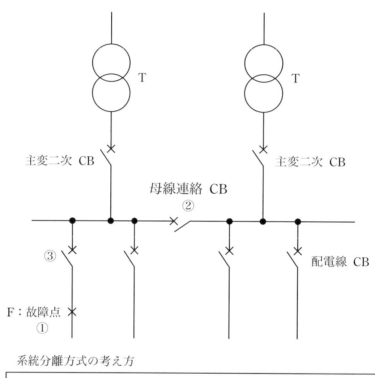

第5.1図　系統分離方式系統図

　この系統分離は，母線連絡遮断器と配電線の遮断器との動作協調を組み合せる保護継電器と遮断器相互間のインタロックによって制御される。したがって，系統分離は配電線の遮断器の短絡遮断電流を小さく出来るため経済的であるが，継電器の動作強調やインタロックのための制御回路が複雑になる。
　また，注意しなければならない点は，系統分離が完了するまで，該当の遮断器やそこに接続される電気機器には短絡電流が流れ続けるので，熱的，機械的な強度を検討する必要がある。受変電設備機器は熱的，機械的強度を規格上で規定しているので，この強度に耐えられる動作協調の範囲の中で系統分離の方法を採用する必要があり，短絡強度の面から協調の取れる系統構成となるとかなり特殊な構成の場合となる。

6 カスケード保護方式

6.1 カスケード保護方式の考え方

カスケード保護方式は，分岐回路の短絡容量がその回路の遮断器の遮断容量を超える場合，主回路遮断器によって後備保護（バックアップ保護）を行なわせる方式で，2つの遮断器間の時間的協調がとりにくいことから採用が難しく，主に低圧回路で採用されている。

電気設備技術基準の解釈では，低圧電路中において配線用遮断器を設置する箇所を通過する最大短絡電流が10 000Aを超える場合に，この方式を認めている。

第6.1図の回路において，故障点に近い遮断器CB2の分岐回路の短絡電流が，CB2の遮断能力を超える場合に，CB1とCB2を組み合せて同時に遮断する。当然，CB1の動作によりCB1の分岐回路として接続されているCB3,CB4などの健全回路も停電となる。このときの遮断時間と遮断電流の関係は第6.2図のようになる。

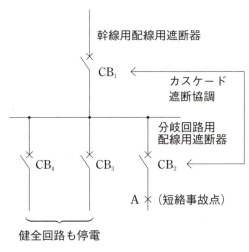

第6.1図　カスケード保護方式

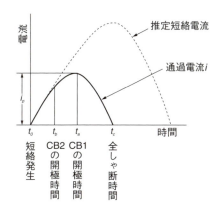

第6.2図　カスケード保護方式の遮断時間と電流の関係

このときCB2がカスケード保護されるには，短絡電流が流れるときの通過エネルギー I^2t がCB2の許容値を超えない，通過電流の波高値がCB2の許容値を超えない，CB2のアークエネルギーがCB2の許容値を超えない，CB1の開極時間がCB2の遮断容量を超えないなどの条件が必要である。

カスケード保護は上記の条件を個別に検討することは実用上困難であり，カスケード保護方式を採用する場合は，遮断器メーカが推奨する組み合わせを採用することになる。

6.2 カスケード保護方式の動作責務

カスケード遮断をする場合，主遮断器と分岐回路遮断器間は以下のような動作責務を持たせた協調関係としなければならない。

1) カスケード遮断を行なったとき，負荷側の遮断器は損傷を受けることなく再使用できる
2) 遮断器で短絡投入したときは，遮断器以外の電路に損傷を与えず，短絡遮断後負荷側遮断器は修理を行なってもよい

6.3　限流ヒューズによるバックアップ

　カスケード保護方式では遮断器間の遮断時間協調と通過短絡電流に対する耐量がポイントであるが，電力ヒューズの高速限流遮断の機能を利用して，バックアップ保護をすることができる。

　電力ヒューズには第6.3図に示すように，短絡電流が最大値に達する前にヒューズエレメントが溶断して電流を遮断するため，回路に流れる電流は制限され，発生するI^2tが抑制される限流特性を有する限流ヒューズがある。

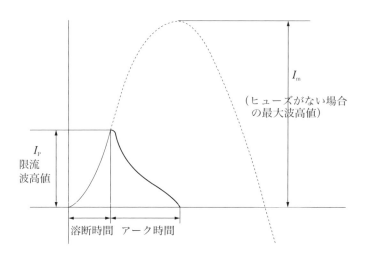

第6.3図　限流ヒューズの遮断動作

　限流ヒューズは，ヒューズが溶断時に高いアーク抵抗を発生し，事故電流を強制的に限流抑制して遮断を行なう。この限流効果を利用すると回路や機器の熱的強度，機械的強度を低減することができるので，電気設備を経済的に設計できる。

　ヒューズを採用する場合，①ヒューズは溶断すると再投入ができない，②一相だけ溶断し，欠相が発生する恐れがある，③限流ヒューズは一定値以下の小電流では溶断しても遮断できないものがある，などの短所があるので，使用回路の負荷の重要性や用途・運用などを考慮する必要がある。限流ヒューズの限流特性やI^2tは，メーカのカタログなどに記載されている。

7 地絡故障計算

7.1 地絡故障計算の考え方

　地絡電流計算は短絡電流計算と異なり，不平衡電流計算なので，対称座標法により，正相，逆相および零相インピーダンスから計算するのが基本となるが，一般に零相インピーダンスに比べ正相，逆相インピーダンスは小さな値であることから，零相インピーダンスのみで計算することが多い。

　また，短絡電流計算では変圧器などの機器インピーダンスや線路のインピーダンスをもとに計算するが，これらに比べて地絡抵抗や中性点接地抵抗は通常はるかに大きいことから，地絡点抵抗，中性点接地抵抗，線路の対地静電容量などから計算される。

　地絡事故の主な原因としては，雷，開閉サージ，静電誘導，飛来物，鳥獣などの接触，絶縁低下による放電があり，これらによる異常電圧の発生防止と地絡事故の早期発見を目的に，電力系統に適した接地方式が用いられている。

7.2 接地方式

　一般に電力系統では，地絡事故による異常電圧の発生防止や，電線路や機器の絶縁の軽減，誘導障害の防止，地絡継電器の動作検出を確実にするなどの目的で，中性点（または適切な1端子）を接地している。

7.2.1 接地方式の種類

　ビル用電気設備や工場受配電設備など一般需要家の電力系統で主に採用されている中性点接地方式には，非接地方式，直接接地方式，抵抗（高抵抗，低抵抗）接地方式，リアクタンス接地方式，高圧リアクトル接地方式がある。

　第7.1図は中性点の接地抵抗を説明した図で，$R=\infty$を非接地，$R=0$を直接接地といい，Rが存在するときを抵抗接地という。

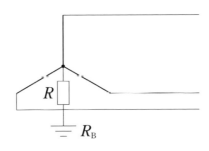

第7.1図　中性点の接地抵抗

　6.6kVの高圧系統は非接地といわれるが，電力会社の配電用変電所の6.6kV側には接地形計器用変圧器が設置され，その三次巻線に制限抵抗（一般に25Ω）を接続しているので等価的に10kΩの中性点接地抵抗となり，実際は高抵抗接地となっている。また，直接接地といっても，大地抵抗が数Ω～数十Ωあるので地絡電流を制限する。

7.2.2 接地方式の特徴

各接地方式の特徴を第7.1表に示す。

第7.1表　接地方式の特徴

接地方式 項目	直接接地	接地抵抗	非接地
異常電圧の発生	ない	少ない	ありうる
誘導障害の程度	大	中	小
地絡電流	大	中	小
地絡検出の難易	容易	比較的容易	困難
高速度保護の必要性	必要	低	低
地絡時機器フレームの電位上昇	大	中	小

中性点接地方式における1線地絡時の中性点に流れる最大電流の近似値I_Nは，

$$I_N = \frac{相電圧}{中性点インピーダンス} \quad \cdots\cdots\cdots 第7-1式$$

で求められ，I_Nが200Aを境界に200A未満を高抵抗接地，200A以上は低抵抗接地とされている。

7.3　1線地絡時の地絡電流計算
7.3.1　1線地絡時の計算法

第7.2図においてa相1線地絡時の各相の電流と各相端子電圧は，対称座標法を用いて下式のように表される。

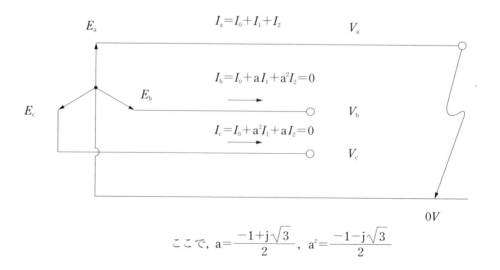

第7.2図　1線地絡時の電圧と電流

$$I_0 = \frac{E_a}{Z_0 + Z_1 + Z_2} \quad \cdots\cdots\cdots 第7-2式$$

$$I_a = I_0 + I_1 + I_2 = 3I_0 = \frac{3E_a}{Z_0 + Z_1 + Z_2} \quad \cdots\cdots\cdots 第7-3式$$

$I_b = 0, \ I_c = 0$

$V_a = 0$

$$V_b = \frac{(a^2-1)Z_0 + (a^2-a)Z_2}{Z_0 + Z_1 + Z_2} \cdot E_a \quad \cdots\cdots\cdots 第7-4式$$

$$V_c = \frac{(a-1)Z_0 + (a-a^2)Z_2}{Z_0 + Z_1 + Z_2} \cdot E_a \quad \cdots\cdots\cdots 第7-5式$$

となる。

一般需要家の配電系統では，直接接地でないかぎり$Z_0 \gg Z_1$, Z_2なので，求める1線地絡電流I_gはa相に流れる電流I_aであるので下記となる。

$$I_a = I_g \fallingdotseq \frac{3E_a}{Z_0} \quad \cdots\cdots\cdots 第7-6式$$

このときの等価回路は第7.3図となる。

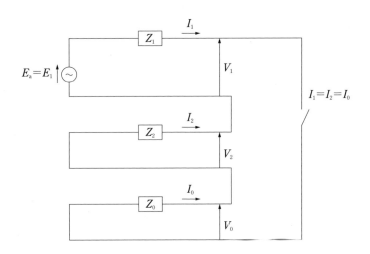

I_0：零相電流
E_a：地絡発生前のa相の対地電圧
Z_0：地絡点から見た零相インピーダンス
Z_1：地絡点から見た正相インピーダンス
Z_2：地絡点から見た逆相インピーダンス

第7.3図　1線地絡時の等価回路

〔1線地絡電流の計算例〕
　第7.4図のように中性点抵抗$R_n=38\Omega$で接地された回路において，地絡が発生した場合の1線地絡電流を計算してみる。

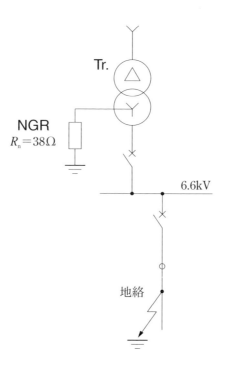

第7.4図　地絡電流計算の回路例

$$E_a = \frac{6\,600}{\sqrt{3}} \fallingdotseq 3\,811 \text{ (V)}$$

$Z_0=3R_n=3\times38\Omega$（零相回路は1線分で扱うが，中性点抵抗R_nには3線分の電流が流れるので，3倍する），前述のように一般需要家の6.6kV配電系統では$Z_0 \gg Z_1,\ Z_2$なので

$$I_g = \frac{3E_a}{Z_0} = \frac{3 \times \frac{6\,600}{\sqrt{3}}}{3 \times 38} \fallingdotseq 100 \text{ (A)}$$

となり，この回路の1線地絡電流は100Aと計算される。

7.3.2　高圧配電系統の地絡電流計算
　一般需要家の高圧配電系統は非接地式で配電系統の大部分がケーブルのため，架空線に比べて対地静電容量が大きいので，これを無視することはできない。
　第7.5図に示すような対地充電電流のある高圧配電系統の1相当たりの零相インピーダンスは，中性点抵抗R_n，静電容量C，対地漏洩抵抗の並列回路および地絡点抵抗R_gの合成インピーダンスとなるので，第7.6図の等価回路で表され，このときの1線地絡電流は第7－3式となる。

第1編　受変電設備構成上の技術計算

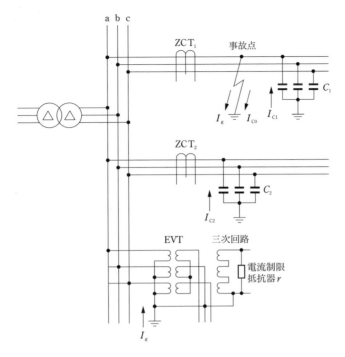

第7.5図　対地充電電流がある非接地系の高圧配電系統

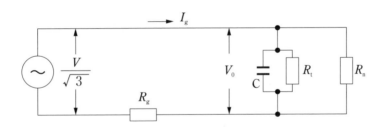

$C = 3\sum_{i=1} C_i$ ：対地静電容量

$R_t = \dfrac{1}{3\sum \dfrac{1}{R_i}}$ ：対地漏洩抵抗

$R_n = \dfrac{r \cdot n^2}{3} \times \dfrac{1}{3}$ ：EVT三次電流制限抵抗の一次換算値
　r：EVT三次の制限抵抗
　n：EVT変成比

R_g：地絡点抵抗

第7.6図　等価回路

$$I_\mathrm{g} = \cfrac{\dfrac{V}{\sqrt{3}}}{R_\mathrm{g} + \cfrac{1}{\dfrac{1}{R_\mathrm{n}} + \dfrac{1}{R_\mathrm{t}} + \mathrm{j}\omega C}} = \cfrac{\dfrac{V}{\sqrt{3}}}{R_\mathrm{g} + \cfrac{1}{\mathrm{j}\omega C}} \qquad \cdots\cdots\cdots 第7-3式$$

一般に，$R_\mathrm{n} \gg \dfrac{1}{\omega C}$，$R_\mathrm{t} \gg \dfrac{1}{\omega C}$ であるので，$\dfrac{1}{R_\mathrm{n}}$，$\dfrac{1}{R_\mathrm{t}}$ は省略できる。

したがって，地絡点抵抗 $R_\mathrm{g} = 0$ の時の完全地絡電流 I_g を求めると

$I_\mathrm{g} \fallingdotseq \dfrac{V}{\sqrt{3}}\, \omega C$　となる。（ただし，$\omega : 2\pi f$）

〔高圧配電系の1線地絡電流の計算例〕

6.6kV，3心CV200mm^{2}ケーブルが6km接続されている6.6kV，50Hz三相3線式回路の1線地絡電流を求める。

ケーブルの静電容量は**第7.2表**より0.51μF/kmなので，

C＝3相×0.51μF/km×6km＝9.18μF

1線地絡電流 I_g を上記の計算式を用いて計算すると，

$$I_\mathrm{g} \fallingdotseq \dfrac{V}{\sqrt{3}}\, \omega C \fallingdotseq \dfrac{6\,600}{\sqrt{3}} \times 2\pi \times 50 \times 9.18 \times 10^{-6} \fallingdotseq 11\ （A）\quad となる。$$

第7.2表　CVケーブルの静電容量

導体数	公称断面積（mm^2）	静電容量（常温）（μF/km）
3心 単心	8	0.21
	14	0.24
	22	0.27
	38	0.32
	60	0.37
	100	0.45
	150	0.52
	<u>200</u>	<u>0.51</u>
	250	0.55

8 電圧降下の計算

8.1 定常電圧降下と瞬時電圧降下

8.1.1 定常電圧降下

電力系統には線路，ケーブル，変圧器などにインピーダンスがあるため，負荷電流が回路に流れると電圧降下が生じ，電流の流れていない無負荷時の電圧との間に電圧変動が生じる。この電圧降下は送電距離が長いほど，同じ電力では電圧が低いほど大きくなる。

電圧降下が大きいと，電力の損失や製品品質の低下などの問題を招くので，電圧降下ができるだけ小さくなるよう配電電圧，電線/ケーブルサイズ，変圧器容量やインピーダンス，使用タップ電圧などを適正に選定する必要がある。また，電圧変動を考慮した機器定格電圧の選定にも注意が必要である。

8.1.2 瞬時電圧降下

瞬時電圧降下とは「系統の電圧が瞬時的に降下する現象」であり，雷や氷雪による系統故障のほか，電動機などの系統につながる大きな負荷が始動，停止を繰り返すことから生じる。

このような瞬時電圧降下が生じると，電動機運転用の電磁接触器の開放による負荷の停止，照明のちらつき，消灯，コンピュータの誤動作や停止などが起こる。また，負荷の変動が大きく，短絡容量が比較的小さい系統では電圧フリッカ（電圧変動が頻繁に繰り返される現象）の発生も考えられるので，系統計画時に注意が必要である。

誘導電動機の始動時の電圧降下では，始動電流が流れている間，電圧は降下したままであり，始動電流が減少すると電圧が復帰する。このため，電圧降下が大きいと，電磁接触器の開放，継電器の誤動作，始動失敗などが発生するので，誘導電動機の始動方式の選定は非常に重要である。

8.2 電圧降下の計算法

電圧降下の計算法には，インピーダンス法，%インピーダンス法，アンペアメートル法，等価抵抗法がある。

インピーダンス法と等価抵抗法は，オーム値を用いて計算するので，変圧器を含まない回路の電圧降下計算に適しており，%インピーダンス法は変圧器を含む複雑な回路に適している。アンペアメートル法は，亘長の長い配電線やケーブルの電圧降下計算に適している。

8.2.1 インピーダンス法

電圧降下は電源電圧と負荷側電圧との差なので，今，負荷電流は供給電圧の変動にかかわらず一定として，三相3線式の電源側相電圧，負荷側相電圧，負荷電流の関係は，負荷の力率角を θ としたとき，第8.1図となる。

第8.1図のベクトル図より，負荷側電圧 E_R がわかっているときの電源側電圧 E_s は

$$E_s = \sqrt{(E_R\cos\theta + IR)^2 + (E_R\sin\theta + IX)^2} \quad \text{(V)} \qquad \cdots\cdots\cdots 第8-1式$$

また，電源側電圧 E_s がわかっているときの負荷側電圧 E_R は

$$E_R = \sqrt{E_s^2 - (IX\cos\theta - IR\sin\theta)^2} - (IR\cos\theta + IX\sin\theta) \quad \text{(V)} \qquad \cdots\cdots\cdots 第8-2式$$

となる。

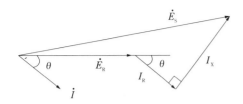

$\dot{E}_\mathrm{S}$：電源電圧（相電圧）　（V）
$\dot{E}_\mathrm{R}$：負荷供給電圧（相電圧）　（V）
θ：負荷力率角
$\dot{I}$：負荷電流（線電流）　（A）
R：回路抵抗（Ω）
X：回路リアクタンス（Ω）

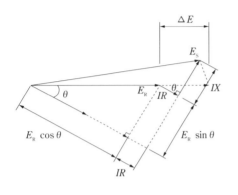

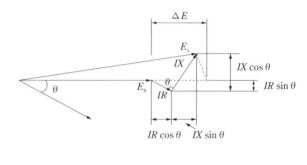

（a）E_R がわかっている場合　　　　　　　　　（b）E_S がわかっている場合

第8.1図　電圧降下のベクトル図と求め方

$\dot{E}_\mathrm{S}$の絶対値をE_S，$\dot{E}_\mathrm{R}$の絶対値をE_R，$\dot{I}$の絶対値をIとすれば，電圧降下ΔEは$\Delta E = E_\mathrm{S} - E_\mathrm{R}$であるから，
$$\Delta E = E_\mathrm{s} - \{\sqrt{E_\mathrm{s}^2 - (IX\cos\theta - IR\sin\theta)^2} - (IR\cos\theta + IX\sin\theta)\} \text{ (V)} \quad \cdots\cdots\cdots\text{第8−3式}$$
が得られる。

配電計画では，電圧降下の計算は厳密な値は必要としないので，この電圧降下の計算式を簡略化すると
$$\Delta E = E_\mathrm{s} + IR\cos\theta + IX\sin\theta - E_\mathrm{s}\sqrt{1 - \left(\frac{IX\cos\theta - IR\sin\theta}{E_\mathrm{s}}\right)^2}$$

ここで，√内の第2項は1に比べて小さいので，これを無視すれば，
$\Delta E \fallingdotseq I(R\cos\theta + X\sin\theta)$ (V)　　………第8−4式
となり，この簡略式は第8.2図に示すベクトル図で表され，10％程度の電圧降下計算においては，実用上支障はない。

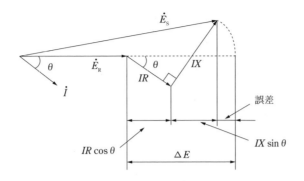

第8.2図　簡略計算のベクトル図

なお，この計算式は1線当たりの電圧降下を求める計算式なので，単相2線式でΔEを求める場合はΔEに2倍を，三相3線式の場合はΔEに$\sqrt{3}$を乗ずる必要がある。

単相2線式の線間電圧降下 $\Delta E_2 = 2\Delta E$,

三相3線式の線間電圧降下 $\Delta E_3 = \sqrt{3}\,\Delta E$

〔インピーダンス法による電圧降下の計算例〕

電源電圧 $E_S = \dfrac{6\,900}{\sqrt{3}} = 3\,984$（V），負荷600kVA，定格電圧6 600V，力率80％の三相負荷で，

線路$R = 3\Omega$，$X = 4\Omega$であるときのΔEを求めると

負荷電流　$I = \dfrac{600 \times 10^3}{\sqrt{3} \times 6\,600} = 52.5$（A）

$$E_S = \dfrac{6\,900}{\sqrt{3}} = 3\,984 \text{（V）}$$

$\sin\theta = \sqrt{1 - \cos^2\theta} = \sqrt{1 - 0.8^2} = 0.6$

詳細計算と簡略計算で電圧降下を計算すると，

a．詳細計算式（第8−3式）

$$\Delta E = E_S - \{\sqrt{E_S^2 - (IX\cos\theta - IR\sin\theta)^2} - (IR\cos\theta + IX\sin\theta)\}$$
$$= 3\,984 - \{\sqrt{3\,984^2 - 52.5^2(4\times0.8 - 3\times0.6)^2} - 52.5(3\times0.8 + 4\times0.6)\}$$
$$= 252.7 \quad \text{（V）}$$

b．簡略計算式（第8−4式）

$\Delta E_1 = I(R\cos\theta + X\sin\theta)$
　　　$= 52.5(3\times0.8 + 4\times0.6) = 252$〔V〕

となり，電源電圧に対して電圧降下の比率は

$$\frac{\Delta E}{E_{\mathrm{S}}} = \frac{252}{\dfrac{6\,900}{\sqrt{3}}} \times 100 \fallingdotseq 6.3$$

により，6.3％の電圧降下である。詳細計算と簡略計算の差も0.7Vと小さく，この程度の電圧降下計算は簡略式で十分であることがわかる。

8.2.2　％インピーダンス法

インピーダンス法では電圧降下の値を計算したが，％インピーダンスにより電圧変動率（％）として求めていく方法を％インピーダンス法という。

電圧変動率 ε の定義は

$$\varepsilon = \frac{電源側電圧 - 負荷側電圧}{電源側電圧} \times 100 = \frac{\Delta E}{E_{\mathrm{S}}} \times 100 \ （\%） \qquad \cdots\cdots\cdots 第8-5式$$

で与えられるので，インピーダンス法で求めた簡略計算式の ΔE を代入すると電圧変動率 ε は

$$\varepsilon = \frac{I(R\cos\theta + X\sin\theta)}{E_{\mathrm{S}}} \times 100 \qquad \cdots\cdots\cdots 第8-6式$$

ここで，分母，分子に $3E_{\mathrm{S}}$ を乗じて皮相電力 $P_{\mathrm{S}}(\mathrm{VA})$，線間電圧 $V_{\mathrm{S}}(\mathrm{V})$ で表すと

$$\varepsilon = \frac{3E_{\mathrm{S}}I(R\cos\theta + X\sin\theta)}{3E_{\mathrm{S}}^2} \times 100 = \frac{P_{\mathrm{S}}(R\cos\theta + X\sin\theta)}{V_{\mathrm{S}}^2} \times 100$$

オーム値 $(R,\ X)$ を％インピーダンスで表すと

$$\mathrm{R} = \frac{(\%R)V_{\mathrm{S}}^2}{100P}, \quad \mathrm{X} = \frac{(\%X)V_{\mathrm{S}}^2}{100P} \qquad P：三相基準容量$$

なので，

$$\varepsilon = \frac{P_{\mathrm{S}}(\%R\cos\theta + \%X\sin\theta)}{P} \ （\%）$$

となる。

これを，I：負荷電流（A），I_{S}：基準電流（A）に置き換えると，

$$\varepsilon = \frac{\sqrt{3}\,V_{\mathrm{S}}I(\%R\cos\theta + \%X\sin\theta)}{\sqrt{3}\,V_{\mathrm{S}}I_{\mathrm{S}}} = \frac{I(\%R\cos\theta + \%X\sin\theta)}{I_{\mathrm{S}}} \ （\%）$$

となる。

〔％インピーダンス法による電圧降下の計算例〕

第8.3図において，亘長8 kmの33kV送電線に1 000kVAの変圧器を介して，6.6kVの配電線1.5km が接続され，6.6kV配電線の負荷端に負荷880kW，力率80％があるときの電圧降下を％インピーダンス法で計算する。

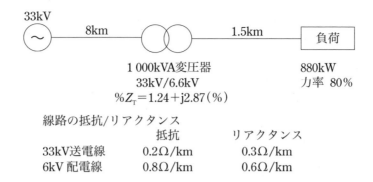

第8.3図　送電系統図の例

図の条件から基準kVAを1 000kVAとすると，
33kV送電線の$\%Z_1$は，

$$\%Z_1 = (0.2 + j\,0.3) \times 8\text{km} \times \frac{1\,000\text{kVA}}{10 \times (33\text{kV})^2}$$

$$= 0.15 + j\,0.22\ (\%)$$

6.6kV配電線の$\%Z_2$は

$$\%Z_2 = (0.8 + j\,0.6) \times 1.5\text{km} \times \frac{1\,000\text{kVA}}{10 \times (6.6\text{kV})^2}$$

$$= 2.75 + j\,2.1\ (\%)$$

全体の$\%Z$は

$$\%Z = \%Z_1 + \%Z_2 + \%Z_T$$

$$= 0.15 + j\,0.22 + 2.75 + j\,2.1 + 1.24 + j\,2.87$$

$$= 4.14 + j\,5.19\ (\%)$$

負荷は880kW，力率80％であるから

$$P + jQ = 880 + j\,\frac{880}{0.8} \times 0.6 = 880\,(\text{kW}) + j\,660\,(\text{kvar})$$

したがって，電圧変動率εは

$$\varepsilon = \frac{\sqrt{3}\,V_S I(\%R\cos\theta + \%X\sin\theta)}{\sqrt{3}\,V_S I_S} - \frac{P \cdot \%R + Q \cdot \%X}{\text{基準kVA}}$$

$$= \frac{880 \times 4.14 + 660 \times 5.19}{1\,000} = 7.07\,(\%)$$

となり，負荷端までの電圧降下は7.07％となるので，負荷側電圧を6 600Vとするための送電端電圧は

$$E_S = 33\,000 + 33\,000 \times \frac{7.07}{100} = 35\,333\,(\text{V})$$

となる。

8.2.3 アンペアメートル法

アンペアメートル法は，あらかじめ1Vの電圧降下に対する電流（A）と配線の亘長との積をもとめたアンペアメートルの表を作成しておくもので，ケーブルの電圧降下計算に適している。

配線の単位長あたりの抵抗$r(\Omega/\text{km})$，リアクタンス$x(\Omega/\text{km})$，線路の長さ$L(\text{m})$とすると，電圧降下ΔEは

$$\Delta E = K(r\cos\theta + x\sin\theta)I \cdot L$$

となるので，電圧降下$\Delta E = 1\text{V}$とすると

$$I \cdot L = \frac{1}{K(r\cos\theta + x\sin\theta)} \quad (\text{A}\cdot\text{m}) \qquad \cdots\cdots\cdots 第8-7式$$

となる。（Kは配電方式による定数）

$I \cdot L$の値を各配線サイズ，負荷の力率に対して求めると，第8-1表のアンペアメートル表（例）のようになる。

〔アンペアメートル表による計算例〕

第8.1表のアンペアメートル表から，配線サイズ80mm^2，負荷力率0.85，三相3線の$I \cdot L$を求めると，$I \cdot L = 2\,100$となる。

負荷電流が210Aのとき10mの配線長で1Vの電圧降下を生じることがわかるので，負荷電流210Aで500mの配線長の場合は，50Vの電圧降下と計算できる。

第8.1表 アンペアメートル表

配電方式	電線サイズmm² / 力率	2.0	3.5	5.5	8	14	22	30	38	50	60	80	100	125	150	200	250	325
単相2線	$\cos\phi = 0.95$	50	90	140	200	350	550	700	900	1 200	1 400	1 800	2 200	2 700	3 200	3 900	4 700	5 500
	$\cos\phi = 0.85$	60	100	150	220	380	600	750	950	1 200	1 500	1 900	2 300	2 700	3 100	3 600	4 300	4 900
単相3線	$\cos\phi = 0.95$	100	180	270	390	690	1 100	1 400	1 800	2 300	2 700	3 600	4 400	5 400	6 400	7 700	9 300	11 000
	$\cos\phi = 0.85$	110	200	300	440	760	1 200	1 500	1 900	2 400	2 900	3 700	4 500	5 400	6 200	7 200	8 500	9 700
三相3線	$\cos\phi = 0.95$	58	100	160	230	400	640	810	1 000	1 300	1 600	2 100	2 500	3 100	3 700	4 400	5 400	64 000
	$\cos\phi = 0.85$	64	120	180	250	440	690	870	1 100	1 400	1 700	2 100	2 600	3 100	3 600	4 200	4 900	5 600

CVケーブル（銅）3C 温度：50℃

8.2.4 等価抵抗法

インピーダンス法で求めた電圧降下の簡略式では$\Delta E = I(R\cos\theta + X\sin\theta)$（V）となるので，線路のインピーダンス$R$，$X$と負荷の力率の項に着目して，これを等価抵抗$R_e = R\cos\theta + X\sin\theta$と定義する。

等価抵抗R_eは電線の大きさ，配置，負荷の力率により決まるので，ある力率に対する単位長あたりの等価抵抗r（Ω/km）を求めておけば，電圧降下は次式で求められる。

$$\Delta E = IrL \quad (\text{V}) \qquad \cdots\cdots\cdots 第8-8式$$

- 58 -

ここで，I：負荷電流（A），r：等価抵抗（Ω/km），L：配線長（km）

〔等価抵抗法の計算例〕

　三相3線6.6kVの回路において，容量550kW，力率80％の負荷が，325mm² 3芯ケーブル，長さ5kmで接続されている場合の電圧降下を求めると，

　3芯ケーブル325mm²の抵抗，リアクタンスを$R=0.06$Ω/km，$X=0.1$Ω/kmとすると，単位長あたりの等価抵抗は

$r=R\cos\theta+X\sin\theta=0.06\times0.8+0.1\times0.6=0.108$（Ω/km）

　負荷電流Iは

$$I=\frac{550\times10^3}{\sqrt{3}\times6\,600\times0.8}=60.1\ （A）$$

　したがって，ケーブル長さ5kmのとき電圧降下は$\Delta E=IrL=60.1\times0.108\times5=32.5$（V）となる。

8.3　屋内配線の電圧降下計算

　屋内配線では，配線の抵抗に比べてリアクタンスが小さく力率も非常によいので，屋内配線の電圧降下の計算は，計算式の$\sin\theta=0$または$X=0$としてもよい。

　したがって，電圧降下は次式で求められる。

$\Delta E=K\cdot I\cdot r\cdot L$（V）　‥‥‥‥第8−9式

　ただし，K：配電方式による係数

　　　　　I：負荷電流（A）

　　　　　r：配線の単位長あたりの抵抗（Ω/m）

　　　　　L：配線の亘長（m）

　配線の単位長あたりの抵抗rは，配線の断面積A（mm²），配線の最高許容温度t（℃）とすると，

$$r=\frac{1}{58A}\times\frac{234.5+t}{234.5+20}\ （Ω/m）$$

で求められるので，rの計算式から定数部分をkとして置き換え，これを電圧降下の計算式に代入すると

$$\Delta E=\frac{K}{k}\times\frac{I\cdot L}{A}\ （V）\qquad‥‥‥‥第8−10式$$

となる。

　ここで，$k=58\times\dfrac{234.5+20}{234.5+t}$

　K/kは配電方式と配線の最高許容温度で求められるので，**第8.2表**のようになる。

第 8.2 表　配線のK/kの係数

	ビニルケーブル	ポリエチレンケーブル	架橋ポリエチレンケーブル
最高許容温度(℃)	60	75	90
単相2線式	40×10^{-3}	42×10^{-3}	44×10^{-3}
単相3線式	20×10^{-3}	21×10^{-3}	22×10^{-3}
三相3線式	35×10^{-3}	36×10^{-3}	38×10^{-3}
三相4線式	20×10^{-3}	21×10^{-3}	22×10^{-3}

〔屋内配線の計算例〕

　三相3線200V，30kW，負荷力率80%の誘導電動機に接続されている60mm²架橋ポリエチレンケーブルの長さが100mのときの電圧降下を求めると，

$$負荷電流\quad I=\frac{30\times10^{3}}{\sqrt{3}\times200\times0.8}=108\ (A)$$

K/kの値は，第8-2表から38×10^{-3}であるから，電圧降下ΔEを求めると

$$\Delta E=\frac{K}{k}\times\frac{I\cdot L}{A}=38\times10^{-3}\times\frac{108\times100}{60}=6.8\ (V)\quad となる。$$

8.4　瞬時電圧降下の計算

　定インピーダンス負荷を投入した場合，負荷の端子電圧がε（%）低下すると，始動電流や始動容量はε（%）減少するので，電圧降下ε（%）のときの始動電流，始動容量は次式で表される。

$$I\varepsilon=\left(1-\frac{\varepsilon}{100}\right)\times I_{S}\quad\cdots\cdots\cdots第8-11式$$

$$T\varepsilon=\left(1-\frac{\varepsilon}{100}\right)\times T_{S}\quad\cdots\cdots\cdots第8-12式$$

ここで，$I\varepsilon$：電圧降下ε（%）時の始動電流（A）

　　　　$T\varepsilon$：電圧降下ε（%）時の始動容量（VA）

　　　　I_{S}：定格電圧での始動電流（A）

　　　　T_{S}：定格電圧での始動容量（VA）

　%インピーダンス法の電圧変動率（ε）の定義は

$$\varepsilon=\frac{\Delta E}{E_{S}}\times100\ (\%)$$

ここで，E_{S}：電源側電圧（V），ΔE：電圧降下（V）であるから，これにΔEを代入すると

$$\varepsilon=\frac{E_{S}+(IR\cos\theta+IX\sin\theta)-\sqrt{E_{S}^{2}-(IX\cos\theta-IR\sin\theta)^{2}}}{E_{S}}\times100\ (\%)\quad\cdots\cdots第8-13式$$

この式を展開して，皮相電力P_{S}（VA），線間電圧V_{S}（V），三相基準容量P（VA）で表すと

$$\varepsilon = 100 + \frac{P_s}{P}(\%R\cos\theta + \%X\sin\theta) - \sqrt{100^2 - \frac{P_s^2}{P^2}(\%X\cos\theta - \%R\sin\theta)^2} \quad (\%) \quad \cdots 第8-14式$$

となる。

皮相電力P_SをT_εに置き換えて，定インピーダンス負荷における電圧降下の計算式を求めると以下の式になる。

$$\varepsilon = 100 + \frac{T_\varepsilon}{P}(\%R\cos\theta + \%X\sin\theta) - \sqrt{100^2 - \frac{T_\varepsilon^2}{P^2}(\%X\cos\theta - \%R\sin\theta)^2} \quad (\%) \quad \cdots 第8-15式$$

となる。

ここで，$T_\varepsilon = \left(1 - \frac{\varepsilon}{100}\right) \times T_S$を代入して，電圧変動率$\varepsilon$を$T_S$で表すと，次の式になる。

$$\varepsilon = 100 + \frac{\left(1 - \frac{\varepsilon}{100}\right)T_s}{P}(\%R\cos\theta + \%X\sin\theta)$$
$$- \sqrt{100^2 - \frac{\left(1 - \frac{\varepsilon}{100}\right)T_s^2}{P^2}(\%X\cos\theta - \%R\sin\theta)^2} \quad \cdots\cdots\cdots 第8-16式$$

この計算式を展開してεについて求めると以下の式になる。

$$\varepsilon = 100 - \frac{100^2}{\sqrt{\{100 + \frac{T_s}{P}(\%R\cos\theta + \%X\sin\theta)\}^2 + \frac{T_s^2}{P^2}(\%X\cos\theta - IR\sin\theta)^2}}$$

この式を簡略化すると

$$\varepsilon = \frac{\%R\cos\theta + \%X\sin\theta}{100\frac{P}{T_s} + \%R\cos\theta + \%X\sin\theta} \times 100 \quad \cdots\cdots\cdots 第8-17式$$

となる。この瞬時電圧降下の計算式を等価回路で表すと，第8.4図となる。

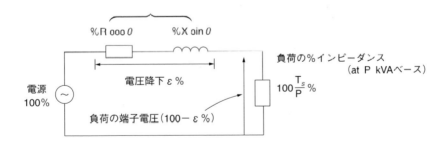

第8.4図 瞬時電圧降下の等価回路

8.5 電動機始動時の電圧降下計算
8.5.1 始動方法の種類

電動機は固定部分と回転部分で構成され，それぞれで作られる磁界の相互作用により回転する機械である。電動機は原理，構造，用途などにより誘導電動機，同期電動機，直流電動機などに分類できるが，構造が簡単で保守が容易な誘導電動機が一般需要家の電気設備では最も多く使用されている。

誘導電動機には回転子の構造により巻線形とかご形がある。かご形は構造が簡単で取り扱いも容易であるが始動電流が大きく，巻線形は始動電流，始動トルクの制御が容易であるが，ブラシとスリップリングがあるので保守が困難といえる。かご形と巻線形の始動方法は第 8.5 図のように分類することができる。

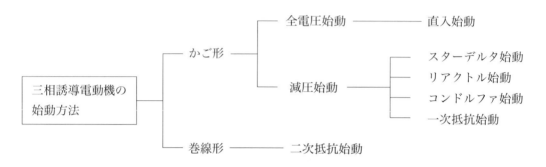

第 8.5 図　三相誘導電動機の始動方法

8.5.2 直入始動の始動電流

誘導電動機の直入始動電流は，電源容量や機器と密接な関係にあるので，あらかじめ始動電流を正確な値を算定しておく必要がる。

一般に，始動電流は電動機の拘束試験の結果から以下の式よりもとめている。

$I_S = I_{sa} \dfrac{V_0}{V_{sa}}$ （A）　………第 8−18 式

ここで，I_S：始動電流，V_0：定格電圧，
　　　　I_{sa}：拘束試験時の電流，
　　　　V_{sa}：拘束試験時の電圧

電動機の始動時には大きな電流が流れるので，磁路飽和状態となり漏れリアクタンスが小さくなるので，実際の始動電流はこの計算式で計算される始動電流より大きくなる。

拘束試験は負荷特性の算定，始動特性の算定のため行なうもので，任意の周囲温度において，回転子を拘束し定格周波数の電圧を加えて定格電流またはそれに近い電流を流し，そのときの印加電圧，電流を測定する。

8.5.3 電動機始動時の電流法による電圧降下の計算

かご形誘導電動機の始動時には，定格電流の数倍の始動電流が流れるため，電動機が接続されている電力系統は電圧降下が発生する。

第 8.6 図に示す系統図において，700kW の電動機が始動したときの変圧器二次側および電動機

端子の電圧降下を求める。
a．始動電流
　700kW電動機の始動電流を求めると，

$$電動機の定格電流 I = \frac{出力}{\sqrt{3}×電圧×効率×力率} = \frac{700}{\sqrt{3}×3.3\text{kV}×0.958×0.896} = 142.7 \text{（A）}$$

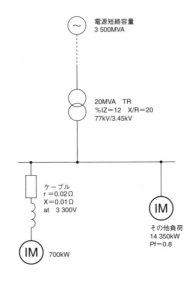

第8.6図　電圧降下計算の系統図

したがって，始動電流は
始動電流＝142.7×4.9＝699（A）（3.3kV基準）
変圧器二次電圧3.45kV基準に換算すると
$699 × \dfrac{3.45}{3.3} ≒ 731$（A）　　と成る。

b．ケーブルによる電圧降下
　始動電流が流れるときのケーブル電圧降下を求めると，
$$\varepsilon_L = \sqrt{3}×始動電流×（ケーブル抵抗×始動\cos\theta + ケーブルリアクタンス×始動\sin\theta）$$
$$= \sqrt{3}×731×(0.02×0.2+0.01×0.98)$$
$$= 17.5 \text{（V）}$$
となる。

c．変圧器での電圧降下
　その他負荷と電動機による変圧器に流れる合成電流を求める。
　電動機の始動kVA，基底負荷は，

電動機の始動kVA$=\sqrt{3}\times3.45\times731=4\,368$（kVA）

その他負荷$=14\,350\times\dfrac{3.45}{3.3}=15002$（kW）

（3.45kV基準に換算）

となるので，合成kVAを求めるため，抵抗分とリアクタンス分に換算すると

電動機$=4\,368\times(0.2+\mathrm{j}0.98)=874+\mathrm{j}4281$

その他負荷$=\dfrac{15\,002}{0.8}\times(0.8+\mathrm{j}0.6)=15\,002+\mathrm{j}\,11252$　となる。

したがって，合成kVAと合成力率は，

合成kVA$=15\,876+\mathrm{j}\,15533=\sqrt{15\,876^2+15\,533^2}=22\,211$（kVA）

合成力率$=\cos\left(\tan^{-1}\dfrac{15\,533}{15\,876}\right)=0.715$

以上から，合成電流を求めると以下となる。

合成電流$=\dfrac{22\,211}{\sqrt{3}\times3.45}=3\,717$（A）

次に変圧器のインピーダンスをオーム値に換算するため，$\%IZ=12$（20MVA基準），$X/R=20$より10MVA基準換算すると，

$IR=0.6\%$，$IX=12\%$となるので，

$X_\mathrm{T}=\dfrac{10\mathrm{MVA}}{20\mathrm{MVA}}\times12=6\%$，$R_\mathrm{T}=\dfrac{10\mathrm{MVA}}{20\mathrm{MVA}}\times0.6=0.3\%$

となる。これを，3.45kV基準に換算すると

$X_\mathrm{T}=\dfrac{X_\mathrm{T}\times(\mathrm{kV})^2\times10}{基準\mathrm{kVA}}=\dfrac{6\times3.45^2\times10}{10\,000}=0.071\Omega$

$R_\mathrm{T}=\dfrac{R_\mathrm{T}\times(\mathrm{kV})^2\times10}{基準\mathrm{kVA}}=\dfrac{0.3\times3.45^2\times10}{10\,000}=0.004\Omega$

したがって，変圧器における電圧降下は，

$\varepsilon_\mathrm{T}=\sqrt{3}\times合成電流\times(抵抗\times合成\cos\theta+リアクタンス\times合成\sin\theta)$

$=\sqrt{3}\times3\,717\times(0.004\times0.715+0.071\times0.699)$

$=338$（V）　となる。

d．電源での電圧降下

電源インピーダンスは，電源短絡容量3 500MVAより，10MVAに換算すると，

$X_0=\dfrac{10\mathrm{MVA}}{3\,500\mathrm{MVA}}\times100\%=0.3$（%）

となるので，3.45kV基準に換算すると，

$X_0=\dfrac{X_0\times(\mathrm{kV})^2\times10}{基準\mathrm{kVA}}=\dfrac{0.3\times3.45^2\times10}{10\,000}=0.004\Omega$

したがって，電源での電圧降下は

第1編　受変電設備構成上の技術計算

$$\varepsilon_0 = \sqrt{3} \times 合成電流 \times リアクタンス \times 合成\sin\theta$$
$$= \sqrt{3} \times 3\,717 \times 0.004 \times 0.699$$
$$= 18 \; (V) \quad となる。$$

e．電圧降下の計算

電圧降下の合計は，ケーブル，変圧器，電源の電圧降下の合計となるので，

$\varepsilon = \varepsilon_L + \varepsilon_T + \varepsilon_0 = 17.5 + 338 + 18 = 373.5 \; (V)$ となり，電動機端子電圧V_Mは

$V_M = 3\,450V - 373.5V = 3\,076.5V \; (V)$

定格3 300Vに対して

$$\varepsilon = 100 - \frac{3\,076.5}{3\,300} \times 100 = 6.8 \; (\%)$$

となるので，電動機の端子では6.8％の電圧降下が発生する。

変圧器二次電圧は

$V_{T2} = 3\,450 - (\varepsilon_T + \varepsilon_0) = 3\,450 - (338 + 18) = 3\,094 \; (V)$

定格3 300Vに対して

$$\varepsilon = 100 - \frac{3\,094}{3\,300} \times 100 = 6.2 \; (\%)$$

となるので，変圧器二次では6.2％の電圧降下が発生する。

この計算では，電圧降下の値が大きめになるので，この計算で求めた電動機端子電圧と変圧器二次電圧で，電動機始動容量と基底負荷の容量を補正して，繰り返し計算を行なえば，より正確な電圧降下値が得られる。

8.6　電圧フリッカの許容値

8.6.1　変動負荷による電圧フリッカ

電動機の頻繁な始動停止や製鋼用のアーク炉，電気溶接機などの変動負荷が電力系統に接続されると，その負荷変動による電圧降下のため線路の電圧が急激な変動を繰り返すことになる。

電力系統に接続されている負荷は，電力や力率がいつも安定しているわけでなく，変動している。電源の短絡容量が大きく，負荷の変動が小さい場合は負荷変動に対する電圧変動は小さいが，負荷変動が大きく，それに見合う電源短絡容量が大きくないと電圧変動は大きくなる。この電圧変動が頻繁に繰り返されると，電灯やテレビなどの明るさにちらつきが発生し，見ている人に不快感を与える。

これを電圧フリッカと呼び，その原因や減少は多種多様である。フリッカとは「ちらちらする」「ゆらゆらする」の語意で，人間の眼に感じるちらつきは10Hzの周波数に最も敏感に感応することから，電圧変動をすべて10Hzに換算したフリッカ値ΔV_{10}を表示尺度としている。

8.6.2　電圧フリッカの原因と影響

電圧フリッカの原因とこれによる現象は多種多様であり，これらは自らの電気設備により発生するものが多いが，高圧や特別高圧で受電している一般需要家では，電力引込みの電圧自体がフリッカしている場合もある。電圧フリッカによる代表的な原因と影響の例を**第8.3表**に示す。

これらの現象は，一時的で，現象が消えると正常に戻るが，そのときの影響で機器などが破壊

される場合と，継続的に繰り返しダメージを受け，最終的に絶縁破壊などの現象となる場合がある。

第8.3表　電圧フリッカ原因と影響

原　　因	影　　響
電路，溶接機などのアーク放電機器の運転，停止及び繰返し運転	照明のちらつき，電動機の回転数の変化，うなり音
直撃雷や誘導雷による雷サージの侵入または誘導サージの侵入	受変電設備の保護継電器誤動作，機器の焼損，中央監視設備などの入出力装置の焼損
搬送機械などの駆動電動機用接触器の頻繁な開閉	電動機の加熱
短絡，地絡などの故障時の大電流遮断	遮断器開閉によるサージ電圧印加
変圧器投入による励磁突入電流	変圧器保護用過電流遮断器のトリップ
インバータの開閉時間が極度に短く，（dV/dt）変化量が急峻	インバータ二次側の電動機の絶縁劣化，過熱，うなり

このような電圧フリッカの対策としては，
1）変動負荷と系統分離して，変動負荷を電源短絡容量の大きい系統に接続する。
2）直列コンデンサにより，電源のリアクタンス分を補償する。
3）静止形無効電力補償装置の設置により，無効電力を抑制する。
4）変動負荷の電源側にリアクトルを挿入して，無効電力を抑制する。
などがある。

8.6.3　電圧フリッカの許容値

電圧フリッカによる電圧変動は，同じ大きさの変動でもちらつき感は変動周期によって異なるため，フリッカの大きさを示す表示尺度としてΔV_{10}を用い，10Hzに換算した電圧変動をフリッカの基準としている。

電圧変動を周波数分析したとき，周波数f_n（Hz）の電圧変動がΔV_nとするとΔV_{10}は以下の計算式により求められる。

$$\Delta V_{10} = \sqrt{\sum_{n=1}^{m} (a_n \times \Delta V_n)^2}$$

このときのa_nはちらつき視感度係数といい，第8.7図に示すちらつき視感度曲線から求められる。

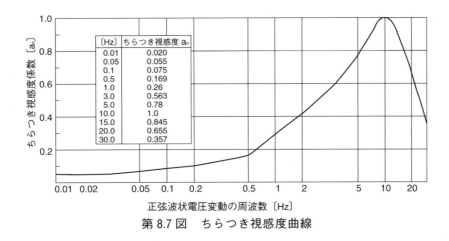

第8.7図　ちらつき視感度曲線

日本では，アーク炉における電圧フリッカのΔV_{10}の許容値として**第8.4表**に示す値が採用され，この値を超えないこととされている。

第8.4表　アーク炉における電圧フリッカの許容値

	ΔV_{10}(%)	
	Aグループ	Bグループ
最大値	0.45	0.83
平均値	0.32	0.45～0.63

9 力率改善

9.1 コンデンサ容量の計算

受変電設備の負荷の大部分は抵抗と誘導性リアクタンスの組合せと考えられ、リアクタンスは誘導性のため電力損失や電圧降下を生じさせる無効電流が流れるので、これを軽減させるため容量性リアクタンスであるコンデンサが用いられる。

9.1.1 力率改善の仕組み

抵抗と誘導性リアクタンスの負荷に力率改善用のコンデンサを並列に接続したときの力率改善の説明図を第9.1図に示す。

抵抗Rに流れる電流I_Rは電圧Eと同相であり、誘導性リアクタンスX_Lに流れる電流I_Lは電圧Eより90度遅れている。そのベクトル和は負荷電流I_1となり、そのときの力率は$\cos\theta_1$である。

コンデンサX_Cを並列に接続すると、コンデンサに流れる電流I_Cは電圧Eより90度進むので、無効電流I_Lはコンデンサ電流I_Cだけ減少し、負荷電流はI_1からI_2に減少する。したがって、力率は$\cos\theta_1$から$\cos\theta_2$に改善される。

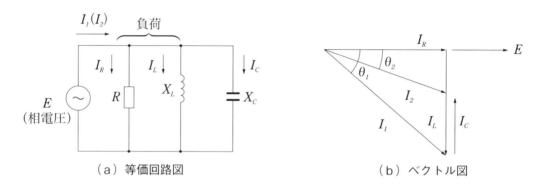

(a) 等価回路図　　　　　　(b) ベクトル図

第9.1図　力率改善の説明図

9.1.2 コンデンサ容量計算の計算式

第9.1図において、負荷の有効電力をP〔kW〕としたとき、力率$\cos\theta_1$を力率$\cos\theta_2$に改善するコンデンサ容量Q〔kvar〕の算出は、以下の式で計算できる。

$$\begin{aligned}
Q &= E \times I_C = E \times I_R \times (\tan\theta_1 - \tan\theta_2) \\
&= P \times (\tan\theta_1 - \tan\theta_2) \\
&= P \times \left(\frac{\sin\theta_1}{\cos\theta_1} - \frac{\sin\theta_2}{\cos\theta_2}\right) \\
&= P \times \left(\sqrt{\frac{1}{\cos^2\theta_1} - 1} - \sqrt{\frac{1}{\cos^2\theta_2} - 1}\right) \quad \cdots\cdots\cdots 第9-1式
\end{aligned}$$

これにより、負荷電力P(kW)において、力率$\cos\theta_1$から力率$\cos\theta_2$に改善するに必要なコンデンサ容量が計算できる。

〔コンデンサ容量の計算例〕

有効電力1 000kWで力率75%の負荷を力率95%に改善するに必要なコンデンサ容量を計算する。

$P = 1\,000$, $\cos\theta_1 = 0.75$, $\cos\theta_2 = 0.95$ が与えられているので，必要なコンデンサ容量は，

$$Q = 1\,000 \times \left(\sqrt{\frac{1}{(0.75)^2} - 1} - \sqrt{\frac{1}{(0.95)^2} - 1} \right) = 553 \ (\text{kvar}) \quad \text{となる。}$$

9.1.3　コンデンサ容量早見表

コンデンサ容量計算式から，改善前の力率と改善後の力率を係数として表すと**第9.1表**のようにコンデンサ容量早見表として表せる。これは$(\tan\theta_1 - \tan\theta_2) \times 100$を％値として表したもので，以下の計算式を用いれば簡単に必要なコンデンサ容量が計算できる。

$$Q = P \times \frac{\text{係数}}{100} \quad \cdots\cdots\cdots \text{第9-2式}$$

第9.1表　コンデンサ容量算出係数早見表

		改善後の力率＝$\cos\theta_2$													
		1.00	0.99	0.98	0.97	0.96	0.95	0.94	0.93	0.92	0.91	0.90	0.875	0.85	0.825	0.8
改善前の力率＝$\cos\theta_1$	0.600	133	119	133	108	104	101	97	94	91	88	85	78	71	64	58
	0.625	125	111	105	100	96	92	89	85	82	79	77	70	63	56	50
	0.650	117	103	97	92	88	84	81	77	74	71	69	62	55	48	42
	0.675	109	98	89	84	80	76	73	70	66	64	61	54	47	40	34
	0.700	102	88	81	77	73	69	66	62	59	56	54	46	40	33	27
	0.725	95	81	75	70	66	62	59	55	52	49	46	39	33	26	20
	0.750	88	74	67	63	58	55	52	49	45	43	40	33	26	19	13
	0.775	81	67	61	57	52	49	45	42	39	36	33	16	19	12	6.5
	0.800	75	61	54	50	46	42	39	35	32	29	27	19	13	6	
	0.825	69	54	48	44	40	36	33	29	26	22	19	16	14	7	
	0.850	62	48	42	37	33	29	26	22	19	16	14	7			
	0.875	55	41	35	30	26	23	19	16	12	9	6	2.8			
	0.900	48	35	28	23	19	16	12	9	6	2.8					
	0.910	45	31	25	21	16	13	9	6	2.8						
	0.920	43	28	22	18	13	10	6	3.1							
	0.930	40	25	19	15	10	7	3.3								
	0.940	36	22	16	11	7	3.6									
	0.950	33	18	12	8	3.5										

〔早見表を用いた計算例〕

有効電力1 000kWで力率75％の負荷を力率95％に改善するに必要なコンデンサ容量を計算する。
第9.1表から，力率改善前の力率0.75から改善後の力率0.95の交点を求めると，係数「55」が得られるので，次式から必要なコンデンサ容量が算出できる。

$$Q = 1\,000 \times \frac{55}{100} = 550 \ (\text{kvar})$$

9.2　力率改善の効果

コンデンサを設置すると進み無効電流が流れるため，誘導電動機などに流れる遅れ無効電流が打ち消され，電源から供給される電流は有効電流に近い値となり，力率が改善される。

受変電設備の大部分は遅れ力率の負荷であるので，力率を改善することにより，以下のような効果が得られる。

1）電力損失の軽減

２）電圧降下の改善

３）系統容量の増大

４）電気料金の割引

9.3　電力損失の軽減

コンデンサの設置によって力率が$\cos\theta_1$から$\cos\theta_2$に改善されると，第9－1図から線路の電流はI_1からI_2になる。線路の抵抗をRとすると，電力損失は$I_1^2 R$から$I_2^2 R$になるので，電力損失はその差（$I_1^2 R - I_2^2 R$）だけ減少することになる。

改善前，改善後の力率を$\cos\theta_1$，$\cos\theta_2$，線電流をI_1，I_2として，負荷の有効電力をP，相電圧をEとすると，負荷の有効電力Pは

$P = 3EI_1\cos\theta_1$またはP$= 3EI_2\cos\theta_2$

となる。この関係式から力率と線電流の関係は

$$\frac{I_2}{I_1} = \frac{\cos\theta_1}{\cos\theta_2}$$

となる。

改善前の電力損失との比を電力損失軽減率Kとして表すと，

$$K = \frac{電力損失の差}{改善前の電力損失} \times 100 = \frac{I_1^2 R - I_2^2 R}{I_1^2 R} \times 100$$

$$= \left[1 - \left(\frac{I_2^2 R}{I_1^2 R}\right)\right] \times 100 = \left[1 - \left(\frac{\cos\theta_1}{\cos\theta_2}\right)^2\right] \times 100〔\%〕\quad となる。$$

〔損失改善率を求める計算例〕

6 600Vの高圧回路に2 000kW，力率80％の負荷が接続されているとき，力率を95％まで改善したときの電力損失改善率を求める。

電力損失改善率の計算式より

$$K = \left[1 - \left(\frac{\cos\theta_1}{\cos\theta_2}\right)^2\right] \times 100 = \left[1 - \left(\frac{0.8}{0.95}\right)^2\right] \times 100 = 29.1〔\%〕$$

したがって，力率を95％に改善すると，力率改善前の電力損失よりも29.1％改善される。

9.4　電圧降下の改善

力率が改善されると，無効電流が減少するので，線路の電圧降下は少なくなる。第9.2図に示す線路の等価回路において，線路のインピーダンスは$R + jX$で表せるので$\dot{E}_S = \dot{E}_R + \dot{I}(R + jX)$となる。負荷力率を$\cos\theta$とすると

$$\dot{E}_S = \dot{E}_R + I(\cos\theta - j\sin\theta)(R + jX) = \dot{E}_R + I(R\cos\theta + X\sin\theta) + jI(X\cos\theta - R\sin\theta)$$

E_Rを基準ベクトルとすると，$\dot{E}_R = E_R$であるから$E_S^2 = \{E_R + I(R\cos\theta + X\sin\theta)\}^2 + I^2(X\cos\theta - R\sin\theta)^2$と表わせるので，

$$E_R = \sqrt{E_S^2 - I^2(X\cos\theta - R\sin\theta)^2} - I(R\cos\theta + X\sin\theta)$$

一般に，E_Sは$E_S \gg I(X\cos\theta - R\sin\theta)$なので，

$$E_R \simeq E_S - I(R\cos\theta + X\sin\theta)$$

電圧降下 ΔE は

$$\Delta E = E_S - E_R = I(R\cos\theta + X\sin\theta)$$

となる。

一方, 負荷電力 P_R は $P_R = I \times E_R \cos\theta$ なので

$$\Delta E = \frac{P_R}{E_R}(R + X\tan\theta)$$

となる。

ここで, 改善前の力率 $\cos\theta_1$, コンデンサ設置による改善後の力率 $\cos\theta_2$ とし, 有効電流が変わらないとすると, このときの電圧降下は

改善前 $\Delta E_1 = \dfrac{P_R}{E_R}(R + X\tan\theta_1)$

改善後 $\Delta E_2 = \dfrac{P_R}{E_R}(R + X\tan\theta_2)$

したがって, 電圧降下の減少 ΔE_0 は

$$\Delta E_0 = \Delta E_1 - \Delta E_2 = \frac{P_R}{E_R} \cdot X(\tan\theta_1 - \tan\theta_2)$$

となる。

ここで, $\tan\theta_1 \gg \tan\theta_2$ であるから $\Delta E_1 \gg \Delta E_2$ となり, 力率改善により電圧降下が軽減されることになる。

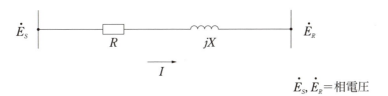

第9.2図　線路の等価回路

9.5　系統容量の増大

コンデンサは無効電力を供給するため, 系統の無効電力を補償するので, 線路を流れる電流が減少し, その分だけ有効電力供給能力が増大することが期待できる。第9.1図からも明らかのように, コンデンサ設置により力率が改善されると, I_1 から I_2 に減少するに相当する皮相電力分に余裕が出てくる。

すなわち, (改善前の皮相電力 $EI_1\cos\theta_1$ － 改善後の皮相電力 $EI_2\cos\theta_2$) だけ増加させることができる。

9.6　電気料金の割引

需要家が力率改善を行なうと電力会社にとっても電力損失の低減や送電系統容量の増加などの効果が得られるので, 各電力会社では受電点の総合力率85％を基準に基本料金を割引または割増しする制度をとっている。力率が85％より１％上回ると基本料金の１％が割引され, 力率が１％

下回ると割増しされる。

　力率を100％に近づけるほど電気料金の割引率が高く，電力損失も改善されるが，受電設備の力率改善目標値は，平均使用状態で95％程度が望ましい。これは，力率を100％に近づけようとするとコンデンサ容量が非常に大きな容量となり設備費が増加するとともに，軽負荷時に進み力率になることが懸念されるからである。

〔電気料金割引の計算例〕

　契約電力1 800kW，基本料金1 510円/kW，1か月の平均力率が95％のときの基本料金と割引料金を求める。

　基本料金は力率の割引が（95％−85％）なので，10％割引されるので，

　1 800kW×1 510円/kW×（1−0.1）＝2 446 200円となり，割引料金は

　1 800kW×1 510円/kW×0.1＝271 800円

　で，年間約326万円の節約となる。

10 高調波

　高調波とは，基本周波数の整数倍の周波数を持つ波のことで，周期的複合波の成分中の基本波以外のものをいう。正確に正弦波でない周期的複合波を「ひずみ波（波形がひずんでいる）」といい，このひずみ波は基本周波数とその整数倍（n）の高調波に分解することができることが知られており，基本周波数fのn倍，nfを第n調波または第n次の高調波という。

　高調波は，基本波に基本波の整数倍の周波数成分を複合した波であり，基本波にこれと同じ波高値の第5調波が複合した場合の複合波形は第10.1図のようになる。

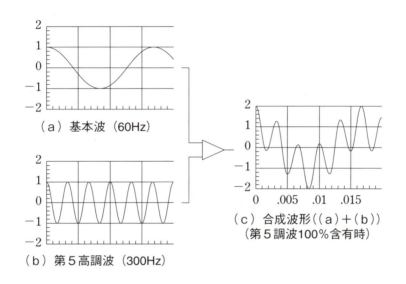

第10.1図　基本波と第5調波の複合波形

10.1 高調波の発生と影響

10.1.1 高調波の発生

　電源系統は50Hzまたは60Hzの正弦波電流を流そうとするが，この正弦波電流を必要としない負荷があると，正弦波との差に相当する電流が流れる場所を失い，電力系統に漂うことになる。この関係を説明した図が第10.2図で，正弦波に対して方形波の負荷がある場合，正弦波と方形波の差が電力系統側に流れることになる。

　これが高調波電流と呼ばれるもので，負荷が必要とする電流が正弦波に近いほど高調波の発生量は少なくなる。

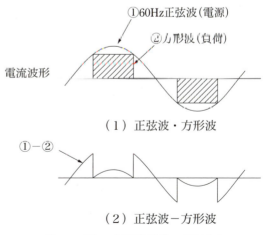

第10.2図　高調波発生の説明図

電力系統の波形ひずみの原因となる高調波発生源の機器としては次のものが挙げられる。

1）電力変換装置（整流器，インバータ，UPSなど）

2）電気炉（アーク炉，高周波誘導炉）

3）照明機器（蛍光灯，水銀灯，ナトリウム灯）

4）家庭用電気機器（テレビ，パソコン，プリンタ，エアコンなど）

5）搬送設備（エレベータ，ゴンドラ，リフト，圧進機，クレーン）

6）溶接機（スタッド溶接機，半自動溶接機）

10.1.2　高調波含有率

高調波発生量をP相の変換器で考えてみると，P相変換器の発生する高調波電流の次数および理論発生量は次式で表される。

高調波次数　$n = mP \pm 1$（$m = 1, 2, 3, \cdots$）

発生量　　　$I_n = K \dfrac{I_1}{n}$　　・・・・・・・・第10−1式

ここで，P：整流相数

$\quad\quad\quad I_n$：第n次高調波電流

$\quad\quad\quad I_1$：基本波電流

$\quad\quad\quad K$：制御角，重なり角によって定まる係数

〔高調波電流の計算例〕

6相整流の電力変換装置の容量が500kVA，入力電圧6.6kV，K＝1（制御角0）としたとき，5，7，11，13次の高調波電流を求める。

$\quad$ K＝1，n＝5〜13，基本波電流 $I_1 = \dfrac{500\text{kVA}}{\sqrt{3} \times 6.6\text{kV}} = 43.7\text{A}$ なので，第10−1式より，

$I_5 = 1 \times \dfrac{43.7}{5} = 8.74\text{A}$，$I_7 = 1 \times \dfrac{43.7}{7} = 6.24\text{A}$，$I_{11} = 1 \times \dfrac{43.7}{11} = 3.97\text{A}$，$I_{13} = 1 \times \dfrac{43.7}{13} = 3.36\text{A}$ となる。

代表的な整流器である6相，12相，24相の整流器の発生高調波電流を求めると，高調波発生次数は，6相整流では5次，7次，11次，13次，・・・，12相整流では，11次，13次，23次，25次となるので，K＝1（制御角0）としたときの理論高調波発生量は第10.1表のようになる。

第10.1表　高調波含有率（理論値）　　　　　単位（％）

パルス数	I_1	I_5	I_7	I_{11}	I_{13}	I_{17}	I_{19}	I_{23}	I_{25}
6	100	20	14	9.1	7.7	5.9	5.3	4.3	4.0
12	100	−	−	9.1	7.7	−	−	4.3	4.0
24	100	−	−	−	−	−	−	4.3	4.0

10.1.3　高調波による影響

電力変換装置やアーク炉などは，これまでも高調波発生機器としてよく知られていた。最近では，サイリスタをはじめとする半導体応用機器が家電製品から電力応用機器まで幅広く利用され，省エネ，生産性向上に貢献しているが，これら半導体素子は電源電圧を負荷の要求に合わせて制

御するため，正弦波以外のひずみ波形を発生させるので，設備の増加に伴いこれらについても無視できなくなってきている。

これらの高調波の機器に与える影響を分析すると，

1）通信線への誘導障害
2）機器の過負荷，熱的影響
3）機器の騒音
4）位相制御機器への悪影響
5）電力系統との共振現象

などがあげられ，これらをまとめると**第10.3表**のようになる。

なかでも，需要家の受変電設備では，過負荷によるコンデンサ，リアクトルの障害，回転機の騒音，振動，計器の誤動作，リレーやサイリスタ制御機器の誤動作などが多くみられる。

第10.3表　高調波による影響

電気設備・機器名	影響の種類
音　響　機　器	・ダイオード・コンデンサ等部品の故障，寿命低下，性能低下 ・映像のちらつき，雑音の発生
蛍　光　灯	・過大電流による過熱，焼損
コ ン ピ ュ ー タ	・電源回路部品の過熱
情 報 関 連 機 器	・雑音によるシステムの停止，誤動作
誘　導　機	・回転数の周期的変動 ・効率低下 ・二次側過熱
同　期　機	・振動 ・効率低下
ヒューズ，ブレーカ	・過大電流による溶断，誤作動
産業用各種制御機器	・制御信号のズレによる誤制御等
コ ン デ ン サ・リ ア ク ト ル	・過大電流による過熱，振動，騒音の発生
変　圧　器	・騒音の発生 ・効率低下

10.2　高調波ガイドラインによる高調波流出電流の計算

半導体応用機器の多くは，電力系統に高調波電流を流出し，電力系統の電圧ひずみを増大させ，この電圧ひずみが電力系統に接続する他の需要家の各種機器に悪影響を及ぼすことから，「高圧又は特別高圧で受電する需要家の高調波抑制対策ガイドライン」が通商産業省（現：経済産業省）により1994年9月に制定され，その後2014年4月に全面改訂された。

10.2.1　高調波抑制対策ガイドラインの考え方

高調波抑制対策ガイドラインでは，電力系統で維持すべき「高調波環境目標レベル」を総合電圧ひずみ率において6.6kV配電系統で5％，特別高圧系統で3％とし，各需要家から流出する高

調波電流の上限値を示し，この上限値を超過しないことが必要と定めている。

　すなわち，このガイドラインは，電気事業法に基づく技術基準を遵守した上で，商用電力系統から受電する需要家において，使用する電気設備から発生する高調波電流を抑制するための技術要件を示し，高圧又は特別高圧で受電する需要設備を新設する場合，または高調波発生機器を新設・増設・更新する場合および契約電力相当値又は受電電圧を変更する場合には，電力系統に流出する高調波電流の上限値を超過しないことを求めている。

10.2.2　高調波抑制対策要否の判定手順

　高調波抑制対策を円滑に進めていくためのガイドラインを解説・補完する「高調波抑制対策技術指針（JEAG 9702）」において，高調波抑制対策の要否の判定と高調波流出電流の計算手順が解説されている。

　尚，電力会社へ受電設備の新設・増設・更新などを申請するときは，ガイドラインに沿って計算した「高調波流出電流計算書」を提出する。また，高調波電流が上限値を超える結果となった場合は，高調波抑制対策の実施を電力会社より求められる。

1）高調波対策が不要となる条件

　概ね高調波流出電流の上限値が超過しないと推定される以下の場合は，検討を終了しても良いとされ高調波対策が不要となる。

①「高圧受電」「ビル」「進相コンデンサが全て直列リアクトル付き」「電源回路の換算係数が1.8を超過する機器が無い」の全ての条件を満足する場合

　＊換算係数とは：高調波発生機器の電源回路種別毎に定められる係数で，製造者は当該機器が高調波発生機器である旨と換算係数を明示することになっている。

②高調波発生機器毎の回路種別と換算係数から求めた「等価容量」の総合計が，高圧では50kVA，22kV又は33kVでは300kVA，66kV以上では2 000kVA以下の場合

2）計算手順の概要

　高調波抑制対策要否は以下に示す手順で検討する。

①第1ステップ

　a）高調波発生機器の抽出および換算係数等を確認する

　b）検討要否の判定

　　高調波対策が不要となる条件に合致する場合は，検討終了とする。

　c）等価容量の計算

　　高調波発生機器毎の回路種別と換算係数から「等価容量」を計算し，総合計を求める。

　d）等価容量の判定

　　「等価容量」の総合計が，高調波対策が不要の条件に合致する場合は，検討終了となる。

②第2ステップ

　a）個別機器毎に定格運転状態における高調波発生電流を計算する。

　b）需要家からの高調波流出電流の計算

　c）高調波流出電流の判定

　　需要家受電点から電力系統へ流出する高調波電流が上限値以下であれば検討終了となり，高調波対策は不要とする。

上限値が超過する場合は高調波流出電流の詳細計算と抑制対策の検討を実施する。
d) 高調波流出電流の詳細計算と抑制対策の検討
　　上限値を超過する場合は，「需要家構内機器への分流」および「電力系統からの直列リアクトル付き進相コンデンサへの流入」による効果分を流出電流値から差し引く。
　　それでも，上限値を超える場合は，「多パルス化」「フィルタ設置」などの高調波抑制対策（10.3項を参照）を検討し，上限値以下に抑制する。

10.2.3　高調波流出電流計算の例

　第10.3図に示す系統図において，第１ステップでの等価容量が上限値を超えたので，第２ステップの高調波流出電流計算に進んだ計算事例を示す。
　この需要設備の建物用途は事務所ビル，受電電圧6.6kV，受電点短絡電流12.5kA，契約電力相当値220kW，電力系統に流出する高調波電流の上限値（第５次高調波電流：$I_5＝3.5[\mathrm{mA/kW}]×220\mathrm{kW}＝770\mathrm{mA}$，第７次高調波電流：$I_7＝2.5[\mathrm{mA/kW}]×220\mathrm{kW}＝550\mathrm{mA}$），コンデンサ定格容量31.9kvar×２台，定格電圧7.02kV，直列リアクトル６％である。また，高調波発生機器のビルマルチエアコンとエレベータの諸元は以下である。

①ビルマルチエアコン
　定格容量15kVA×４台，回路種別：三相ブリッジ（コンデンサ平滑）リアクトル有り（直流側），換算係数$K_{33}＝1.8$，第５次高調波電流発生率0.30，第７次高調波電流発生率0.13（回路種別毎の換算係数と高調波電流発生量の表による），最大稼働率0.55（技術指針に示された「ビル設備，空調機器，200kW以下」による）

②エレベータ
　定格容量6.9kVA×１台，回路種別：三相ブリッジ（コンデンサ平滑）リアクトル無し，換算係数$K_{31}＝3.4$，第５次高調波電流発生率0.65，第７次高調波電流発生率0.41（回路種別毎の換算係数と高調波電流発生量の表による），最大稼働率0.25（技術指針に示された「ビル設備，空調機器，200kW以下」による）

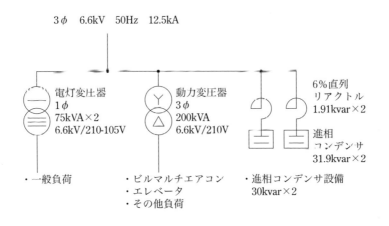

第10.3図　需要設備の系統図

1）第1ステップ（等価容量による判定）

a．検討要否の判定

　高圧受電，ビル，進相コンデンサが全て直列リアクトル付き，換算係数が1.8を超過する機器が無い条件を満足しないので，次に進む。

b．等価容量の計算

・ビルマルチエアコン　　　P_{33}＝定格容量×台数×換算係数＝15kVA×4×1.8＝108kVA

・エレベータ　　　　　　P_{31}＝定格容量×台数×換算係数＝6.8kVA×1×3.4＝23.5kVA

合計等価容量P_0＝108＋23.5＝131.5kVA

c．等価容量による判定

　「高圧受電かつ進相コンデンサが全て直列リアクトル付き」を満足するので，低減係数（高圧受電かつ進相コンデンサが全て直列リアクトル付きの場合：0.9）を用いて

　P_0×0.9＝131.5×0.9＝118.4kVA　　となる。

　合計等価容量P_0（118.4kVA）は，受電電圧6.6kVの限度値50kVAを超過しているので，次の第2ステップに進む。

2）第2ステップ（高調波流出電流による判定）

　a．個別機器の定格運転状態の高調波発生電流の計算

　・ビルマルチエアコン

　　受電電圧換算定格電流：　15kVA×4台／（$\sqrt{3}$×6.6kV）＝5 249mA

　　第5次高調波電流：　受電電圧換算定格電流×第5次高調波電流発生率×最大稼働率

　　　　　　　　　　　＝5 249mA×0.3×0.55＝867mA

　　第7次高調波電流：　受電電圧換算定格電流×第7次高調波電流発生率×最大稼働率

　　　　　　　　　　　＝5 249mA×0.13×0.55＝376mA

　・エレベータ

　　受電電圧換算定格電流：　6.9kVA×1台／（$\sqrt{3}$×6.6kV）＝604mA

　　第5次高調波電流：　604mA×0.65×0.25＝99mA

　　第7次高調波電流：　604mA×0.41×0.25＝62mA

　合計した高調波発生電流はそれぞれ，

　　第5次高調波電流　867mA＋99mA＝966mA

　　第7次高調波電流　376mA＋62mA＝438mA

　b．需要家からの高調波流出電流の計算（簡易計算）

　　「高圧受電かつ進相コンデンサが全て直列リアクトル付き」の場合なので，低減高調波係数

　　（第5次：0.7，第7次：0.9）を用いて，

　　第5次高調波電流：　966mA×0.7＝677mA

　　第7次高調波電流：　438mA×0.9＝395mA

　c．高調波流出電流による判定

　　上記より，第5次高調波流出電流は677mAで第5次高調波電流の上限値の770mA以下，第7次高調波流出電流は395mAで第7次高調波電流の上限値の550mA以下となるので，詳細計算は不要で検討終了となり高調波抑制対策は必要なしの判定となる。

　　以上の計算結果を「高調波流出電流計算書」にまとめ，電力会社に提出する。

＊高調波電流発生率，換算係数，最大稼働率，等価容量低減係数，等価容量の限度値，低減高

調波係数などについては，高調波抑制対策技術指針（JEAG 9702）」を参照のこと。

10.3 高調波対策

高調波を抑制する対策としては，高調波の発生量の低減，高調波フィルタを設置して系統のインピーダンスの変更，機器の高調波耐量の強化などがある。

以下に主な高調波の抑制対策を説明する。

10.3.1 高調波発生量の低減

高調波の発生で説明したように，整流相数の整数倍±1の次数の高調波が発生し，その発生量は1/高調波次数となるので，高調波が高次になるほど高調波は小さくなる。したがって，整流相数を増やすことにより高調波の発生量を抑制できる。

第10.4図のように，整流器の入力変圧器を2群にわけ，一方の変圧器の結線をΔ－Δ，他方をΔ－Yにすると相数が倍になるので，6相整流から12相整流となり，低次の高調波成分を消去できる。

また，三角波搬送波信号と正弦波電圧指令信号を比較して，スイッチング素子をON－OFFすると，出力に正弦波の基本波成分を持ったパルス列の交流が得られるPWM制御方式も高調波抑制対策として採用されている。PWM制御方式はパルス幅変調ともいい，第10.5図に示すような動作原理で動作し，信号が大きいときはパルスの幅が大きくなり，信号が小さいときはパルス幅が小さくなる性質を利用したもので，高速でスイッチングができるので電圧波形を正弦波に近づけることが可能となるので，高調波の発生を低減できる。高速スイッチング素子であるIGBTなどの半導体素子を用い，電動機や蛍光灯用インバータやUPS（無停電電源装置）などのパワーエレクトロニクス変換装置に採用されている。

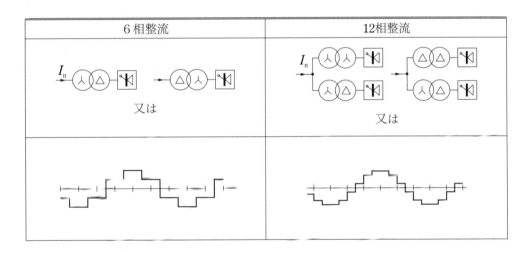

第10.4図　整流方式の多相化

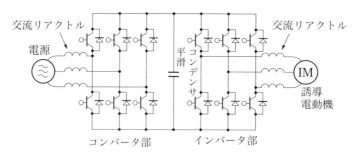

（a）PWM制御回路例

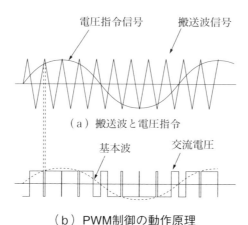

（a）搬送波と電圧指令

（b）PWM制御の動作原理

第10.5図　PWM制御方式の回路例と動作原理

10.3.2　高調波フィルタ（LC形フィルタ）

系統に存在する高調波を軽減するため，コンデンサとリアクトルで構成される交流フィルタを設置し，L-Cの共振特性を利用して高調波を低減させるものである。交流フィルタは**第10.6図**のような回路構成で，単一高調波に共振したR，L，Cの直列回路で，共振周波数で低抵抗を示す同調フィルタと，高次高調波の広い周波数の範囲を低抵抗となるようにした高次フィルタと組み合わせて高調波フィルタとする場合が多い。

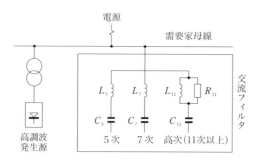

第10.6図　高調波フィルタの構成

10.3.3 アクティブフィルタ

アクティブフィルタは，高調波電流に対して，これを補償する高調波電流を発生させ，1組の装置で複数次数の高調波を低減させるものである。第10.7図のように，高調波を発生させる負荷の電流は基本波成分と高調波成分に分けられるから，この中の高調波成分を検出し，これと逆位相の補償電流をアクティブフィルタにより発生させ，高調波成分を相殺させる。電源側からみると，負荷で発生する高調波成分はアクティブフィルタで補償されるので，高調波成分は電源側に流出せず，基本波成分のみの正弦波電流となる。

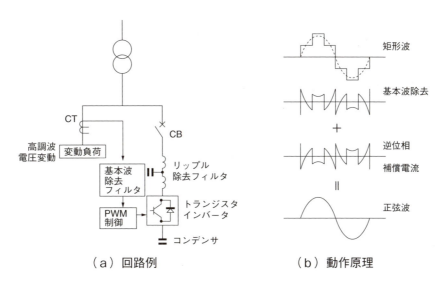

第10.7図　アクティブフィルタの回路例と動作原理

10.4　共振現象

高調波電流は，系統または負荷の高調波インピーダンスにしたがって分流するので，高調波電流よりも各部に流れる電流は小さくなる。高調波を含む電力系統では，系統の高調波含有率が低くても，ケーブルの対地静電容量やコンデンサなどの容量性リアクタンス，変圧器，送電線，回転器などの誘導性リアクタンスの影響で共振現象が発生すると，系統の電圧ひずみが拡大され，発生高調波よりも大きい高調波電流が流れる場合がある。

そのときの共振周波数は $f = \dfrac{1}{2\pi\sqrt{LC}}$ で求められる。

〔共振周波数の計算例〕

第10.8図に示す系統図において，過渡リアクタンス20％の1 000kVAの発電機と300kVAの整流器間の距離600mを静電容量0.2μF/kmのケーブルで接続したときの，共振周波数を求める。

発電機のインダクタンスLは

$$L = \frac{過渡リアクタンス \times (線間電圧)^2}{2\pi f_0 \times 容量} \qquad \cdots\cdots\cdots 第10-2式$$

ただし，f_0は基本周波数

したがって，$L=\dfrac{0.2\times 6\,600^2}{2\pi\times 50\times 1\,000\times 10^3}=27.7\text{mH}$

静電容量は$C=0.2\mu\text{F/km}\times 0.6\text{km}=0.12\mu\text{F}$なので，共振周波数を求めると，

$$F=\dfrac{1}{2\pi\sqrt{LC}}=\dfrac{1}{2\pi\sqrt{27.7\times 10^{-3}\times 0.12\times 10^{-6}}}=2\,762\,\text{〔Hz〕}$$

となる。

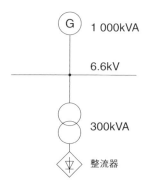

第10.8図　系統図

11 異常電圧

異常電圧とは，通常の運転電圧に加わり電気設備に障害を与えるおそれのある電圧で，その原因が落雷のように外的要因で発生する雷サージ（外雷）や遮断器・開閉器の開閉時に発生する開閉サージなどの内雷がある。最近は，異常電圧という表現が電圧変動や高調波，不平衡電圧などと混同するので，落雷などによる雷サージは「雷過電圧」に，電力系統開閉時の開閉サージは「開閉過電圧」に，電力系統故障時の過渡異常電圧は「短時間過電圧」と表現を変えている。

11.1 雷過電圧（雷サージ）

雷過電圧は，外雷による過電圧のことで，直接電路に落雷する直撃雷と，落雷時の放電電流による大地の電位上昇によって過電圧が発生する誘導雷がある。通常これらの異常電圧は電気機器の絶縁強度以上となるので，適切な保護装置が必要となる。

雷雲の電荷による落雷直前の地表面の電界は数十kV/m，最大では100kV/mと測定されており，放電距離が約1km程度とすれば，雷雲の地表側と地表面との電位差は数万kV～数十万kVと推定される。また，そのときの放電電流は数十kAでまれに100～200kAに達するものもある。

11.1.1 直撃雷

線路導体に直接落雷する直撃雷には，線路導体に直接雷撃するものや，架空地線や送電鉄塔などに雷撃したとき鉄塔の電位が上昇し，がいしがフラッシュオーバして線路導体へ過電圧が侵入するもの，架空地線への雷撃により直接架空地線から線路導体に向かって発生する逆フラッシュオーバなどがある。

第11.1図は鉄塔へ落雷したとき，鉄塔の接地抵抗が高いと鉄塔の電位が上昇して線路支持のがいしの耐圧を超えてフラッシュオーバする現象を説明した図である。

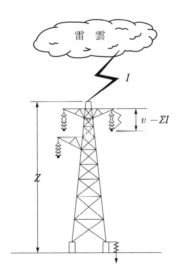

第11.1図　逆フラッシュオーバの現象

線路への落雷によるフラッシュオーバを防ぐには，

１）架空地線により線路導体を遮へいする。

２）鉄塔の接地抵抗を低い値に施工する。

３）架空地線と線路導体の間に十分な絶縁距離を保つ。

４）鉄塔の電位上昇により逆フラッシュオーバが生じないよう，がいし個数を選定する。

などがある。

自然現象である雷に対して，線路に雷過電圧の侵入を防ぐことは経済的にも技術的にも不可能に近く，適切な耐雷設計をする必要がある。直撃雷には避雷針や架空地線などにより受変電所や線路を遮へいして直撃を避ける。架空地線からの逆フラッシュオーバまたは接地側より侵入する雷過電圧には，被保護器と絶縁協調の取れた避雷器などの雷保護装置を設ける。雷撃電流による電位上昇を低減するため，網状（メッシュワイヤ）接地方式や等電位接地方式を採用するなどの直撃雷対策がある。

11.1.2　誘導雷

誘導雷とは雷雲間の放電や大地への放電により電路に雷過電圧が誘起され，電路と大地間に生じる電位差のことである。誘導雷は，66kV以上の送電線では機器の絶縁を脅かすことはないが，66kV以下の系統では機器の絶縁耐力が低いので，誘導雷過電圧についても対策が必要である。

誘導雷によって線路に生じる最高電位Vは以下の式で計算される。

$V = \alpha E_0 h$〔kV〕　・・・・・・・・第11-1式

ここで，α：拘束電荷および雷放電状況で決まる定数で１より小さい（結合係数という）

E_0：雷放電前の地表面付近の雷雲による　電界強度〔kV/m〕

h：線路導体の地上高〔m〕

電界強度は最大100kV/mに達することもあるが，普通は高くて30～40kV/m，遠雷では0.2～0.3kV/m，結合係数は通常0.2～0.3程度である。

誘導雷対策としては，受電地点への避雷器設置による侵入防止，金属シールド付ケーブルや絶縁変圧器による低圧回路への侵入防止，等電位接地方式による弱電機器への侵入防止などがある。

11.2　開閉過電圧（開閉サージ）

コンデンサやケーブル充電電流などの進み電流を，遮断器，断路器などで開閉するとき，再点弧・再発弧現象によって生じる過電圧で，無負荷変圧器の励磁電流遮断のさい断現象で生じることもある。

11.2.1　開閉過電圧の発生

開閉過電圧は雷過電圧に比べ波高値は高くないが，継続時間が雷過電圧数十μsに対して数msと長いので，機器絶縁に与える影響は無視できない。

開閉過電圧の代表的な例としては

ａ．投入サージ

無負荷の線路を交流電圧の最大値のときに投入すると，その波高値の投入サージが進行波となって線路を伝播し，線路末端で反射して２倍に跳ね上がる。投入サージは最大２倍となるが，線路末端に逆極性の残留電荷がある場合は，高いサージが発生する場合がある。

ｂ．再点弧サージ

無負荷線路の充電電流を遮断器や開閉器で遮断すると，充電電流は電圧より90度近く位相が進

－ 84 －

んでいるので，遮断時の電流零点では電圧は最大値となりその電圧が残留する。1/2サイクル後に遮断器極間に2倍の電圧がかかり，絶縁回復が十分でないと再点弧する。

c．電流裁断サージ

遅れ小電流を遮断する場合，電流の零点を待たずに強制遮断するときに発生するサージで，真空遮断器のような遮断性能に優れている遮断器で，変圧器の無負荷励磁電流や小容量の電動機などの遅れ小電流を遮断する場合に発生する。

遮断器で遅れ小電流を遮断したとき，電流が自然零点に達する前に遮断してしまう電流裁断現象が発生すると，負荷の巻線内に蓄えられた電磁エネルギーが負荷の対地静電容量に変換され，巻線のLと対地静電容量のCの間で共振現象が発生し負荷側にサージ電圧が発生する。第11.2図は電流裁断現象を説明した図で，このときのサージ電圧の最大値V_Pは以下の式で表される。

$$V_P = \eta \sqrt{\frac{L}{C}} \cdot i_C$$

ここで，V_P：負荷側サージ電圧波高値〔V〕
　　　　L：負荷側インダクタンス〔μH〕
　　　　C：負荷側キャパシタンス〔μF〕
　　　　η：回路の損失係数（電動機の場合0.6〜0.8）
　　　　i_c：電流裁断値〔A〕

これから，電流裁断サージ電圧は，電流裁断値とサージインピーダンス$\sqrt{\frac{L}{C}}$で決まる。

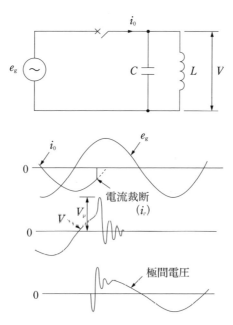

第11.2図　電流裁断現象

d．繰返し再発弧

電流裁断でサージが発生したときに，遮断器の極間絶縁が十分に回復していない場合に再発弧し，遮断器の消弧能力によっては再度遮断が行なわれ，消弧と発弧が短時間で多数回繰返される

現象で，再発弧の際に，回路に流れる高周波電流が強制的に電流零点をつくるため，サージ波形は高周波である。

11.2.2 開閉過電圧対策

開閉過電圧対策として，進み小電流を開閉する場合は，開閉能力の保証された遮断器の採用が必要であり，真空遮断器のような遮断能力に優れている遮断器の開閉サージを抑制する方法としては，真空バルブの負荷側にサージサプレッサや避雷器を取り付ける方法や，真空バルブの電極接点の材料を工夫することで解決した低サージ真空遮断器を使用する方法がある。

低サージ真空遮断器では，電極材料をサージの出にくいものにした場合，遮断能力が低下するという問題があるため電極構造にさまざまな工夫が行なわれている。第11.3図は電極の構造例で，電極間に発生するアークは一方に偏る性格があるので，なるべくアークを分散化させることで遮断能力を強化している。（a）はスパイラル方式といい，アークを周囲に分散させることで均一化を図っており，（b）は縦磁界方式といい，流れる電流を電極に構成したコイルにより円周方向に導き，縦方向に磁界を発生させてアークの均一化を図ったものである。

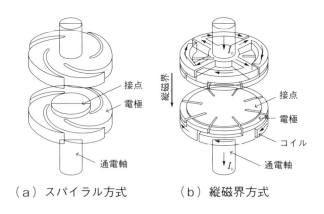

（a）スパイラル方式　　（b）縦磁界方式

第11.3図　電極の構造例

11.3　変圧器移行電圧

変圧器の高圧側に雷サージが侵入した場合，変圧器の高圧/低圧巻線間の誘導によりサージ電圧が移行し，低圧側の機器の絶縁を脅かすことがある。

高圧巻線から低圧巻線への誘導には，「静電誘導」と「電磁誘導」があり，電磁誘導はほぼ巻数比に比例しているので，移行電圧が低圧側の絶縁強度と相関関係にあり，通常は問題にならない。

静電誘導による移行電圧は，高圧/低圧巻線間の静電容量と低圧巻線/鉄心間の静電容量とのキャパシタンス分割によって，低圧巻線側にサージ電圧が生じるので，そのときのサージ電圧は以下の式となる。

$$V = \frac{C_H}{C_H + C_L} \times V_{HBIL} \quad \cdots\cdots\cdots 第11-2式$$

V ：低圧巻線側に発生する移行電圧（V）
C_H：高圧/低圧巻線間静電容量（pF）
C_L：低圧巻線/鉄心間静電容量（pF）
V_{HBIL}：高圧巻線に侵入する衝撃絶縁強度（BIL）相当の雷サージ電圧（V）

この式の通り，移行電圧は巻数比と関係がないので，110kV以上の特別高圧から3～6kVに降圧する変圧器では検討する必要がある。

移行電圧を低減するためには，低圧巻線/鉄心間静電容量C_Lを大きくすればよいので，変圧器の低圧側にサージ吸収用コンデンサを設置すればよい。

第11.4図は154kV/6.6kV30MVA変圧器における移行電圧の計算例で，154kV側に750kVのサージが侵入したときの移行電圧は250kVで，6kV側の絶縁耐力をはるかに超えるが，サージ吸収用コンデンサを接続すると4kVに低減できることを示している。

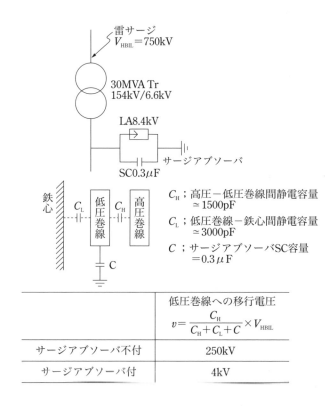

第11.4図　移行電圧の計算例

11.4　地絡時異常電圧

電力系統に地絡が発生すると，各相電圧は事故発生前の定常状態から，比較的長時間の持続性異常電圧が発生する。この異常電圧は地絡の種類や地絡発生位相，系統の各種インピーダンスにより異なり，基本周波数の電圧に重畳されるので機器の絶縁に影響を与える。この異常電圧はそのエネルギーの大きさ，継続時間などから，避雷器で吸収保護することは困難であり，系統条件の改善により抑制することが必要である。

ここで，1線地絡時の過渡異常電圧について検討する。

三相系統におけるa相1線地絡事故時の健全相持続異常電圧は次式で求められる。

$$V_b = \frac{(a^2-1)Z_0 + (a^2-a)Z_2}{Z_0 + Z_1 + Z_2} \cdot E_a \quad \cdots\cdots\cdots 第11-3式$$

$$V_c = \frac{(a-1)Z_0 + (a-a^2)Z_2}{Z_0 + Z_1 + Z_2} \cdot E_a \quad \cdots\cdots\cdots 第11-4式$$

ここで, E_a ：故障点における故障前のa相対地電圧
　　　　 V_b, V_c ：故障時のb相, c相の対地電圧
　　　　 Z_0 ：故障点から見た全系統の
　　　　　　　零相インピーダンス（$R_0 + jX_0$）
　　　　 Z_1 ：故障点から見た全系統の
　　　　　　　正相インピーダンス（$R_1 + jX_1$）
　　　　 Z_2 ：故障点から見た全系統の
　　　　　　　逆相インピーダンス（$R_2 + jX_2$）
　　　　 a ：位相を120度進めるオペレータ
$$a = -\frac{1}{2} + j\frac{\sqrt{3}}{2}$$

　一般に，容量性のZ_0は誘導性の$Z_1 + Z_2$に比べて大きいのでV_b, V_cは常規対地電圧の3倍以下となる。但し事故の様相によっては，$Z_0 + Z_1 + Z_2$が零に近づきV_b, V_cは非常に大きな値となり過渡異常電圧が発生する。

　1線地絡事故時の異常電圧上昇は事故点から見た正相リアクタンスと零相リアクタンスとの共振によって生ずるので，このときの零相リアクタンス/正相リアクタンスに対する異常電圧倍数を表すと，第11.5図のように表される。

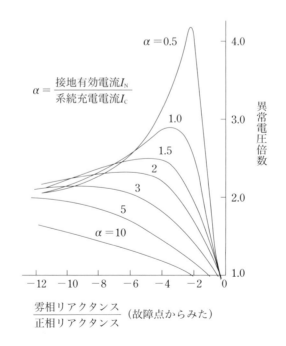

第11.5図　1線地絡時の異常電圧倍数

第1編　受変電設備構成上の技術計算

　この図から，共振点に近づくほど，接地有効電流が小さいほど異常電圧は上昇することがわかる。1線地絡事故時の系統充電電流I_cが，接地有効電流I_Nより小さければ（αが1以上），共振条件に合致しても異常電圧倍数は3倍を超えないので，一般的に$\alpha > 1$となるよう接地方式を選択すればよい。

　1線地絡事故時に健全相電圧が上昇すると，電動機などの負荷設備の絶縁を脅かすことや，ギャップ付避雷器の異常放電と続流遮断不能による破損事故などのおそれがあるので，電力会社から6kVで受電する受変電設備などは十分に検討する必要がある。

12 絶縁協調

受変電設備における異常電圧は，系統の事故時や遮断器などの開閉時に発生する内部異常電圧と，雷サージなどの外部異常電圧に分けられる。これらの異常電圧に対して変圧器を中心とする受変電設備機器を保護するため，避雷器などの保護装置を設置して，過電圧を抑制し，系統で発生する各種の過電圧の大きさや発生頻度を考慮して，過電圧の最大値を設定する。これに対して電気機器は，絶縁特性，永年使用による絶縁劣化などを考慮して，各種の過電圧に耐える合理的な絶縁設計が行なわれる。

このように系統全体の絶縁について協調を図り，系統の運転電圧および系統に発生する過電圧，保護装置の特性などを考慮して信頼度が高く，経済的な絶縁設計をすることを絶縁協調という。

12.1 絶縁協調の考え方

絶縁協調とは，電力系統に発生する各種の異常電圧に対して，線路や機器の絶縁の強度と避雷器の制限電圧などの保護レベルの協調を図り，系統全体の絶縁を確保することである。したがって，絶縁協調の対象となる過電圧の大きさは，絶対値で示せるものでなく，線路や機器の定格電圧を基準に定めた絶縁耐力に対応した値である。

絶縁協調は，以下の考え方が基本となっている。

1）線路，機器の耐用年数の間，機器の対地絶縁の衝撃破壊電圧に対する1回破壊電圧は，BIL（基準衝撃絶縁強度）を下回らないものとする。

2）線路，機器の耐用年数の間，機器の対地絶縁の開閉サージに対する1回破壊電圧は，BILの83％を下回らないものとする。

3）1回衝撃破壊電圧の80％以下の電圧であれば，印加電圧による絶縁劣化はないものとする。

4）1回開閉サージ破壊電圧の85％以下の電圧であれば，印加電圧による絶縁劣化はないものとする。

以上から，避雷器の保護レベルは，衝撃電圧に対してはBILの80％を，開閉サージ電圧に対しては83×85＝70％以下を目標にすれば絶縁協調が保たれることになる。

12.2 各設備の絶縁協調

12.2.1 受電設備

需要家の受電設備は，電力会社の電路に直接接続されているので，絶縁協調上最も厳しく，雷過電圧などは避雷器で保護することになるが，直撃雷を避雷器で完全に保護することは避雷器の放電耐量（制限電圧）からみて困難であり，避雷針や架空地線などによる遮へい対策を施すことが望ましい。

12.2.2 配電設備

配電設備は，受電変圧器によって電力会社側の接地系と分離されるので，系統接地は自由に選定できる。また，直撃雷を受けないので，絶縁協調は系統接地方式の選定と受電変圧器を介して侵入する移行電圧対策が主になる。

第1編　受変電設備構成上の技術計算

12.2.3　負荷設備

　負荷設備は系統の末端雷過電圧を受けることはないので，受電設備に比べると絶縁レベルは低い。しかし，回路の開閉頻度は多いので開閉過電圧対策が主となる。開閉過電圧の発生は，電流裁断，繰返し再発弧などがあり，多少の差はあるがほとんどの遮断器で発生する。

　負荷設備においては，配線距離が長い広域の電気設備では，付近の落雷による電位傾度の上昇によって逆フラッシュオーバを起こすことがあるので，負荷側にサージアブソーバなどを設けることが望まれる。

12.2.4　低圧側の絶縁協調

　低圧制御回路では，サージ性の異常電圧に注意が必要である。雷過電圧では，接地線，母線に流れた雷電流の誘導による移行，変流器一次側に流れた雷電流による二次側への移行，断路器による母線の開閉，進相用コンデンサ投入時のサージ電流の誘導による移行，地絡事故時のサージ電流が変流器一次側に流れ二次側に移行などで，低圧制御回路側には数kVを超える過電圧が発生することもあり，適切な絶縁レベルを選定し，対象機器の重要度に応じて保護対策をする必要がある。

12.3　機器の絶縁強度

　電気機器の絶縁は，通常の運転電圧に耐えることはもちろん，各種の異常電圧に対しても，避雷器などの保護機器と協調をとる必要がる。受変電設備の絶縁協調を検討するには，電気機器の絶縁が商用周波から雷サージなどのμsの領域まで，各種電圧にどの程度耐えられるかを知る必要がある。

　電気設備を構成する機器類の絶縁強度は，使用電圧や外部から侵入または内部で発生する過電圧と，これに対応する保護装置の特性を考慮して絶縁設計が行なわれる。各種過電圧の最大値は，避雷器による過電圧の抑制と発生する過電圧の大きさと発生頻度を予測して設定されており，機器の絶縁強度は各種過電圧の最大値に対応した機器の所要耐電圧値を対象に設計されている。

　電気設備を構成する機器類の絶縁強度については，JEC-0102（JEC：電気学会電気規格調査会標準規格）において，三相回路に接続される電力機器，設備を対象に導電部と大地間の絶縁の強さを検証するための試験電圧，すなわち絶縁の強度を確保するための試験方法の種類，電圧値，条件等が定められている。

　絶縁試験関係の体系は**第12.1表**のように構成されている。

　JEC-0102では，**第12.2表**のように公称電圧ごとに雷インパルス耐電圧試験と短時間商用周波耐電圧試験（実効値）または長時間商用周波耐電圧試験（実効値）の試験電圧を規定している。

1）雷インパルス耐電圧試験は，規定された試験条件で，供試機器に規定の雷インパルス電圧を規定回数印加し，これに耐えることを確かめる試験である。

2）短時間商用周波耐電圧試験は，公称電圧154kV以下の回路に使用する供試機器に対して，規定された試験条件で，供試機器に定格周波数の交流電圧を規定値に保って規定時間印加し，これに耐えることを確かめる試験である。

3）長時間商用周波耐電圧試験は，公称電圧187kV以上の回路に使用する供試機器に対して，定格周波数の交流電圧を規定値に保って規定時間印加し，これに耐えることを確かめ，全印加時間にわたり部分放電測定を行う試験である。

- 91 -

第12.1表　絶縁試験関係の体系

規格の種別	性格又は内容	体　系			
基本規格	1．電力系統の絶縁協調の考え方 2．設備が保有すべき絶縁の強さ 3．使用状態 4．絶縁の強さを確認する方法としての絶縁試験の考え方 5．試験電圧 6．絶縁特性の特有性からみた試験において配慮すべき事柄（自復性，絶縁劣化など）	JEC-0102試験電圧標準 （絶縁強さを確保するための試験の種類，電圧値，条件，判定など）			
各種試験法・測定法	試験種別ごとに，一般共通事項を規格化する 1．試験設備，結線，手順 2．周囲の状態 3．測定法，測定値の較正 4．判定量と判定方法	短時間商用周波絶縁試験法	長時間商用周波絶縁試験法	雷インパルス絶縁試験法	開閉インパルス絶縁試験法
グループ別規格	必要に応じ，同じような機器の試験についてグループ別の規格としてまとめ，これらの特有の事柄について規定する。				
個々の規格	具体的な個々の規格について実施する試験項目を明確にするとともに，その機器特有の配慮事項があればこれを記載する。				

第12.2表　対地雷インパルスおよび対地商用周波試験電圧値

公称電圧〔kV〕	試験電圧値〔kV〕		
	雷インパルス耐電圧試験	短時間商用周波耐電圧試験（実効値）	長時間商用周波耐電圧試験（実効値）
3.3	30	10	—
	45	16	
6.6	45	16	—
	60	22	
11	75	28	—
	90		
22	75	38	—
	100	50	
	125		
	150		
33	150	70	—
	170		
	200		
66	250	115	—
	350	140	
77	325	140	—
	400	160	
110	450	195	—
	550	230	
154	650	275	—
	750	325	

備考　1．公称電圧3.3，6.6，22kVおよび66〜154kVの雷インパルス耐電圧試験および商用周波耐電圧試験の試験電圧値は，第12.2表に示す各段の組み合せとする。
　　　2．一つの公称電圧に対し複数の試験電圧値が対応している場合の適用区分についてはJEC0102の解説2に考え方が示されいるので参照すること。

13 電圧不平衡

13.1 電圧不平衡の発生原因

電圧変動が起こる要因のひとつに電圧不平衡がある。電圧不平衡の発生要因としては，負荷の不平衡，相互インダクタンスの相違，中性線に流れる零相電圧の発生，高調波電圧による相電圧と線間電圧波形の相違などの要因があげられる。

a．負荷の不平衡

負荷が不平衡となると電源電圧が平衡していても，受電電圧が不平衡となる場合がある。これは受電端から負荷に至るまでには，変圧器や線路のインピーダンスなどがあるため，負荷が不平衡となると線電流が不平衡となり，インピーダンス電圧降下で電圧が不平衡となるためである。

また，最近では高調波発生機器が増加してきたことから，回路に流れる高調波電流の大きさが三相で異なる場合や位相が異なる場合に，電圧不平衡が発生する。これは，高調波によりリアクタンスが商用周波数の整数倍で変化するためである。

b．相互インダクタンスの相違

建物内の配電線間の相互インダクタンスの違いにより，電圧が不平衡となることがある。三相の幹線が平行に配置している場合，各相に流れる電流が平衡していても，各相間の全長距離が異なるため，相互インダクタンスが不平衡となり，電圧不平衡が発生する。

c．中性線に流れる零相電流の発生

三相4線式400V配電のような多線式電路を用いる場合，各相の電流が平衡していれば，中性線にはほとんど電流が流れない。しかし，線電流の中に含まれる高調波電流が零相電流となって大きな電流が中性線に流れ，電圧不平衡となることがある。

d．高調波電圧による相電圧と線間電圧波形の相違

高調波電圧の含有率が少ないときは，相電圧と線間電圧の波形の相違はほとんど見られないが，含有率が多くなると波形歪が大きくなり，相電圧と線間電圧の波形が異なるようになる。この影響によって，電圧不平衡が発生することになる。

13.2 電圧不平衡による影響

電圧の不平衡が発生すると，第13.1表に示すような各種障害が起こり，電動機の効率低下，出力の減少，局部過熱による絶縁物の劣化，電流の不平衡，交流系統の変圧器中性点に残留電圧を発生させたり，送電線の近辺の通信線に誘導障害を発生させたりする。一般に電圧不平衡率が5～6％に達すると，電動機巻線の局部加熱が問題となる。

日本電機工業会の技術資料では，長期間の寿命を維持するためには，電圧不平衡率は1％以内に抑える必要があるとされている。

一般に電圧不平衡率は以下のように表される。

$$電圧不平衡率 = \frac{逆相電圧}{正相電圧} \times 100 （\%） \qquad \cdots\cdots\cdots 第13-1式$$

ただし，簡略計算法として，NEMA規格に定める以下の計算式を用いる場合もある。

$$電圧不平衡率 = \frac{最大または最小電圧 - 各相の平均電圧}{各相の平均電圧} \times 100 \,(\%)$$

電圧不平衡に対する規格上での規定は国内規格では現在のところないが，海外規格では以下のように規定されている。

（1）NEMA規格

電動機端子での電圧不平衡は1％以下を推奨

（2）IEC規格

逆相分および零相分が正相分の2％を超えなければ電源は平衡とみなす。

（3）BS規格

三相誘導電動機は特に断らない限り，逆相，零相分が正相電圧の2％を超えない条件で運転させなければならない。

第13.1表　電圧不平衡による各種障害例

機器・装置	現　象	障　害　例
三相誘導電動機	・入力電流の不平衡と過電流	・固定子・回転子の温度上昇 ・出力トルクの低下 ・騒音・振動の増加
三相同期発電機・電動機	・制動巻線に2倍周波の電流が流れ，逆相磁界を発生	・回転子の温度上昇 ・出力トルクの低下 ・騒音・振動の増加
パワーエレクトロニクス装置	・非理論高調波（特に三次調波）の発生 ・直流電圧リップルの増加	・制御特性への影響 ・電解コンデンサの損失増加

13.3　電圧不平衡の防止対策

電圧不平衡は一度発生すると，発生源を究明することが困難となるので，可能な限り未然に防止することが重要である。基本的な防止対策としては以下のような対策がある。

13.3.1　単相負荷の均等配置

単相負荷を三相線間に均等に分散接続することで，不平衡電流の発生を抑制する。

内線規程では商用周波数を対象に次のような不平衡負荷の制限が規定されている。

（内線規程115-1　不平衡負荷の制限）

1）低圧受電の単相3線式における中性線と各電圧側電線間の負荷は，平衡させるのを原則とする。

2）低圧および高圧受電の三相3線式における不平衡負荷の限度は，単相接続負荷より計算し，設備不平衡率30％以下とするのを原則とする。但し，次の各号の場合は，この制限によらないことができる。

　（a）低圧受電で専用変圧器などにより受電する場合

　（b）高圧受電において，100kVA以下の単相負荷の場合

（c）高圧受電において，単相負荷容量の最大最小の差が100kVA以下である場合

13.3.2　無効電力補償装置（SVC）の設置

　L, Cを適切に設置し，負荷の不平衡電流を三相平衡化する方法や，自励式無効電力補償装置や他励式無効電力補償装置を用い，進相，遅相の電流を制御して三相平衡化を図る方法を用いる。
　第13.1図に無効電力補償装置の例を示す。

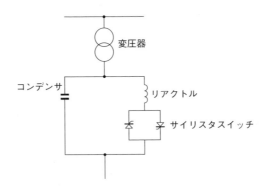

第13.1図　無効電力補償装置の例

13.3.3　幹線の撚架

　幹線の容量が比較的大容量で，距離が長く，電圧低下や不平衡が制限される場合など，各相間の線路インピーダンスが不平衡となる場合は，第13.2図のように幹線の相撚架を行なってインピーダンスの平衡化を図る。相撚架することにより各相のインピーダンスが平均化され，不平衡が減少する。

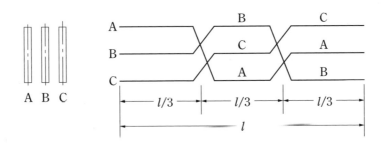

第13.2図　相撚架の方法

参考文献
1）（社）電気学会：新版　工場配電　電気学会　工場配電設備技術調査専門委員会編
　　1989年6月初版
2）（社）電気設備学会：電気設備に関する基礎技術（電源系統システム）　電気設備学会
　　平成10年9月

3）（社）電気協同研究会：瞬時電圧低下対策　電気協同研究，第46巻　第3号，
平成2年7月

4）漆原　信行：瞬時電圧低下の影響と対策，電気設備学会誌，VOL18 No.11
平成10年11月

5）（社）電気学会：配電系統の供給信頼度評価方法と停電時間短縮化技術，
電気学会技術報告（II部）第298号，1989/5

6）産業調査会：電気・情報設備要覧「電気・情報設備要覧」編集委員会　2003年12月

7）（社）電気設備学会：電気設備の電路に関する基礎技術　電気設備学会　平成9年8月

8）オーム社：電気設備工学ハンドブック　電気設備学会編　平成14年11月

9）オーム社：電気設備用語辞典　電気設備学会編　平成15年9月

10）豊田武二，北越重信：ビル電気設備　オーム社　平成14年1月

11）（社）電気設備学会：建築電気設備の計画と設計　電気設備学会編　平成13年4月

12）中島廣一：実務に役立つ　高圧受電設備の知識　オーム社　平成14年11月

13）中島廣一：見方・かき方　高圧受電設備接続図　オーム社　平成15年3月

14）（社）電気協同研究会：電力品質に関する動向と将来展望，電気協同研究，第55巻第3号，
平成12年1月

15）（社）電気設備学会：電気設備学会誌VOL.18　1998　特集「電源システムにおける障害とその対策」　電気設備学会　平成10年11月

16）（社）電気学会：電気工学ハンドブック，
（社）電気学会，2001年2月

17）中島廣一：実務に役立つ　自家用電気設備の制御，オーム社　平成16年10月

18）中島廣一：実務に役立つ　非常電源の知識，オーム社　平成17年8月

19）中島廣一：選び方使い方　遮断器・開閉器，オーム社　平成17年11月

20）中島廣一：選び方使い方　変圧器・変成器，オーム社　平成17年11月

21）（社）日本電設工業協会：高圧受変電設備の計画・設計・施工，（社）日本電設工業協会，平成10年5月

22）（株）電気書院：電気設備技術計算ハンドブック，電気設備技術計算ハンドブック編集委員会編，平成2年7月

23）（社）電気学会：電気規格調査会編，計器用変成器（保護継電器用），JEC-1201-1996

24）（社）電気学会：電気規格調査会編，変圧器，JEC-2200-1995

25）（社）電気協同研究会，特別高圧需要家受電設備専門委員会，電気協同研究　第47巻第5号，
平成4年1月

26）（社）日本電気協会使用設備専門部会編：高圧受電設備規程，（社）日本電気協会
2002年

27）（社）電気学会：電気規格調査会編，交流遮断器，JEC-2300，1998

28）電気設備技術基準研究会編：絵とき電気設備基準・解釈早わかり，（株）オーム社，2000年

29）開閉装置・避雷器：電気・電子工学大百科事典第17巻，電気書院，1983

30）黒田一彦・石川　熙：電力ヒューズ・低圧遮断器の現場技術　オーム社　昭和52年10月

31）日本電機工業会技術資料：JEM-TR182　電力用コンデンサの選定，設置及び保守指針　平成15年3月

第1編　受変電設備構成上の技術計算

32）日本電機工業会技術資料：JEM-TR134　高圧限流ヒューズの用途別適用基準　平成元年12月

33）日本電機工業会技術資料：JEM-TR134　高圧限流ヒューズの保守点検指針　平成2年5月

34）日本電気協会内線規程専門部会：内線規程　2005

35）日本電機工業会：JEM-TR119　配線用遮断器の適用及び保守点検指針　1983年2月改正

36）日本電機工業会：JEM-TR142　漏電遮断器適用指針　2001年4月改正

37）竹野正二：電気主任技術者"法＆実務"必携　オーム社　平成15年4月

38）服部　謙：ノーヒューズブレーカの原理と適用　電気書院　昭和50年4月

39）（社）電気設備学会：電気設備の基礎技術　防災設備　（株）オーム社　平成18年5月

第2編　受変電機器選定上の技術計算

1 変圧器

1.1 変圧器の短絡インピーダンス

1.1.1 短絡インピーダンス

二巻線変圧器の短絡インピーダンスとは，一方の巻線を閉路とし，定格周波数において，ある
タップに対して他方の巻線端子間で測定されたインピーダンスをいう。特に指定されない場合は
基準タップでの値とし，測定された巻線のインピーダンスを次式で表す基準インピーダンスに対
する百分率で表わされる。

$$基準インピーダンス＝\frac{(タップ電圧)^2}{定格容量} \qquad \cdots\cdots\cdots第1-1式$$

百分率で表した短絡インピーダンスは，一方の巻線を閉路し，もう一方の巻線に定格周波数の
電圧を加え，あるタップにおける定格電流を流すように印加した電圧と定格電圧の比の百分率に
等しくなる。

インピーダンスを基準インピーダンスに対する百分率で表したものを「％インピーダンス」と
いい，％インピーダンスは％抵抗と％リアクタンスのベクトル和となる。

a．％インピーダンス

％インピーダンス（$\%IZ_t$）は，次式から求められる。

$$\%IZ_t＝\frac{印加電圧}{定格電圧}\times100 \quad [\%] \qquad \cdots\cdots\cdots第1-2式$$

b．％抵抗

基準巻線温度における％抵抗（$\%IR$）は次式で表される。

$$\%IR＝\frac{基準巻線温度に換算した負荷損}{定格容量}\times100 \quad [\%] \qquad \cdots\cdots\cdots第1-3式$$

c．％リアクタンス

％リアクタンス（$\%IX$）は$\%IZ_t$と$\%IR_t$（$\%IZ_t$と同一温度で測定）を用いて次式で求められる。

$$\%IX＝\sqrt{(\%IZ_t)^2-(\%IR_t)^2} \quad [\%] \qquad \cdots\cdots\cdots第1-4式$$

最終的には次式を用いて，ある温度での測定値（$\%IZ_t$）を基準巻線温度に換算したものが$\%IZ$[\%]
である。

$$\%IZ＝\sqrt{(\%IX)^2+(\%IR)^2} \quad [\%] \qquad \cdots\cdots\cdots第1-5式$$

〔インピーダンスの計算例〕

定格容量100kVA，6 600/210V，50Hzの変圧器の低圧側を短絡して，高圧側に定格電流を流した
時，印加電圧は190V，基準巻線温度に換算した負荷損は1 500kWであった。

この変圧器の％インピーダンス，％抵抗，％リアクタンスを求める。

印加電圧は190Vであるから，％インピーダンスは**第1-2式**より

$$\%IZ＝\frac{190}{6\,600}\times100≒2.88\%$$

％抵抗は，**第1-3式**より

$$\%IR = \frac{1\,500}{100 \times 10^3} \times 100 = 1.5\%$$

％リアクタンスは，第1−4式より

$$\%IX = \sqrt{(\%IZ)^2 - (\%IR)^2} = \sqrt{(2.88)^2 - (1.5)^2} \fallingdotseq 2.46\%$$

1.1.2　短絡インピーダンスの特性

　短絡インピーダンスをパーセント表示するのは，一次側からみても，二次側からみても，その値は同一になり扱いやすいからである。

　一般に，短絡インピーダンスの小さい変圧器は，負荷損は少ないが，質量が重くなる傾向にあり，短絡インピーダンスの大きい変圧器は，負荷損は多くなるが，質量は軽くなる傾向がある。

　また，変圧器の電圧変動率を少なくするためには短絡インピーダンスが低いほうが良いが，短絡容量は大きくなる。

1.1.3　変圧器インピーダンスの標準値

　変圧器のインピーダンスは変圧器の種類や使用電圧・容量により異なるが，代表的な変圧器インピーダンスを第1.1表に示す。

第1.1表　変圧器のインピーダンス

（a）　特別高圧変圧器（三相）

種類	電圧（一次/二次）	容量（kVA）	インピーダンス(%)
油入形	22kV/6.6kV 33kV/6.6kV	2 000 3 000 4 000 5 000	6.0
		7 500 10 000	6.5
	66kV/6.6kV	3 000 4 000 5 000 7 500 10 000	7.5
		15 000 20 000	12 15
		25 000 30 000	15
モールド形	22kV/6.6kV 33kV/6.6kV	2 000 2 500 3 000	7.5
		4 000 5 000	9.0
		7 500 10 000	10.0

－ 100 －

（b） 普通高圧変圧器（三相）

種類	電圧（一次/二次）	容量（kVA）	インピーダンス（%）
油入形	6.6kV/210V	20〜50	2.3〜2.4
		75〜200	2.5〜3.7
		300〜500	3.4〜4.0
		750または1 000	3.9〜5.3
	6.6kV/420V	1 500または2 000	4.6〜4.7
モールド形	6.6kV/210V	20〜50	1.6〜4.0
		75〜200	3.7〜4.4
		300〜500	4.2〜5.0
		750または1 000	5.3〜6.4
	6.6kV/420V	1 500または2 000	5.5〜5.8

1.2 変圧器の絶縁強度

変圧器の絶縁強度は，JEC-2200（電気学会電気規格調査会編　変圧器）により公称電圧別に，商用周波試験電圧および雷インパルス試験電圧として，第1.2表のように定められている。

第1.2表　変圧器の試験電圧値

| 公称電圧 (kV) | 試験電圧値（kV） | | | |
| | 雷インパルス耐電圧試験 | | 短時間交流耐電圧試験（実効値） | 長時間交流耐電圧試験（実効値） |
	全波	裁断波		
3.3	30	—	10	—
	45	50	16	
6.6	45	—	16	—
	60	65	22	
11	75	—	28	—
	90	100		
22	75	—	38	—
	100	—	50	
	125	—		
	150	165		
33	150	—	70	—
	170	—		
	200	220		
66	250	275	115	—
	350	385	140	
77	325	360	140	—
	400	440	160	
110	450	485	195	—
	550	605	230	
154	650	715	275	—
	750	825	325	
187	650	715	—	170−225*−170 （5分）（1時間）
	750	825		
220	750	825	—	200−265*−200 （5分）（1時間）
	900	990		
275	950	1 045	—	250−330*−250 （5分）（1時間）
	1 050	1 155		
500	1 300	1 430	—	475−635*−475 （5分）（1時間）
	1 550	1 705		

＊：印加時間＝120×（定格周波数/試験時の周波数）（秒）
　　ただし，試験時の周波数が2倍以下の場合は1分とし，2倍を超える場合に適用し最短15秒とする

1.3 ％インピーダンスと電圧変動率の計算
1.3.1 電圧変動率とは

変圧器が無負荷のときの二次側電圧は一次側電圧との変圧比にほぼ等しくなる。しかし二次側に負荷を接続するとインピーダンス電圧降下のために二次電圧は変動する。このときの電圧変動率（ε）は，二次電圧が無負荷の場合と負荷がある場合の変化の割合を百分率（％）で表し，次式により計算される。

$$\varepsilon = \frac{(V_{20} - V_{2n})}{V_{2n}} \times 100 \quad [\%] \quad \cdots\cdots\cdots 第1-6式$$

ここで，　ε：電圧変動率
　　　　　V_{20}：二次側を無負荷にした場合の二次電圧
　　　　　V_{2n}：二次側の定格電圧

V_{20}とV_{2n}の関係を二次定格電流I_{2n}と，二次側に換算したX，Rを用いて表したベクトル図は第1.1図のようになる。

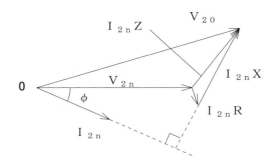

第1.1図　電圧，電流のベクトル

1.3.2 二巻線変圧器の電圧変動率

％抵抗を％IR，％リアクタンスを％IX，負荷の力率を$\cos\theta$，および負荷率（実負荷容量［kVA］／定格負荷容量［kVA］）をnとすれば，二巻線変圧器の電圧変動率は次式により求めることができる。

$$\varepsilon = n(\%IR \times \cos\theta + \%IX \times \sin\theta) + \frac{n^2}{200}(\%IX \times \cos\theta - \%IR \times \sin\theta)^2 \quad \cdots\cdots\cdots 第1-7式$$

なお，％IZ（短絡インピーダンス）が４％以下のときは，第２項を省略して次式の簡略式を用いてもよい。

$$\varepsilon = n(\%IR \times \cos\theta + \%IX \times \sin\theta) \quad \cdots\cdots\cdots 第1-8式$$

〔電圧変動率の計算例〕
　三相1 000kVAの変圧器に，力率80％の負荷が800kVAかかったときの電圧変動率を求める。

1 000kVA変圧器の%IRは3％，%IXは7.5％とする。

$$負荷率 = \frac{800}{1\,000} = 0.8$$

$\cos\theta = 0.8$，$\sin\theta = 0.6$
%IR＝3％，%IX＝7.5％
第1－7式に代入すると，このときの電圧変動率εは

$$\begin{aligned}\varepsilon &= 0.8\times(3\times0.8+7.5\times0.6)+\frac{0.8^2}{200}\times(7.5\times0.8-3\times0.6)^2\\ &= 5.42\ [\%]\end{aligned}$$

となる。

1.3.3 V結線の電圧変動率

第1.2図に示すようなV結線の変圧器の電圧変動率は次式の計算式から計算できる。
（W相が無い場合）

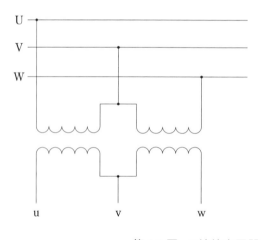
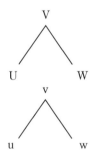

第1.2図　V結線変圧器

U相

$$\varepsilon_u = \left(\frac{\sqrt{3}}{2}\%IR - \frac{1}{2}\%IX\right)\cos\phi + \left(\frac{\sqrt{3}}{2}\%IX + \frac{1}{2}\%IR\right)\sin\phi \qquad \cdots\cdots 第1-9式$$

V相

$$\varepsilon_v = \left(\frac{\sqrt{3}}{2}\%IR + \frac{1}{2}\%IX\right)\cos\phi + \left(\frac{\sqrt{3}}{2}\%IX - \frac{1}{2}\%IR\right)\sin\phi \qquad \cdots\cdots 第1-10式$$

W相

$$\varepsilon_w = \sqrt{3}\,\%IR\cos\phi + \sqrt{3}\,\%IX\sin\phi \qquad\qquad\qquad\qquad \cdots\cdots 第1-11式$$

第2編　受変電機器選定上の技術計算

1.4　並行運転と負荷分担の計算

1.4.1　並行運転の条件

　2台以上の変圧器を並行運転するには，次の条件に注意する必要がある。

a．一次，二次の電圧が等しい。

　並行運転する変圧器の変圧比（巻数比）が等しくないと，変圧器間に循環電流が流れ，出力が低下し過熱焼損するおそれがある。

b．各変圧器の短絡インピーダンスが等しい。

　短絡インピーダンスが等しくないと，変圧器の容量に比例した負荷分担がされないので，短絡インピーダンスの低いほうが過負荷となり焼損する恐れがある。

c．短絡インピーダンスのリアクタンス分と抵抗分の比が等しい

　リアクタンス分と抵抗分が等しくないと，負荷の力率によっては，変圧器の負荷分担が変化して焼損する恐れがある。

d．単相変圧器は，誘起電圧の向き（極性）が等しく三相変圧器の場合は角変位と相回転方向が等しい。

　単相変圧器の極性を逆に接続すると変圧器を等価的に短絡させることになる。また，三相変圧器の角変位が異なると変圧器間に循環電流が流れて，巻線温度が上昇し焼損する恐れがある。

　三相変圧器の結線がΔ−ΔとY−Yの場合，結線が異なるが角変位は等しいので並行運転は可能となる。**第1.3表**に三相変圧器の並行運転可能な結線の組合せを示す。

第1.3表　並行運転ができる結線組合せと不可能な結線組合せ

可能	不可能
Δ−ΔとΔ−Δ	Δ−ΔとΔ−Y
Y−ΔとY−Δ	Δ−YとY−Y
Y−YとY−Y	
Δ−YとΔ−Y	
Δ−ΔとY−Y	
Δ−YとY−Δ[注]	

注）位相変位を合わせる必要がある

1.4.2　並行運転時の負荷分担

　並行運転する場合，変圧器の巻数比や短絡インピーダンスが異なると，変圧器の負荷分担が異なる。

a．変圧比が異なる場合の負荷分担

　（短絡インピーダンスが等しく，一次，二次電圧が異なる）

　変圧比の異なる2台の変圧器を並行運転しようとすると，一次二次巻線には循環電流が流れる。この場合の循環電流の値は次式で与えられる。

$$\%I_{1C} = \frac{\%e \times 100}{\sqrt{(\%IR_1 + k\%IR_2)^2 + (\%IX_1 + k\%IX_2)^2}} \quad [\%] \qquad \cdots\cdots\cdots 第1-12式$$

− 105 −

ここに，%I_{1C}　　　　　：第 1 の変圧器の定格電流に対する比（%）で表した循環電流

%e　　　　　　：%で表した二次電圧の差

%IR_1, %IX_1：第 1 の変圧器の短絡インピーダンス（抵抗分，リアクタンス分）

%IR_2, %IX_2：第 2 の変圧器の短絡インピーダンス（抵抗分，リアクタンス分）

k　　　　　　：P_1(kVA)/P_2(kVA)

P_1　　　　　　：第 1 の変圧器の容量（kVA）

P_2　　　　　　：第 2 の変圧器の容量（kVA）

　2 台の変圧器の短絡インピーダンスの抵抗分とリアクタンス分の比が等しいとすると，**第 1－12 式**は

$$\%I_{1C}=\frac{\%e\times100}{\%IZ_1+\mathrm{k}\%IZ_2}\ \left[\%\right]　　\cdots\cdots\cdots第 1－13 式$$

となる。

〔循環電流の計算例〕

　短絡インピーダンスが 5 ％である同一仕様の変圧器が 2 台あり，タップを間違えて二次の誘起電圧に2.5％の電圧差で接続した場合の循環電流%I_{1C}を求めると，

$$\%I_{1C}=\frac{2.5\times100}{5+5}=25\ \left[\%\right]$$

となる。これは，循環電流が定格電流の25％にもなることを示している。このように，短絡インピーダンスが小さい変圧器を並行運転する場合は，二次の誘起電圧差が小さくても相当大きな循環電流が流れるので注意が必要である。

b．変圧比が等しく短絡インピーダンスが異なる場合の負荷分担

　並行運転する 2 台の変圧器において，短絡インピーダンスの抵抗分とリアクタンス分の比（%IR/%IX）が等しい場合は，両変圧器の負荷分担は短絡インピーダンスに逆比例する。

　2 台の変圧器の短絡インピーダンスをZ_1, Z_2として，負荷をPとしたときの負荷分担は次式となる。

$$第 1 の変圧器の負荷分担=\frac{Z_2}{Z_1+Z_2}\times\mathrm{P}　　\cdots\cdots\cdots第 1－14 式$$

$$第 2 の変圧器の負荷分担=\frac{Z_1}{Z_1+Z_2}\times\mathrm{P}　　\cdots\cdots\cdots第 1－15 式$$

　このように，短絡インピーダンスの小さい変圧器の負荷分担が大きくなるので，インピーダンスに差がある変圧器の並行運転は避ける。実際，変圧器の短絡インピーダンスが同一容量のとき，±10％の範囲内であれば実用上は問題がない。

〔負荷分担の計算例〕

　変圧器容量100kVA，短絡インピーダンスが2.5％と3.0％の 2 台の変圧器を並行運転した場合，負荷が200kVAのときの負荷分担を求める。

短絡インピーダンス2.5％の変圧器の負荷分担は

$$T_1 = \frac{3.0}{2.5 + 3.0} \times 200 = 109.1 \quad [\text{kVA}]$$

短絡インピーダンス3.0％の変圧器の負荷分担は

$$T_2 = \frac{2.5}{2.5 + 3.0} \times 200 = 90.9 \quad [\text{kVA}]$$

となる。

　短絡インピーダンスの小さい2.5％の変圧器の負荷分担が多くなり，定格容量以上の負荷分担となり，過負荷となる。

　過負荷運転をしないためには負荷を下げなければならないので，短絡インピーダンスの小さい変圧器の負荷分担が，その変圧器の負荷容量となるよう負荷を低減する必要がある。

　すなわち，短絡インピーダンス2.5％の変圧器が100kVAとなるようにするためには，

$$\frac{3.0}{2.5 + 3.0} \times \text{T} = 100 \quad [\text{kVA}] \qquad \therefore \text{T} = 183 \quad [\text{kVA}]$$

　したがって，この2台の変圧器を並行運転する場合は，負荷を200kVAではなく，183kVAに低減する必要がある。これにより，1台は100kVA，他の1台は83kVAの負荷分担となる。

1.5　変圧器の効率計算と運転条件

1.5.1　変圧器の損失

　変圧器の損失には無負荷損と負荷損がある。無負荷損は主として鉄心中で発生するもので鉄損とも呼ばれ，一次側に電圧が印加されていれば，負荷の有無に関係なく発生するものである。

　負荷損は負荷により変化する損失で銅損とも呼ばれるもので，巻線の抵抗によって発生する損失と巻線導体に発生するうず電流損および構造物で発生する損失で漂遊損と呼ばれるものの和である。

　変圧器の全損失は下式で示さる。

全損失＝無負荷損＋負荷損×負荷率^2　　・・・・・・・・第1－16式

　ただし，負荷率(n)＝負荷容量/定格容量であり，負荷損は負荷電流の2乗に比例する。

1.5.2　変圧器の効率

　変圧器の効率は，その出力と入力の比で表わされ，効率をη，変圧器容量をP_0，力率を$\cos 0$とすると次式により表され，このときの効率を規約効率ηという。

$$\eta = \frac{\text{出力}}{\text{入力}} \times 100 = \frac{\text{出力}}{\text{出力} + \text{損失}} \times 100$$

$$= \frac{\text{n}P_0\cos\varphi}{\text{n}P_0\cos\varphi + W_\text{f} + \text{n}^2 W_\text{c}} \times 100 \quad [\%] \qquad \cdots\cdots\cdots\text{第1－17式}$$

ただし，P_0：変圧器の定格容量［kVA］
　　　　n：負荷率，
　　　力率：$\cos\varphi$,
　　　　W_c：定格電流時の負荷損［kW］
　　　　W_f：無負荷損［kW］

次に変圧器の最大効率をもとめる。

変圧器出力Pは負荷電流に比例する。一方，負荷損は負荷電流の2乗に比例し，無負荷損は負荷電流とは無関係である。このため，変圧器の負荷を変化させると効率も変化することになる。そして，効率曲線が最大となる点がある。効率の計算式（第1－17式）を変形すると，

$$\eta = \frac{P_0\cos\phi}{P_0\cos\phi + \dfrac{W_f}{n} + nW_c} \times 100 \quad [\%] \quad \cdots\cdots\cdots 第1-18式$$

となる。

ηが最大となるのは，$\left(\dfrac{W_f}{n}+nW_c\right)$が最小になるときであるので，負荷率nはn=$\sqrt{\dfrac{W_f}{W_c}}$のときに最大効率となる。第1.3図の例に示すように負荷損と無負荷損が一致したときに最大効率となる。

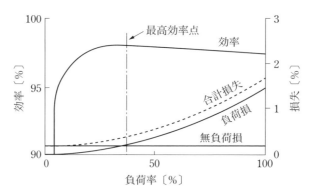

第1.3図　負荷率と効率の関係

〔変圧器効率の計算例〕

10kVAの変圧器の試験成績表より無負荷損W_f=60［W］，負荷損W_c=185［W］がわかっている。この変圧器の負荷力率が80％のとき，全負荷時の効率を求めると，負荷率はn=1なので

$$\eta = \frac{P_0\cos\phi}{P_0\cos\phi + \dfrac{W_f}{n} + nW_c} \times 100 = \frac{10\times 10^3 \times 0.8}{10\times 10^3 \times 0.8 + 60 + 185} \times 100 = 97.0 \quad [\%]$$

となる。

定格容量1 000kVA，無負荷損4.0kW，定格負荷損8kWの変圧器に600kW，力率80％（遅れ）の負荷を接続した時の変圧器の損失及び効率を求めると，この負荷の皮相電力は$\dfrac{600}{0.8}$=750kVAなのでこの時の負荷損$W_c = \left(\dfrac{750}{1\,000}\right)^2 \times 8\,(\mathrm{kW}) = 4.5\mathrm{kW}$

変圧器損失＝無負荷損＋負荷損＝4.0＋4.5＝8.5kW

変圧器効率＝$\dfrac{600}{600+4.0+4.5}\times100$＝98.6%

となる。

1.5.3　変圧器の運転条件

ａ．常規使用状態

変圧器を製作する際に特に指定しない場合，変圧器は次に示す常規使用状態で使用するものとして製作される。

1）標高　1 000m以下

2）周囲冷却媒体の温度

却媒体が空気の場合　　最高　　　　　40℃以下

　　　　　　　　　　　　日間平均　　　35℃以下

　　　　　　　　　　　　年間平均　　　20℃以下

冷却媒体が水の場合　　取水口温度　　25℃以下

最低気温　　　　　　　屋外　　　　　−20℃

　　　　　　　　　　　屋内　　　　　− 5℃

ｂ．周囲温度の決め方

周囲温度は等価周囲温度によりもとめる。等価周囲温度も求める方法としては，年間を通じて一定の等価周囲温度を用いる方法と季節毎の等価周囲温度を用いる方法がある。

イ．年間を通じて一定の等価周囲温度を用いる方法

年間平均温度に一定温度を加えたもので，変圧器設置場所の一日の平均温度（その日の最高や最低ではなく平均値）を365日分プロットし，その片振幅Aをもとに図から加算値$\varDelta\theta$を求め，年間平均温度θyに加算することで計算できる。この方法は，運転パターンが年間であまり変動しないような場合に用いる。

等価基準周囲温度＝$\theta y+\varDelta\theta$とすると，**第1.4図**の例では年間平均気温20℃，片振幅A＝13Kであるから$\Delta\theta$＝5Kとなるので，等価基準周囲温度は20＋5＝25℃になる。

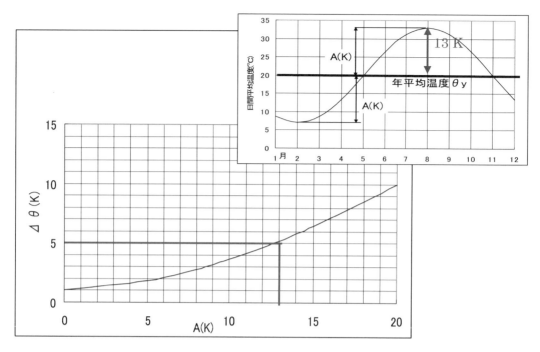

第1.4図　等価基準温度の計算例

ロ．季節毎の等価周囲温度を用いる方法

季節によって負荷変動が多い場合（例えば夏期に最大負荷）に使用される。その期間の平均温度に前記$\Delta\theta$を加算して等価基準温度とする。例えばある地域の夏期平均気温を25℃とすると25＋5＝30℃となる。

1.6　変圧器と省エネルギー

変圧器の省エネを促進するため，2 000kVA以下の高圧油入変圧器とモールド変圧器にトップランナー方式が適用されている。

トップランナー方式とは，省エネ法で指定する機器（特定機器）の省エネルギー基準を，現在商品化されている製品のうち最も優れている機器以上にするもので，2002年に「高圧受配電用変圧器」が指定され，その後トップランナー化（油入：2006年，モールド：2007年）で省エネ技術が進んだ。

トップランナー方式が適用される変圧器（トップランナー変圧器）の範囲と除外機種を第1.4表に示す。適用対象となるのは，油入およびモールド変圧器のうち，単相は10～500kVA，三相は20～2 000kVAで，高圧が6kVまたは3kV，低圧が100～600Vのものである。国内で生産される高圧受配電用変圧器の大半がトップランナー変圧器の対象になる。

第2編　受変電機器選定上の技術計算

第1.4表　トップランナー変圧器の適用範囲と除外機種

	適用範囲	除外機種
機種	油入変圧器，モールド変圧器	ガス絶縁変圧器
容量	単相10 〜 500kVA， 三相20 〜 2 000kVA	H種乾式変圧器 スコット結線変圧器 モールド灯動変圧器
電圧	一次電圧6 kVAまたは3 kV 二次電圧100 〜 600V	水冷または風冷変圧器 多巻線変圧器 電力会社向け柱上変圧器

　さらに，2014年度からは改正省エネ法に基づき，エネルギー消費効率目標基準値の改定が行われた。この目標基準値に対応する規格としてJIS C 4304:2013「配電用6 kV油入変圧器」，JIS C 4306:2013「配電用6 kVモールド変圧器」に反映されている。
　第1.5表に基準エネルギー消費効率の算定式を示す。

第1.5表　変圧器の基準エネルギー消費効率の算定式

機種区分	基準エネルギー消費効率 の算定式
油入変圧器・単相・50Hz・500kVA以下	$E=11.2S^{0.732}$
油入変圧器・単相・60Hz・500kVA以下	$E=11.1S^{0.725}$
油入変圧器・三相・50Hz・500kVA以下	$E=16.6S^{0.696}$
油入変圧器・三相・50Hz・500kVA超過	$E=11.1S^{0.809}$
油入変圧器・三相・60Hz・500kVA以下	$E=17.3S^{0.678}$
油入変圧器・三相・60Hz・500kVA超過	$E=11.7S^{0.790}$
モールド変圧器・単相・50Hz・500kVA以下	$E=16.9S^{0.674}$
モールド変圧器・単相・60Hz・500kVA以下	$E=15.2S^{0.691}$
モールド変圧器・三相・50Hz・500kVA以下	$E=23.9S^{0.659}$
モールド変圧器・三相・50Hz・500kVA超過	$E=22.7S^{0.718}$
モールド変圧器・三相・60Hz・500kVA以下	$E=22.3S^{0.674}$
モールド変圧器・三相・60Hz・500kVA超過	$E=19.4S^{0.737}$

　　E：変圧器の基準エネルギー消費効率（単位：W）
　　S：変圧器の定格容量（単位：kV・A）
　　基準負荷率：変圧器容量が500kVA以下は40％，500kVA超過は50％

　トップランナー制度によりエネルギー消費効率の目標基準値を達成することが義務付けられたことにより，エネルギー効率はトップランナー制度以前の製品に対し大幅に改善され2005年以前を100とした場合，2014年改正以後は約45％以上改善する見込みとなっている。このことは既設の変圧器をトップランナー変圧器に更新することで電力損失やCO_2発生量の削減に大きく寄与することを示している。

〔省エネ計算例〕
　三相500kVA，50Hz，6.6kV/210Vの旧型H種乾式変圧器をトップランナーモールド変圧器に更新した場合の，年間CO_2低減量と電気料金の低減効果を計算する。

- 111 -

平均等価負荷率40％とした時の変圧器全損失は

１）旧型H種乾式変圧器：4.023kW

（（社）日本電機工業会調べの変圧器メーカ各社の平均値）

２）トップランナーモールド変圧器：1.430kW（基準値）

したがって，年間CO_2低減量と電気料金低減効果を求めると，

年間CO_2低減量 ＝（4.023－1.430）×24×365×0.555

$\qquad\qquad$ ＝ 12 607 ［kg-CO_2/年］

電気料金低減効果 ＝（4.023－1.430）×24×365×11

$\qquad\qquad$ ＝ 249 861円

$\qquad\qquad\qquad$（電気料金11円/kWHで計算）

となる。

（注）CO_2の低減計算式

年間CO_2低減量（kg/年）＝損失低減量（kW）×24時間×365日×0.555（kg-CO_2/kWh）[*]

＊印：CO_2換算基準は平成28年５月27日公布の「地球温暖化対策の推進に関する法律施行令」による。

1.7 変圧器の結線と出力計算

1.7.1 単相変圧器を三相結線したときの出力

単相変圧器は単相で使用する場合のほか，単相変圧器を組み合わせて多相変圧器として使用する場合がある。

三相回路の皮相容量Pは次式で表される。

$P=\sqrt{3}\times$（線間電圧）×（線電流）［VA］ $\qquad$・・・・・・・・第1－19式

１）単相変圧器を第1.5図のように星形結線（スター結線）としたとき，星形結線の線間電圧は$\sqrt{3}\times$（単相変圧器の相電圧）となり，線電流は同じなので，このときの出力P_Yは第1－19式に代入すると

$P_Y=\sqrt{3}\times$（線間電圧）×（線電流）＝3×（単相変圧器の相電圧）×（単相変圧器の線電流）

となり，単相変圧器３台分の容量と等しくなる。

- 112 -

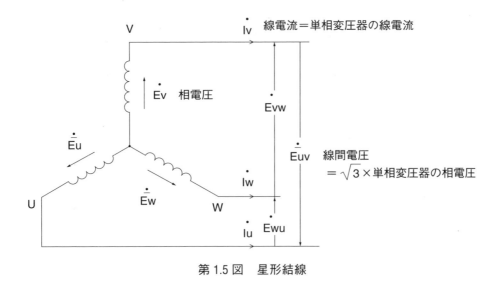

第1.5図　星形結線

2）同様に，単相変圧器を第1.6図のように三角結線（デルタ結線）としたとき，線間電圧は単相変圧器の相電圧であり，線電流は$\sqrt{3}\times$（単相変圧器の線電流）となるので，このときの出力P_Δは第1－19式に代入すると

$P_\Delta = \sqrt{3}\times$（線間電圧）×（線電流）＝$3\times$（単相変圧器の相電圧）×（単相変圧器の線電流）

・・・・・・・・第1－20式

となり，星型結線と同様に，単相変圧器3台分の容量と等しくなる。

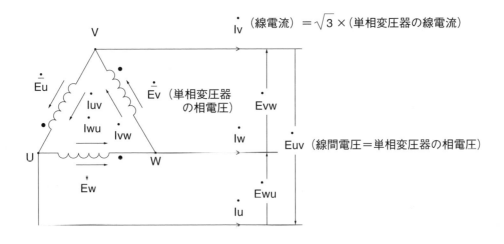

第1.6図　三角形結線

1.7.2　三相変圧器の結線

　三相変圧器の結線は，一般的に三角形結線（Δ）と星形結線（Y）で高圧側と低圧側を組合せで構成され，第1.6表のような構成となる。

- 113 -

第1.6表　三相変圧器の結線

高圧側	低圧側	主要な用途
Δ	Δ	低圧側の中性点を必要とせず，低圧/低圧用または特別高圧用で大容量のもの
Δ	Y	2次400V級などの低圧側の中性点を必要とするもの
Y	Y	6.6kV/210V50kVA以下の高圧配電用変圧器(主に柱上変圧器に使用される)
Y	Δ	75kVA以上で中性点を必要としないもの(高圧配電用または特別高圧用)

　三相変圧器結線の表示方法としては，次のような項目が決められている。

a．端子記号

　二巻線変圧器の線路端子記号は，高圧巻線をU，V，W，低圧巻線をu，v，wとする。中性点端子記号はそれぞれO，oとする。

b．位相と端子記号の順序

　線路端子記号は，時間的な位相の順序に応じて，U→V→W，u→v→wの順序につける。

c．結線の表示

　三角結線，星形結線および千鳥結線はそれぞれ高圧巻線をD，Y，Zとし，低圧巻線をd，y，zの記号で表す。また星形結線，千鳥結線において，中性点が外部に引き出される場合は，YN，ZN，yn，znと表す。

d．位相変位の表示

　位相変位の表示方法は，電圧の高い方の巻線の電圧ベクトルを時計の分針とみなし，電圧の低い方の巻線の電圧ベクトルを時計の時針とみなして，分針が12時の位置にあるときの時針の示す時数で表す。

　このように表した数値を位相変位時数という。ただし，時間的な位相の順序を表す誘導電圧ベクトルの回転方向は，反時計方向とする。

第２編　受変電機器選定上の技術計算

第1.7表　変圧器の結線と位相変位の接続記号

結線と誘導電圧ベクトル記号		角変位	接続記号	結線図
高圧側	低圧側			
（V, U, W 三角形）	（v, u, w 三角形）	0°	Dd 0	（U V W 結線図）
（V, U, O, W Y形）	（v, u, w Y形）	0°	Yny 0	（U V W 結線図）
（V, U, W 三角形）	（v, o, u, w Y形）	30°進み	Dyn11	（U V W 結線図）
（V, U, W Y形）	（v, u, w 三角形）	30°遅れ	Yd 1	（U V W 結線図）

1.7.3　用途別変圧器容量の算出

ａ．電灯負荷用変圧器の容量算出

　白熱電灯の力率は一般に力率100％（$\cos\theta = 1$）としても良いが，蛍光灯の場合は力率が60％程度のものもあり，電灯用の変圧器容量は次式により計算する。

$$変圧器容量 = \sum \frac{各電灯の消費電力(\mathrm{W})}{\cos\theta} \times 1000 \quad [\mathrm{kVA}] \quad \cdots\cdots\cdots第1-21式$$

　電灯の消費電力はランプの大きさ [W]×1.1〜1.5程度である。

ｂ．電動機負荷用変圧器の容量算出

　電動機を負荷に持つ変圧器の容量計算は一般には次式を用いて計算する。

$$変圧器容量 = \sum \frac{各電動機の出力(\mathrm{kW})}{効率(\%)\times 力率(\cos\theta)} \quad [\mathrm{kVA}] \quad \cdots\cdots\cdots第1-22式$$

　複数の電動機が同時始動する場合は，小容量の電動機でも直入れ始動時の始動電流による電圧降下が大きくなるので，電動機が始動不能にならないよう電圧降下を10％程度以下に抑える。

$$変圧器容量 = \frac{電動機出力(\mathrm{kW})}{効率(\%)\times 力率(\cos\theta)} \times \frac{\%Z_{\mathrm{T}} \times I_{\mathrm{ST}}}{Reg(\%)} \times 100 \, [\mathrm{kVA}] \quad \cdots\cdots\cdots第1-23式$$

ここに，　$\%Z_{\mathrm{T}}$：変圧器の短絡インピーダンス

　　　　　I_{ST}：変圧器定格電流に対する

　　　　　　　　電動機の始動電流の倍率

　　　Reg：電動機始動時の許容電圧変動の限度

- 115 -

この計算結果が第1−22式よりも小さい場合は，第1−22式の容量計算結果を採用する。
なお，詳細に計算する場合は次式により計算する。

$$変圧器容量 \geqq \frac{電動機出力(kW)}{効率(\%) \times 力率(\cos\theta)} \times (P\cos\theta_{ST} + Q\sin\theta_{ST}) \times \frac{100}{Reg(\%)} \times \frac{E_2}{V_0} \times 100 \quad [kVA]$$

………第1−24式

$$P = \frac{I_{ST} \times r}{V} \times 100 \; [\%] = \frac{I \times r}{V} \times \frac{I_{ST}}{I} \times 100 \; [\%] \qquad ………第1−25式$$

$$Q = \frac{I_{ST} \times x}{V} \times 100 \; [\%] = \frac{I \times x}{V} \times \frac{I_{ST}}{I} \times 100 \; [\%] \qquad ………第1−26式$$

ここに，　　P　：全短絡インピーダンス抵抗降下
　　　　　　Q　：全短絡インピーダンスリアクタンス降下
　　　　　　V_0　：電動機の定格電圧
　　　　　　I　：全負荷電流
　　　　　　I_{ST}　：始動電流
　　　　　$\cos\theta$　：始動時の力率
　　　　　　V　：始動時の入力電圧
　　　　　　E_2　：変圧器の定格2次電圧
　　　　　　r　：インピーダンスの抵抗分〔Ω〕
　　　　　　x　：インピーダンスのリアクタンス分〔Ω〕

1.8　V結線の容量計算
1.8.1　V−V結線

第1.7図にV−V結線を示す。単相変圧器2台を用いて，三相を得る場合に使用され，将来の負荷の増加を見込む場合や単相変圧器をΔ−Δ結線として用いた時の1相故障時の応急処置として使用されるが，利用効率が悪くなる。

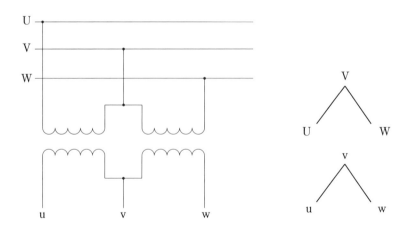

第1.7図　V−V結線

この結線では変圧器の相電流と線路電流とが等しくなり，相電流をI，相電圧をVとすれば，単相変圧器2台分の容量に比べ，V結線の場合の利用率は

$$\frac{V結線出力}{設備容量} = \frac{\sqrt{3}\,VI}{2VI} = 0.866 \qquad \cdots\cdots 第1-27式$$

となる。したがって，2台の単相変圧器の合計容量の86.6%までしか使用できない。
またΔ－Δ結線をV結線としたときの利用率は

$$\frac{V結線出力}{\Delta結線出力} = \frac{\sqrt{3}\,VI}{3VI} = 0.577 \qquad \cdots\cdots 第1-28式$$

となる。また，平衡負荷をとっても二次端子電圧が不平衡になる欠点がある。

1.8.2 V結線の容量計算例

単相10kVAの変圧器2台を第1.8図のようにV結線して三相電源に接続し，二次側に遅れ力率 $\cos 30°$，7.5kWの三相負荷が接続されているとき，この電源に単相負荷をab間に接続しようとする場合，単相負荷が接続できる容量はいくらになるか計算する。

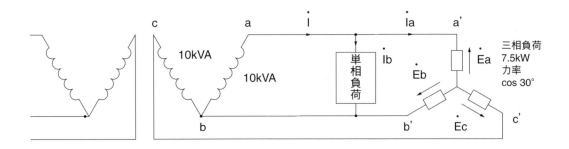

第1.8図　計算例のV結線図

変圧器，線路のインピーダンスは無視するものとして，V結線の二次側からa相に流れる電流Iは三相負荷に流れる I_a と単相負荷に流れる I_b の和となる。$I = I_a + I_b$，この両辺に線間電圧 E_{ab} を乗ずると $E_{ab}I = E_{ab}I_a + E_{ab}I_b$ となる。
ここで，$E_{ab}I = 10$ [kVA]

$$E_{ab}I_a = \frac{7.5(\mathrm{kW})}{\sqrt{3} \times \cos 30°} = 5 \text{ [kVA]}$$

したがって，単相負荷 $E_{ab}I_b$ は
$E_{ab}I_b = E_{ab}I - E_{ab}I_a = 5$ [kVA]
となり，E_{ab} と I_b は同相であるから5kVAまで接続できる。

1.9 灯動兼用変圧器の負荷分担
1.9.1 灯動変圧器の結線

第1.9図は二次デルタ結線した巻線のうち1相分のみ巻線通電能力を大きくした灯動兼用変圧器の結線で，中央にタップを設けたものが通電能力を大きくした巻線で，この巻線の両端に単相負荷（一般には電灯負荷）を接続し，3つの端子に三相負荷（一般には動力負荷）を接続する。図は単相3線式配電用を示している。当然，二次巻線の通電能力が増えただけ，一次巻線の通電能力も大きくしてある。

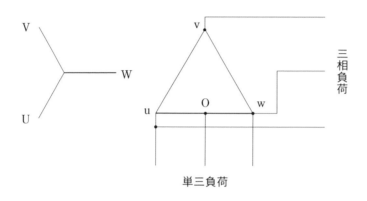

第1.9図　灯動共用結線（1）

一方，第1.10図は三相と単相をバランスよく取り出せるようにした灯動変圧器の結線で，2次端子に三相負荷を接続するとともに，各巻線の途中にタップを設け，三相4線式で単相負荷に供給する方式である。

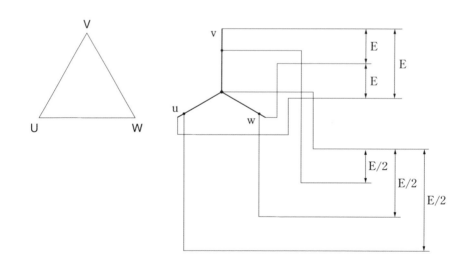

第1.10図　灯動共用結線（2）

動力負荷より電灯負荷が大きい場合は第1.9図の方式が，電灯負荷より動力負荷が大きい場合は第1.10図の方式を使用するのが経済的である。

- 118 -

1.9.2 灯動変圧器の負荷分担

第1.11図は第1.9図の灯動変圧器の負荷分担曲線の例である。一般に，灯動変圧器の容量は「三相容量＋単相容量」で表し，次に述べる負荷分担曲線の折れ曲り点における三相容量と単相容量を表している。図中「100＋50」kVAの変圧器は，三相単独であれば150kVA，単相単独であれば100kVAまで使用可能である。また，三相負荷を120kVAとると，単相負荷は30kVAまで許容できることを示している。

第1.12図は第1.10図の灯動変圧器の負荷分担曲線の例である。

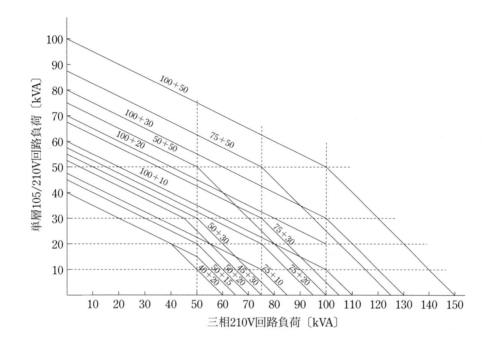

第1.11図　灯動変圧器の負荷分担曲線（1）

- 119 -

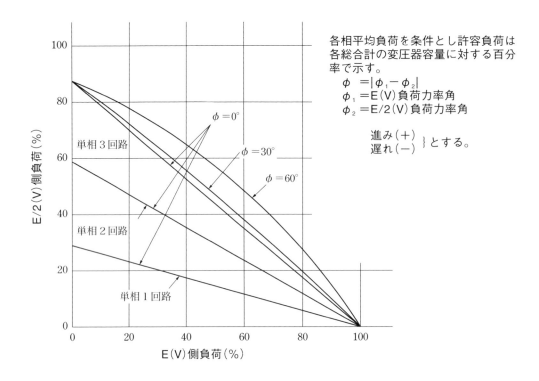

第 1.12 図　灯動変圧器の負荷分担曲線（2）

1.10　変圧器の周囲温度と許容温度上昇限度
1.10.1　変圧器の周囲温度
　変圧器の温度上昇は，変圧器の周囲温度や冷却方式により影響を受けるため，運転環境における周囲温度は変圧器の温度上昇にとって重要な要素の一つである。
　変圧器の周囲温度（冷却媒体の温度）はJEC-2200により次のように規定されている。

冷却媒体が空気の場合	最高	40℃以下
	日間平均	35℃以下
	年間平均	20℃以下
冷却媒体が水の場合	取水口温度	25℃以下
最低気温	屋外	－20℃
	屋内	－5℃

1.10.2　変圧器の温度上昇限度
　変圧器の温度上昇の限度は，この許容最高温度と変圧器の等価周囲温度（25℃一定）を基準として，変圧器が定格容量で連続運転された場合に，30年程度の寿命を期待できることを前提として定めている。
　一般に使用されている油入変圧器や乾式変圧器の温度上昇限度を第1.8表，第1.9表に示す。これら温度上昇限度は，規格（JEC-2200：変圧器）で指定する常規使用状態の周囲条件において全負荷運転をした場合の温度上昇限度を示すものである。

第2編　受変電機器選定上の技術計算

第1.8表　連続負荷の油入変圧器の温度上昇限度

変圧器の部分		温度測定方法	温度上昇限度（K）
巻線	油自然循環の場合（ON，OF）	抵抗法	55
	油強制循環の場合（OD）	抵抗法	60
油	本体タンク内の油が直接外気と接触する場合	温度計法	50
	本体タンク内の油が直接外気と接触しない場合	温度計法	55
鉄心その他の金属部分の絶縁物に近接した表面		温度計法	近接絶縁物を損傷しない温度

第1.9表　連続負荷のガス入および乾式変圧器の温度上昇限度

変圧器の部分	温度測定方法	耐熱クラス	温度上昇限度（K）
巻線	抵抗法	A	55
		E	70
		B	75
		F	95
		H	120
鉄心表面	温度計法		近接絶縁物を損傷しない温度

　温度上昇限度の表にある変圧器の温度測定方法の抵抗法とは，直接温度計により測定できない巻線などの温度を測定する方法で，冷状態における巻線抵抗と熱状態における巻線抵抗との比較によって巻線温度もとめる方法である。一方，変圧器の油や鉄心表面など温度は温度計を用いて測定できるので，温度計法により測定される。

1.10.3　変圧器の寿命
　変圧器の温度上昇限度は変圧器を構成する材料中で最も耐熱性の弱い絶縁物によって制限される。

　絶縁油や部品については補修や交換により長年運転できるが，巻線部を構成している絶縁物については，外部から補修や交換はできない。巻線の絶縁は運転中の温度，湿度および酸素などにより，次第に劣化が進行する。これが進行すると，外雷，内雷などの異常電圧の電気的ストレスや，外部短絡の電磁機械力などの機械ストレスを受けて破壊する危険が増してくる。よって，変圧器の寿命は絶縁物の機械的強度が限界値に到達した時点と見なす考え方が一般的である。

　変圧器の寿命については，使用環境や運転履歴，設備の重要度などにより異なり，正確に示すことは難しいが，従来の実績や一般に期待されている寿命などから，15〜25年を経過した時点が更新時期と考えられる。

1.10.4　絶縁物の劣化の法則
　油入変圧器の寿命は絶縁物の劣化の程度で表され，絶縁物の劣化の程度は次式のアレニウスの法則で与えられる。

　　劣化程度$A = \mathrm{te}^{N\theta}$　　・・・・・・・・第1−29式

- 121 -

ここで， t ：使用期間（年)，

θ ：使用温度（℃)，

N ：定数

e ：自然対数（ネイピア数）

各種の劣化試験や研究の結果，N＝0.1154を使用するのが一般的となっており，この場合，使用温度が6℃高くなるごとに劣化の程度は2倍になる。これを6℃半減則と呼んでいる。

また，使用温度が高い場合の寿命は，次式を用いると，絶縁物の寿命を近似することができる

$$Y＝ae^{-b・θH} \quad ・・・・・・・・第1-30式$$

ここで， Y ：寿命，

a ：材料の種類による定数，

b ：材料の種類による定数，

θH ：最高点温度（℃)＝冷媒温度＋最高温度上昇

油入変圧器の場合，bは6℃半減時の定数である0.1154が採用されている。

1.11　変圧器の過負荷運転

変圧器を過負荷運転する場合は，変圧器自身のブッシング，タップ切換器等の電流容量や負荷時タップ切換器の切換能力に起因する制限や変圧器回路に接続されている遮断器,断路器,ヒューズ，保護リレーなどの電流定格や特性等による制限が生じるため事前に十分検討しておく必要がある。

1.11.1　油入変圧器の過負荷運転

変圧器は周囲温度が低ければその分過負荷をかけられる。また，変圧器の温度上昇はゆっくりで，飽和するまでに数時間かかることから，過負荷時間が短ければそれだけ余裕を生じる。

［計算例］

第1.10表を用いて，時定数2.5時間を有する油入変圧器における計算例を示す。

第1.10表　油自然循環方式で時定数2.5時間の場合の許容負荷（定格負荷に対する百分率）

重負荷以外の軽負荷 （定格負荷に対する%）		50%							70%							90%							100%						
等価周囲温度 （℃）		0	10	20	25	30	40	50	0	10	20	25	30	40	50	0	10	20	25	30	40	50	0	10	20	25	30	40	50
重負荷時間	0.5	150	150	150	150	150	150	136	150	150	150	150	150	139	102	150	150	150	149	134	－	－	150	150	144	100	－	－	－
	1.0	150	150	150	150	150	137	121	150	150	150	150	143	126	91	150	150	145	136	122	－	－	150	150	132	100	－	－	－
	2.0	150	150	146	140	134	121	106	150	150	141	134	128	112	82	150	146	132	123	112	－	－	150	141	121	100	－	－	－
	4.0	149	139	129	123	118	106	92	146	137	126	120	114	100	77	143	133	120	113	104	－	－	141	129	114	100	－	－	－
	8.0	135	126	116	111	106	94	81	134	125	115	110	104	91	74	133	123	112	106	98	－	－	132	121	108	100	－	－	－
	24.0	123	114	104	100	94	84	72	123	114	104	100	94	84	72	123	114	104	100	94	－	－	123	114	104	100	－	－	－

第1.13図のような負荷パターンの場合，軽負荷時（P_1，P_2，P_4，P_5）の負荷率は34.3％と計算されるので50％欄を使用する。重負荷時間4時間の列と等価周囲温度25℃との交点が123％であるから25℃以下であれば過負荷運転が可能であるとの判定となる。

一方，定格に近いあるいは超える負荷が一日に何回かある場合は**第1.14図**に拠る必要がある。

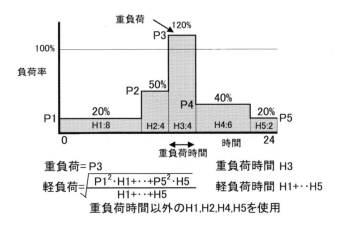

第1.13図　運転パターン例（重負荷1回）

ここで，時定数とは，温度の変化を示す定数で時定数2.5時間とは，2.5時間後に最終温度の63％，2倍の5時間後に86％，3倍の7.5時間後に95％となる。温度上昇の変化は

$$\theta = (\theta_u - \theta_i) \times (1 - \mathrm{EXP}(-t/T)) + \theta_i \qquad \cdots\cdots\cdots 第1-31式$$

で表わされる。

　　ここで，θ：時間tにおける温度上昇，
　　　　　　t：経過時間，
　　　　　　T：時定数，
　　　　　　θ_u：最終温度上昇，
　　　　　　θ_i：最初の温度上昇

$t=T$とすると $(1-\mathrm{EXP}(-T/T))=(1-\mathrm{EXP}(-1))\fallingdotseq 0.63$となるので，時定数2.5時間の変圧器の2.5時間後の最終温度は63％と計算される。

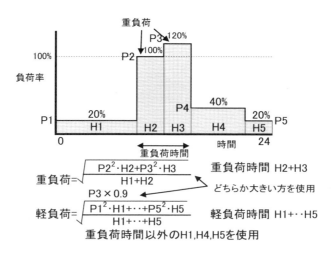

第1.14図　運転パターン例（重負荷2回）

1.11.2　油入変圧器運転指針

変圧器は，特定の条件下において定格負荷を超過しても，寿命を低下させることなく運転できる。また，逆に負荷を制限して運転する場合もある。

このような場合の変圧器の運転指針として，電気学会技術報告（Ⅰ部）第143号「油入変圧器運転指針」が発表されており，前項で説明した油入変圧器の過負荷運転指針が紹介されているのでこれを参考にされると良い。

1.11.3　乾式変圧器の過負荷運転

乾式変圧器には，シリコーン乾式変圧器，モールド変圧器，ガス絶縁変圧器等多くの種類がある。

変圧器の過負荷運転と寿命には，密接な関係があり，変圧器の寿命を損なうことなく使用するためには，過負荷運転前の負荷の状態，過負荷する時間，周囲温度などの条件を確認する必要がある。

乾式変圧器の過負荷運転指針として電気学会技術報告「乾式変圧器運転指針」が発表されているので参考にされると良い。

第1.15図～第1.17図にF種モールド変圧器の短時間過負荷耐量曲線の参考例を示す。一般的に，モールド変圧器の時定数は油入変圧器に比べ短く0.5～2時間程度として計算されている。

- 124 -

第2編　受変電機器選定上の技術計算

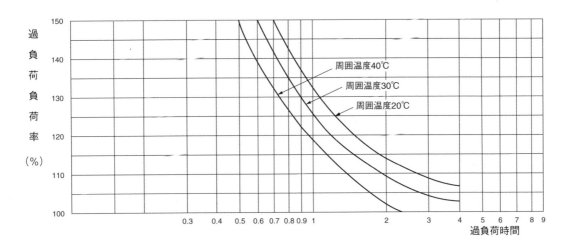

第1.15図　許容過負荷（過負荷前負荷率50％）

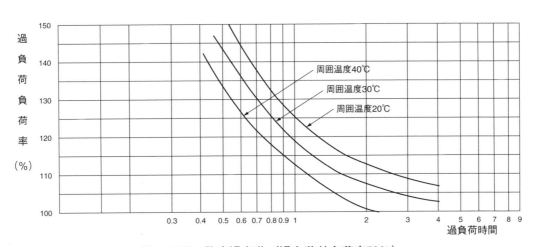

第1.16図　許容過負荷（過負荷前負荷率70％）

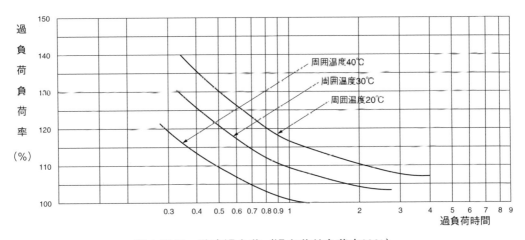

第1.17図　許容過負荷（過負荷前負荷率90％）

- 125 -

2 開閉器

2.1 遮断器の選定

2.1.1 遮断器の定格

ａ．定格遮断電流

　遮断器は短絡や過負荷時などの異常時に過電流・短絡電流を遮断する機能を持っており，この遮断する能力を定格遮断電流（従来は遮断容量という表現も使用していたが，現在は用いていない）という。

　遮断器の定格遮断電流とは，すべての定格および規定の回路条件のもとで，規定の標準動作責務と動作状態とに従って遮断することができる遅れ力率の遮断電流の限度をいい，交流分の実効値で表す。

　定格遮断電流の標準値は**第2.1表**の値を標準としている。一般に定格遮断電流は非対称電流を1.25倍とみているので，電力系統の短絡電流よりも大きい定格遮断電流の遮断器を用いれば良い。

ｂ．定格遮断時間

　遮断器の定格遮断時間とは，定格遮断電流をすべての定格及び規定の回路条件のもとで，規定の標準動作責務及び動作状態に従って遮断する場合の遮断時間の限度をいう。定格遮断時間は，定格周波数を基準としたサイクル数で表す。

　遮断時間は，開極時間（遮断器の操作機構内にある引外し装置が付勢された瞬間から全ての接触子が開離するまでの時間）とアーク時間（接触子が開離する際に発生するアーク発生瞬時から，全ての極の電流が遮断されるまでの時間）の和で表される。

　定格遮断時間の標準値は**第2.1表**の値を標準としている。

ｃ．動作責務

　遮断器の動作責務とは，所定の条件のもとで，遮断器に課せられた一連の投入，遮断または投入遮断動作を規定したもので，交流遮断器の標準動作責務としては**第2.2表**のように定められている。

　交流遮断器はO(open：遮断動作)－1分－CO(close-open：投入後直ちに遮断を行なう動作)－3分－COである。また，配線用遮断器はO－t(配線用遮断器をトリップ位置から開路位置へリセットできる最小時間)－COとなっている。

第2.1表　定格の標準値

規格	定格電圧 (kV)	定格遮断電流 (kA)	定格遮断時間（サイクル）		定格電流 (A)						定格投入電流 (kA)
			3	5	400	600	1 200	2 000	3 000	4 000	
JIS	3.6	8.0	○	○	○	○					20
		16.0	○	○	○	○					40
	7.2	8.0	○	○	○	○					20
		12.5	○	○	○	○					31.5
JEC	3.6	16.0	○	○		○	○				40
		25.0	○	○		○	○				63
		40.0	○	○			○	○	○		100
	7.2	12.5	○	○		○	○	○	○		31.5
		20.0	○	○		○	○	○	○		50
		25.0	○	○		○	○	○	○		63
		31.5	○	○			○	○	○		80
		40.0	○	○			○	○	○		100
		63.0	○	○			○	○	○		160
	12	25.0	○	○		○	○	○			63
		40.0	○	○			○	○	○		100
		50.0	○	○			○	○	○		125
	24	12.5	○	○		○	○				31.5
		20.0	○	○		○	○				50
		25.0	○	○		○	○	○	○		63
		40.0	○	○			○	○	○		100
		50.0	○	○			○			○	125
		63.0	○	○				○	○	○	160
	36	12.5	○	○		○					31.5
		16.0	○	○		○	○	○			40
		25.0	○	○		○	○	○	○		63
		31.5	○	○			○	○	○		80
		40.0	○	○			○	○	○		100
		50.0	○					○	○		125

第2.2表　標準動作責務

種別	記号	動作責務
一般用	A	O－（1分）－CO－（3分）－CO
	B	CO－（15秒）－CO
高速度再閉路用	R	O－（θ）－CO－（1分）－CO

注 O：開路動作

CO：閉路動作に引き続き猶予なく回路動作を行なう

θ：再閉極時間で0.35秒を標準とする

　　なお，高速度再閉路を行なう遮断器に対して，系統運用上次の動作責務を行なわせる場合がある。

　　O－（θ）－C－（t）－O－（θ）－CO

　　ここで，tは再閉路準備時間［引き続いてO－（θ）－COが可能となるまでの時間］であって，通常は60秒程度である。

d．定格電圧

　規定の条件のもとで，その遮断器に課すことができる使用回路電圧の上限をいい，線間電圧の実効値で表す。使用回路の最高電圧が，遮断器の定格電圧を超えないように選び，国内では，系統公称電圧の1.2/1.1倍の定格電圧を選ぶのが一般的である。例えば，6.6kVの場合，6.6×1.2/1.1＝7.2で7.2kVとなる。規格に定められた定格電圧の標準値は**第2.3表**のように規定されている。

第2.3表　定格電圧の標準値

規格	公称電圧［kV］	遮断器の定格電圧［kV］
JIS, JEC	3.3	3.6
	6.6	7.2
JEC	11	12
	22	24
	33	36
	66	72
	77	84

e．定格電流

　定格電圧，定格周波数のもとに，規定の温度上昇限度及び最高許容温度を超えないで，その遮断器に連続して流すことのできる電流の限度のことで，**第2.4表**が標準となっている。

　遮断器の電流を選ぶ場合は，将来の負荷増や変圧器の容量増などの将来計画を考慮して選定され，一般的には最大負荷電流の130％以上を目安としている。

第2.4表　定格電流の標準値

規格	定格電流［A］
JIS	400，600
JEC	600，1 200，2 000，3 000， 4 000，6 000，8 000，12 000

f．定格耐電圧

規定された試験電圧条件で，絶縁破壊することなく使用できる電圧を規定したもので，第2.5表が標準とされている。

第2.5表　定格耐電圧の標準値

規格	定格電圧〔kV〕	定格耐電圧〔kV〕	
		雷インパルス	商用周波（実効値）
JEC	3.6	30	10
		45	16
	7.2	45	16
		60	22
	12	75	28
		90	
	24	100	50
		125	
		150	
	36	150	70
		170	
		200	

g．定格投入電流

すべての定格及び規定の回路条件のもとで，規定の標準動作責務及び動作状態に従って投入することができる投入電流の限度をいい，投入電流の最初の周波の瞬時値の最大値で表す。

投入瞬時の短絡電流は，最大で100％の直流分が含まれるので，第1波の波高値は$2 \times \sqrt{2} \times$短絡電流実効値＝2.83倍となるが，直流分の減衰を考慮して短絡交流電流実効値の2.5倍としている。したがって，「定格投入電流は，投入電流の最初の周波の瞬時値の最大値で表し，定格遮断電流の値の2.5倍」と規定されている。

定格遮断電流が12.5kAの場合の定格投入電流は，12.5kA×2.5倍≒31.5kAとなる。定格投入電流は第2.1表の値を標準としている。

h．定格短時間耐電流

その電流を一定の短時間（JECでは2秒間，JISでは1秒間）遮断器に流しても，異常の認められない電流の限度をいい，その遮断器の定格遮断電流と等しい値（実効値）を標準とする。定格短時間耐電流の最大波高値は，その定格値の2.5倍とし，定格投入電流の値と同じとする。

2.1.2　短絡電流の計算と遮断器の選定

第2.1図に示す22kVの受変電設備の系統において，各電圧のA，B点における短絡電流を求めるとともに，その電源側に設置する遮断器を選定する。

a．各点の定格電流

A，B各点に流れる定格電流を求める。

$$I_A = \frac{5\,000 \times 10^3}{\sqrt{3} \times 22 \times 10^3} = 131.2 \quad [A]$$

$$I_B = \frac{200 \times 10^3}{\sqrt{3} \times 6.6 \times 10^3} = 17.5 \quad [A]$$

b．各点における短絡電流

1）A点は受電点の電源インピーダンスZ_1から

$$A点の短絡電流 = \frac{1\,000 \times 10^3}{\sqrt{3} \times 22 \times 10^3 \times 0.25} \times 100 = 10.5 \quad [kA]$$

2）B点の合計インピーダンスは$Z_1+Z_2+Z_3$なので

$$Z_1+Z_2+Z_3 = 1.26\% \quad (Z_3 = \frac{1\,000}{5\,000} \times 5\% = 1)$$

$$B点の短絡電流 = \frac{1\,000 \times 10^3}{\sqrt{3} \times 6.6 \times 10^3 \times 1.26} \times 100 = 6.95 \quad [kA]$$

c．各点の遮断器を選定する

　各点に流れる定格電流，短絡電流の計算結果および第2.1表の定格表から，
　A点の遮断器　24kV－600A－20kA
　B点の遮断器　7.2kV－600A－12.5kA
を選定する。

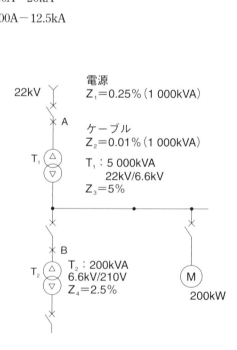

第2.1図　遮断器選定例の系統図

2.2 限流ヒューズの特性
2.2.1 限流ヒューズの限流特性

　限流ヒューズが遮断するときの電流・電圧の動作を**第2.2図**に示す。回路に短絡が発生すると系統のインピーダンスで決まる短絡電流が流れるので，ヒューズエレメントの狭隘部はジュール熱で急速に溶断し，**第2.2図**のP点で全面発弧（アークを発生）する。アーク熱で消弧剤が気化蒸発し，アークを冷却するので，アーク抵抗が増加し，電流をしぼり（これを限流という），引き続きアークを制限して**第2.2図**のQ点で遮断完了となり，ヒューズ極間電圧V_rが回復する。

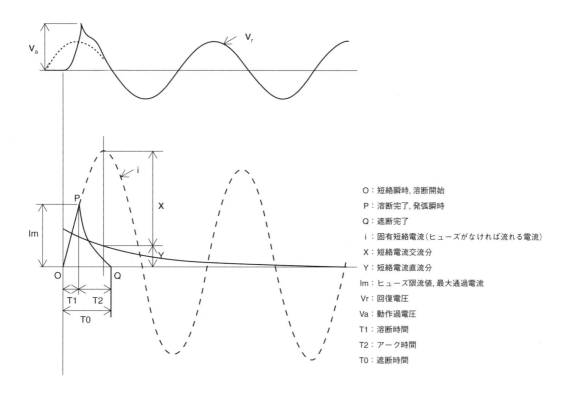

第2.2図　ヒューズ遮断時の電圧・電流

　遮断完了すると，消弧剤が固化してエレメントの周りに芋虫状（フルグライトと呼ぶ）に固まるが，これは高い絶縁性を持っており，遮断状態を維持する。
　このように限流ヒューズは流れるはずの短絡電流iをImに限流し，しかも半サイクル以内という短時間で遮断するという動作特性を持っている。
　一方，小電流域ではエレメントの溶断が始まるのに数秒〜数分以上の時間がかかる。したがって大電流の時のように瞬時に全面発弧するのではなく，順々に溶断，発弧部分が増えて行き，その部分の消弧剤が気化蒸発する。何サイクルかアークが続いて，電流0点通過後の絶縁耐力が電源電圧より勝った時点で遮断完了となる。したがって限流遮断は行われない。また，事故電流のエネルギーを遮断エネルギーに使用する関係上，ヒューズ定格電流を超えた領域では溶断しても遮断できない領域（遮断不能域）が存在する。

2.2.2 限流ヒューズの特性

限流ヒューズの動作特性曲線としては，時間－電流特性や限流特性がある。

a．時間－電流特性

時間－電流特性は第2.3図のように次の3つの特性曲線で示される。

イ．許容時間－電流特性

ヒューズエレメントに劣化をあたえない限界値を示し，負荷の過渡電流特性や下位側の保護機器（TR二次側のMCCBなど）の動作特性との協調をとるために使用する。

溶断特性を左側に20～50％平行移動した特性で，負荷の突入電流によりヒューズエレメントが溶断しないように選定する。また下位の過電流保護装置との協調を検討する場合などに使用する。

ロ．平均溶断時間－電流特性

ヒューズに一定の電流を流して溶断させた時の電流と時間の関係を示す特性で，エレメントが溶断する平均値を示し，そのばらつきは定格電流の±20を超えないように規定されている。

ハ．動作時間－電流特性

溶断したヒューズエレメントが遮断完了するまでの特性を示す。溶断特性が平均値であるのに対し，こちらは最大値を表示している。上位の過電流保護装置との協調を検討する場合に使用される。

第2.3図の特性曲線を示しているように，定格電流を超えた事故電流Iが流れると，T1時間でヒューズエレメントが溶け始め（劣化を始め），T2時間で溶断する。ここでヒューズ内にアークが発生し，T3時間で遮断完了することになる。

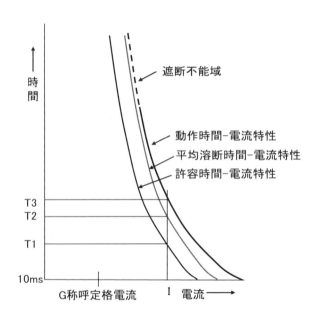

第2.3図　ヒューズの時間-電流特性

b．限流特性

　限流特性とは，ヒューズがなかった時に流れると想定される電流（固有短絡電流－対称分実効値）と，ヒューズによって限流される限流値（波高値）との関係を示している特性で，第2.4図が限流特性を示す図である。

　短絡時の力率は悪いのが一般的なのでpf＝0と1の線が2本引かれている場合はpf＝0の方を使用する。図ではI_Lを境に限流開始することがわかる。ここから上の電流はほぼ1/2サイクル以内に遮断完了する。限流特性は負荷側機器の機械的・熱的強度を検討する場合に使用される。

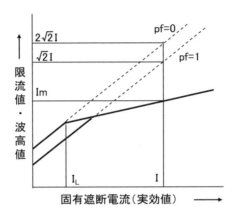

第2.4図　ヒューズの限流特性

2.3　断路器の選定
2.3.1　種類と用途
　断路器の種類は第2.6表のように，断路器の極数や使用回路の数など構造からの分類と操作方式から分類される。

第2.6表　断路器の種類

項目	分類	備考	
極数による分類 (P)	単極（1P）	1相分の構造のもの	
	3極（3P）	3相分を連結したもの	
使用回路の数による分類(T)	単投(ST)	単一回路を開閉する	
	双投(DT)	二回路のいずれかに接続できる	
操作方式による分類	フック棒操作	開閉をフック棒で行う。	
	遠方操作	連結機構を介して遠方より操作する	

　断路器の用途としては，単極双投形のように回路の接続変更などに用いる場合もあるが，主として電力機器の点検修理や変更工事の際に，電源からの切り離しを確実にするために使用される。

2.3.2　断路器の選定
　断路器は受電点や母線連絡用など回路の重要な箇所に使用される。断路器の選定は慎重に行なう必要があり，断路器の定格は以下のように選定する。
a．定格電圧
　規定の条件のもとで印加できる使用電圧の限度を示し，公称電圧の1.2/1.1倍として，第2.7表に規定されている。

第2編　受変電機器選定上の技術計算

第2.7表　断路器の定格電圧

公称電圧 [kV]	定格電圧 [kV]
3.3	3.6
6.6	7.2
11	12
22	24
33	36
66	72
77	84
110	120
154	140

b．定格電流

　定格電圧，定格周波数のもとで，**第2.8表**に示す規定の温度上昇を超えることなく連続的に流すことができる電流の限度を表し，将来の負荷増や負荷変動，突入電流などの電流増加分を見込んで選定する。また，定格電流が小さくても，定格短時間電流が大きい場合には，定格短時間電流に対応した断路器を選定する。

第2.8表　温度上昇限度

単位℃

場所		温度上昇限度	最高許容温度
接触部	銅接触	35	75
	銀接触	65	105
	すず接触	50	90
ボルト締めなどによる導体接続部	銅又はアルミニウム接続	50	90
	銀接続	75	115
	すず接続	65	105
主回路端子接続部	銅又はアルミニウム接続	50	90
	銀接続	65	105
	すず接続	65	105
機械的構造部分	磁器がいしのセメント付部分[1]	55	95
	その他の金属部分　手を触れるところ	10	50
	その他の金属部分　接近し得る外表面	30	70
	その他の金属部分　接近できない外表面	70	110
基準周囲温度の限度		40	

注（1）　エポキシ樹脂製がいしなど有機質絶縁物の温度上昇限度および最高許容温度は，受け渡し当事者間の協定による。

備　考　アルミニウム相互間で接続する場合の温度上昇の限度および最高許容温度については，銅相互間と同等としている。ただし，この場合は接触面の防食，酸化防止などを十分考慮しなければならない。

c．定格短時間電流

　系統で短絡事故が発生した場合，上位の遮断器が動作するまで，断路器は短絡電流に耐え，熱的・機械的な損傷を起こしてはならないので，規定の時間通電しても断路器に異常を生じない電流をいう。

　熱的に耐えるよう導体断面積を確保するとともに，電磁反発力で機械的に接触が離れないようバネやキャッチ機構などで保持し，短絡電流実効値と耐えられる時間（秒数）で表される，断路器は回路の短絡電流以上の定格を使用する。

　3.6kV/7.2kV級の断路器の定格電流と定格短時間電流の標準値を第2.9表に示す。

第2.9表　断路器の定格の標準値

定格電圧(kV)	定格短時間電流(kA)	定格電流(A)			
		600	1 200	2 000	3 000
3.6	16	○	○		
	25	○	○		
	40	○	○	○	○
7.2	12.5	○	○	○	○
	20	○	○	○	○
	31.5		○	○	○
	40		○	○	○

d．絶縁強度

　断路時の安全確保のために，同相主回路端子間（端子が開いたときの極間耐圧）の耐電圧値が高く設定されており，断路器では第2.10表のように規定されている。

第2編　受変電機器選定上の技術計算

第2.10表　絶縁強度

公称電圧 [kV]	定格電圧 [kV]	定格耐電圧 [kV]			
		各相主回路端子間および主回路端子と大地間		同相主回路端子間	
		雷インパルス	商用周波（実効値）	雷インパルス	商用周波（実効値）
3.3	3.6	30	10	35	19
		45	16	52	
6.6	7.2	45	16	52	25
		60	22	70	
11	12	75	28	85	32
		90		105	
22	24	75	38		60
		100	50		
		125			
		150			
33	36	150	70		80
		170			
		200			
66	72	250	115		160
		350	140		
77	84	325	140		
		400	160		185

e．充電電流

　断路器の負荷側が無負荷でも，配電線路のケーブル長が長くなると，ケーブルの対地静電容量による充電電流が大きくなるので，断路器はこれを開閉できなければならないので，選定に注意が必要である。

　ケーブルの充電電流が断路器の開閉能力以上になる場合は，負荷開閉器や負荷断路器を使用する必要がある。ケーブルの充電電流は次式より求める。

$$I_C = 2\pi FC \frac{E}{\sqrt{3}} \quad [\text{A/km}] \quad \cdots\cdots\cdots 第2-1式$$

ここで，　I_C：ケーブル充電電流

　　　　　　F：周波数 [Hz]

　　　　　　C：静電容量 [F/km]

　　　　　　E：線間電圧 [V]

〔断路器の選定例〕

　第2.5図の22kV回路において，受電点の断路器を選定する。

－ 137 －

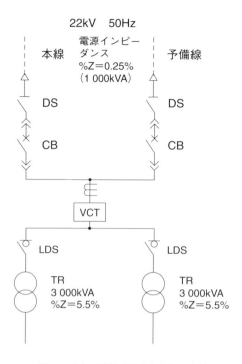

第2.5図　断路器選定例の系統

回路の定格電流I_Dは

$$I_D = \frac{2台 \times 3\,000\text{kVA} \times 10^3}{\sqrt{3} \times 22 \times 10^3} = 157.5 \quad [\text{A}]$$

回路の短絡電流I_S（22kV側）は

$$I_S = \frac{1\,000\text{kVA} \times 10^3}{\sqrt{3} \times 22 \times 10^3 \times 0.25} \times 100 = 10.5 \quad [\text{kA}]$$

したがって，受電点の22kV用断路器は，定格電流が157.5［A］以上，短時間電流10.5［kA］以上の定格の機種を選定する。

2.4　負荷開閉器の選定
2.4.1　種類と用途

　高圧負荷開閉器は，3.3kVあるいは6.6kV用として，電気室やキュービクルなどで使用される屋内用負荷開閉器と，主に柱上で使用される屋外用負荷開閉器がある。消弧方式により気中負荷開閉器，真空負荷開閉器，ガス負荷開閉器があり，屋内用はほとんどが気中式である。
　第2.11表に高圧負荷開閉器の種類とその特徴を示す。

第2編　受変電機器選定上の技術計算

第2.11表　高圧負荷開閉器の種類と特徴

項目 ＼ 種類	気中負荷開閉器	真空負荷開閉器	ガス負荷開閉器
消弧媒体	大気	真空	SF_6ガス
消弧方法	消弧室の細隙効果 ガス吹付け，冷却効果	真空の絶縁回復特性 アーク拡散効果	SF_6ガスの絶縁性， 消弧性
断路性能	あり	なし	なし
遮断能力	小	大	中
接点部の目視	可(開放形)	否	否
開閉寿命	小	大	中
遮断時の過電圧	小	中	小
寸法・重量	大	中	小
保守点検 (接点部)	簡単	やや面倒	困難
価格	安価	高価	高価

2.4.2　負荷開閉器の選定

　高圧負荷開閉器の選定にあたっては，主として以下の項目に留意する必要がある。

a．操作・引外し方式

　通常の入切は手動・フック棒操作であるが，遠方から電気指令で切操作が必要な場合電圧引外し装置（トリップコイル）付を選択する。

b．定格電流

　総合負荷電流以上のものを選定する。また，定格電流は，定格投入電流や定格短時間電流と**第2.12表**のように相対的な関係として決められているので，負荷電流が小さくても短絡電流の大きい電路に設置する場合は，大きな定格電流のものを使用しなければならない。

第2.12表　負荷開閉器の定格電流と関連事項

定格電流［A］	定格短時間電流 (実効値)［kA］	定格短絡投入電流 (波高値)［kA］	定格短絡投入電流の 投入回数
100，200	4.0	10.0	A級：1回 B級：2回 C級：3回
	8.0	20.0	
	12.5	31.5	
300，400	8.0	20.0	
	10.0	25.0	
	12.5	31.5	
600	8.0	20.0	
	12.5	31.5	

ｃ．定格開閉容量

イ．定格負荷電流開閉容量

　通常，運転中の負荷力率は0.8（80％）前後と言われており，遅れ力率65％以上で一般的な三相負荷電流を200回の開閉できる限度を表している。

ロ．定格励磁電流開閉容量

　変圧器二次側を無負荷にした状態で変圧器一次側に流れる励磁電流を10回開閉できる限度を表している。

ハ．定格充電電流開閉容量

　負荷開閉器の二次側ケーブルや電線の対地静電容量を通じて流れる無負荷充電電流を10回開閉できる限度を表している。

ニ．コンデンサ電流

　力率改善を目的に設置される進相コンデンサの電流を200回開閉できる限度を表している。

　力率改善用コンデンサには直列リアクトルを使用するよう推奨されているが，試験はリアクトルなしでおこなう。

ｄ．過負荷遮断電流

　JIS C 4605では定格負荷電流以上の開閉試験は規定されていないが，JIS C 4607，4611で力率40％以上の一般的な三相過負荷電流を開閉できる限度が規定されており，この性能を保証する開閉器では遮断できる回数にA級，B級，C級の等級がある。ヒューズ付負荷開閉器の場合，協調をはかる上で重要である。

ｅ．短絡投入電流

　負荷開閉器は前述したように短絡電流遮断の能力はないが，負荷の短絡に気づかずに「入」を行うと，投入瞬時に短絡電流が流れる。負荷開閉器は搭載ヒューズや上位の遮断器がこの短絡電流を遮断するまで，溶着したり破損したりしないようになっていなければならないので，三相短絡電流の投入できる限度を波高値で表し，その波高値は定格短時間電流の2.5倍の大きさとなっている。責務は投入回数1～3回のいずれかとされ，A，B，Cの記号で表現する。

ｆ．定格耐電圧

　定格耐電圧は第2.13表のように規定されている。負荷開閉器は断路器機能を期待されており，同相主回路端子間（接触子が開いたときの極間耐圧）の耐電圧値が高く設定されている。操作機構が「切」の位置のとき，確実に開極することが要求されている（万一，主回路端子が溶着しているとき，操作機構は「切」の位置に移動しない）。特に屋外形負荷開閉器は主回路がタンク内で目視できないので操作機構の信頼性が必要となる。

第2編　受変電機器選定上の技術計算

第2.13表　負荷開閉器の定格耐電圧

公称電圧 [kV]	定格電圧 [kV]	定格耐電圧 [kV]					
		各相主回路端子間および主回路端子と大地間		同相主回路端子間		制御装置の充電部と大地間の対電圧値	
		雷インパルス	商用周波（実効値）	雷インパルス	商用周波（実効値）	商用周波（実効値）	
3.3	3.6	20	10	20	10	2.0	
				23	12		
		40	10	40	10		
				46	12		
6.6	7.2	40	20	40	20		
				46	23		
		60	20	60	20		
				70	23		

（注）屋外用負荷開閉器の場合，商用周波耐電圧は乾燥で1分間，注水で10秒と規定される

2.5　電磁接触器の選定

2.5.1　高圧電磁接触器の選定

ａ．開閉容量

　使用用途によって開閉する電流が異なるため，開閉容量が級別に分類されているので，用途に応じた選定をする必要がある。**第2.14表**に開閉容量の級別を示す。

第2.14表　高圧電磁接触器の開閉容量

級別	開閉ひん度・電気的寿命を保証する開閉容量		代表的適用例
	定格使用電流に対する倍数		
	閉　路	遮　断	
AC0	2.5	―	始動抵抗の短絡または始動リアクトルの短絡
AC1	1.5	1.0	非誘導性または少誘導性の抵抗負荷の開閉
AC2B	2.5	1.0	（1）巻線形誘導電動機の始動 （2）運転中の巻線形誘導電動機の開放
AC2	2.5	2.5	（1）巻線形誘導電動機の始動 （2）巻線形誘導電動機のプラッギング （3）巻線形誘導電動機のインチング
AC3	6	1.0	（1）かご形誘導電動機の始動 （2）運転中のかご形誘導電動機の開放
AC4	8	6	（1）かご形誘導電動機の始動 （2）かご形誘導電動機のプラッギング （3）かご形誘導電動機のインチング

ｂ．開閉頻度

　1時間あたりの開閉回数によって**第2.15表**のように号別が定められているので，予定される

- 141 -

開閉頻度以上の接触器を選定する。

第2.15表　開閉頻度の種類

号別	2号	3号	4号	5号	6号
開閉頻度［回/時］	600	300	150	30	6

c．寿命

　機械的寿命，電気的寿命が5種に区分されており，経済性や保守性などを考慮して，第2.16表の中から選定する。

第2.16表　電磁接触器の機械的寿命と電気的寿命

種別	機械的寿命	電気的寿命
1種	500万回以上	50万回以上
2種	250万回以上	25万回以上
3種	100万回以上	10万回以上
4種	25万回以上	5万回以上
5種	5万回以上	1万回以上

注(1)　寿命は開閉動作を1回とする回数で表す。
　(2)　機械的寿命と電気的寿命のそれぞれの種別の組合
　　　せで表示する。

d．操作方式

　高圧電磁接触器には頻繁に開閉される用途に向いた常時励磁式と比較的開閉頻度の低い場合に適応した瞬時励磁式（ラッチ式）の2種類がある。

　常時励磁式は，投入状態では常にソレノイドに電流が流れているので，常時消費電力を必要とするが，トリップ動作は励磁を解くだけでよいので，頻繁な開閉に対応でき，機構も単純なので，開閉寿命回数も多く，電動機などを開閉する場合に使用される。

　一方，瞬時励磁式は，投入の時のみソレノイドに電流が流れ，投入状態でラッチをかけて保持するため，投入状態ではソレノイドを励磁する必要がなく，トリップ動作は引き外しコイルを励磁することにより，機械的保持機構が外れ開路状態になる。低電磁や操作回路故障時でも負荷を停止できない重要負荷などの開閉に適している。

　第2.17表に真空電磁接触器の定格例を示す。

第2.17表　真空電磁接触器の定格表の例

機種		高圧真空電磁接触器									
定格	絶縁電圧 [kV]	7.2						—			
	使用電圧 [kV]	3.3/6.6						12/15		12	
	使用電流 [A]	200		400		720		320			
	周波数 [Hz]	50, 60									
励磁方法		常時	瞬時	常時	瞬時	常時	瞬時	常時	瞬時	常時	瞬時
短絡遮断電流 [kA]		6.3				8.0		5.0/4.0		5.0	
短時間耐電流 [kA-s]		4.0-4, 8.0-1		4.0-12, 8.0-2		4.32-30, 10.8-1		1.92-30, 8.0-1			
開閉頻度 [回/時]		1 200	3号:300	1 200	3号:300	2号:600	3号:300	300	120	300	120
寿命	機械的 [万回]	2種:250	4種:25	2種:250	4種:25	3種:100	3種:20	25			
	電気的 [万回]	2種:250				3種:20		10			
標準動作責務	短絡遮断電流	0-2分-CO						0-3分-CO-3分-CO			
	閉路容量	C-10秒間隔×100回									
	遮断容量	CO-30秒間隔×25回									
無負荷投入時間 [ms]		65～80				80～100		120～145			
開極時間 [ms]		20～30				55～65		80～90	30～40	80～90	30～40
標準電流 [A]	AC100-110V単相全波またはDC100-110V 保持または引外し	0.6	4.0	0.6	4.0	0.9	4.0	0.6	4.0	0.6	4.0
	投入	5.5				7.5		6.0			
	AC200/220V単相全波またはDC200-220V 保持または引外し	0.7	2.5	0.7	2.5	0.9	2.5	0.7	2.5	0.7	2.5
	投入	6.0				9.0		7.0			
最大適用容量	電動機 [kW]	750/1 500		1 500/3 000		2 500/5 000		3 500		—	
	三相電圧気 [kVA]	1 000/2 000		2 000/4 000		3 500/7 000		4 500		—	
	コンデンサ [kVar]	1 000/2 000		2 000/2 000		2 000/2 000		—		5 000	
適合規格	国内	JEM1167						—			
	外国	IEC60470, BS775part2, AS1847				IEC60470, NEMA/CS2-324		IEC60470			

2.5.2　低圧電磁接触器の選定

a．負荷電流の閉路容量

　電磁接触器は，閉路容量としてその電磁接触器が閉路できる負荷電流の値が決まっている。負荷機器によっては，電源が接続された時に大きな電流が流れることがあり，電磁接触器の閉路容量以上の電流を閉路した場合，その瞬間に接点が溶着し，負荷電流を遮断できないという最悪の結果を招くことがある。

b．印加されている電圧で負荷電流の遮断

　電磁接触器は，遮断容量としてその電磁接触器が遮断できる負荷電流の値が決まっている。選定を誤り，遮断容量以上の負荷電流を遮断すると，最悪，負荷電流を遮断出来ず，電磁接触器から発火するなどの二次災害を引き起こすことがある。

c．連続的負荷電流の通電

　電磁接触器は，開放熱電流（定格通電電流）としてその電磁接触器が連続して通電できる負荷電流の値が決まっている。その値以上の電流を通電し続けると，電磁接触器の端子部，接点部が

加熱し，最悪，電磁接触器が焼損することになる。

2.6 電力ヒューズの選定

2.6.1 定格電圧の選定

ヒューズの定格電圧は使用可能な回路電圧限度を示し，規格では電路の公称電圧に対してヒューズの定格電圧は第2.18表のとおりである。

第2.18表 ヒューズの定格電圧

電路の公称電圧 ［kV］	3.3	6.6
電力ヒューズの定格電圧 ［kV］	3.6	7.2

2.6.2 定格電流の選定

ヒューズが温度上昇限度を超えずに，連続して通電できる電流値で，一般に負荷の定格電流の1.5～2倍以上とし，負荷の突入電流でヒューズエレメントが溶断・劣化しないものを選定する。ヒューズが使われる用途により，時間－電流特性の異なる次の4種類に分類されている。

1）変圧器回路用（T種）
2）電動機回路用（M種）
3）コンデンサ回路用（C種）
4）一般用（G種）

これらの4種の電力ヒューズは，第2.19表に示す繰り返し過電流特性と第2.20表に示す溶断特性の2つを満足しなければならない。

第2.19表 電力ヒューズの繰返し過電流特性

呼称	繰り返し過電流特性
G （一般用）	－
T （変圧器用）	定格電流の10倍の電流を0.1秒通電し，これを100回繰り返しても溶断しないこと。
M （電動機用）	定格電流の5倍の電流を10秒通電し，これを10 000回繰り返しても溶断しないこと。
C （コンデンサ用）	定格電流の70倍の電流を100回繰り返しても溶断しないこと。

第2.20表　電力ヒューズの溶断特性

種類称呼	不溶断特性	不溶断特性 I_{f7200}/I_n	I_{f60}/I_n	I_{f10}/I_n	$I_{f0.1}/I_n$
G（一般用）		$\dfrac{I_{f7200}}{I_n} \leqq 2$	—	$2 \leqq \dfrac{I_{f10}}{I_n} \leqq 5$	$7 \times \left(\dfrac{I_n}{100}\right)^{0.25} \leqq \dfrac{I_{f0.1}}{I_n} \leqq 20 \times \left(\dfrac{I_n}{100}\right)^{0.25}$
T（変圧器用）	定格電流の1.3倍で2時間以内に溶断しないこと	—	—	$2.5 \leqq \dfrac{I_{f10}}{I_n} \leqq 10$	$12 \leqq \dfrac{I_{f0.1}}{I_n} \leqq 25$
M（電動機用）		—	—	$6 \leqq \dfrac{I_{f10}}{I_n} \leqq 10$	$15 \leqq \dfrac{I_{f0.1}}{I_n} \leqq 35$
C（コンデンサ用）	定格電流の2倍で2時間以内に溶断しないこと	—	$\dfrac{I_{f60}}{I_n} \leqq 10$	—	—

I_{f7200}：2時間溶断電流（平均値）
I_{f60}：60秒間溶断電流（平均値）
I_{f10}：10秒間溶断電流（平均値）
$I_{f0.1}$：0.1秒間溶断電流（平均値）
I_n　　：□称呼定格電流（□にはG，T，M，Cが入る）

　また，**第2.6図**に示すような過負荷運転が想定される場合は，それを前提にG称呼電流を格上げする必要がある。

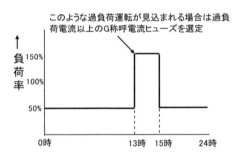

第2.6図　過負荷運転の負荷

　第2.7図のように短時間過負荷と短時間軽負荷が繰り返されるような脈動負荷（プレスや射出成形機）の負荷特性の場合は，電流二乗平均法で等価電流（平均電流より大となる）を求め，それを上回るG称呼電流のヒューズとする。

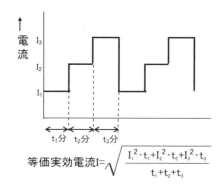

第2.7図　脈動負荷

2.6.3　遮断電流

ヒューズが遮断できる短絡電流の最大値を表し，その回路で発生する短絡電流を十分遮断できる遮断電流のものを適用しなければならない。遮断電流不足の場合，ヒューズが爆発する危険があるので十分注意が必要である。

2.6.4　負荷との保護協調

負荷の過渡電流でヒューズが劣化しないよう許容時間－電流特性以内とする必要がある。また，負荷機器側の事故時に，機器破損前にヒューズが動作，遮断することが基本となる。これらの関係を第2.8図に示す。

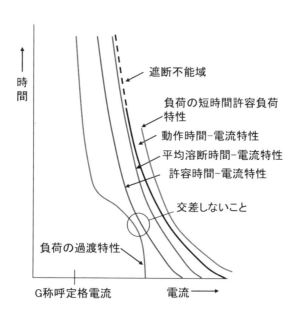

第2.8図　負荷との保護協調

2.6.5 最小遮断電流

　限流ヒューズが小電流遮断する場合，ヒューズエレメントが全長にわたって一度に発弧せず部分的にしか溶断発弧しない。限流遮断せずエレメントの溶断長を延ばしていき，電流零点通過後のヒューズ極間絶縁耐力が電源の回復電圧以上となってはじめて遮断が完了する。小電流になるほど遮断が困難となるので注意が必要である。動作時間－電流特性で遮断不能領域は点線で表している。

3 避雷器

3.1 避雷器の定格と絶縁協調

3.1.1 放電耐量

異常電圧の侵入により避雷器が放電したとき，放電電流が大きいと避雷器が破壊したり，劣化したりする場合がある。この放電電流の限度を放電耐量といい，発変電所用，配電線路用，低圧用の用途により放電耐量が異なり，規格では第3.1表のように定められている。

第3.1表 避雷器の放電耐量

避雷器公称放電電流[kA]	衝撃大電流 4×10μs		くわ形波衝撃電流 2 000μs	動作責務		適用
	標準試験	特別試験		普通 8×20μs	特別 静電容量	
10	40kA 2回	100kA 2回	—	10kA 10回	50μF 5回	重要発変電所用
					25μF 5回	154kV以下の架空線系統 発変電所用
					15μF 5回	110kV以下の架空線系統 発変電所用
5	20kA 2回	65kA 2回	150A 20回	5kA 10回	—	開閉サージ抑制を対象としない 110kV以下の発変電所用
2.5	10kA 2回	—	75A 20回	2.5kA 10回	—	配電線路用

3.1.2 放電特性

雷サージや開閉サージなどの異常電圧が避雷器に印加されたときに放電を開始する電圧は，印加される波形によっても異なり，急しゅん波頭放電開始電圧，100％あるいは50％衝撃放電開始電圧，緩波頭衝撃放電開始電圧，商用周波放電開始電圧などに区別されている。

3.1.3 定格電圧

避雷器の定格電圧は，その電圧を両端子間に印加した状態で，所定の単位動作責務を所定の回数反復遂行できる定格周波数の商用周波電圧最高限度を規定した値をいう。避雷器としての所定の動作責務が遂行できる商用周波電圧値である。

単位動作責務とは所定の周波数，所定電圧の電源に接続された避雷器が衝撃電圧を受けて所定の放電電流を流し，続流を阻止または遮断して定常状態に復帰する一連の動作のことである。

定格電圧は，地絡で対地電圧が上昇している状態で雷が侵入した場合でも，避雷器は雷電流を遮断しなければならないので，一線地絡時の健全相対地電圧に対して裕度を見込んで決めている。

第3.2表は我が国の代表的避雷器の定格電圧を示したもので，77kV以下の需要家設備に使われる避雷器は，表から判るように系統の最高許容電圧よりも高い値となっている。

第2編　受変電機器選定上の技術計算

第3.2表　系統電圧と避雷器定格電圧

公称電圧 [kV]	系統の最高許容電圧 [kV]	避雷器定格電圧 [kV]
3.3	3.6	4.2
6.6	7.2	8.4
11	12	14
22	23	28
33	36	42
66	72	84
77	84	98

3.1.4　公称放電電流

避雷器の保護性能，復帰性能を表す放電電流の規定値で，雷インパルス電流（波形8/20μs）の波高値で表され，10 000Aと5 000Aの2種類が標準である。10 000Aは主に発変電所用に使われ，5 000Aは線路の雷撃が比較的小さな発変電所または配電用に使われる。

3.1.5　保護レベル

避雷器の保護レベルとは，過電圧が侵入したときに制限された過電圧の上限値のことで，どの程度の絶縁の機器まで保護できるかを示すもので，放電特性と制限電圧特性により決まる。

酸化亜鉛形避雷器の代表的な特性を**第3.3表**に示す。

第3.3表　発変電所用避雷器の特性

系統電圧 [kVrms]	定格電圧 [kVrms]	雷インパルス 耐電圧 (LIWV)[kVp]	動作開始電圧 (V_N(mA)) (下限値)[kVp]	制限電圧[kVp]		短時間 過電圧耐量 (TOV)
				急しゅん 雷インパルス	雷インパルス ：10kA	
3.3	4.2	45	7.1	19	17	3.2pu×10s
6.6	8.4	60	14.3	36	33	
11	14	90	19.8	52	47	
22	28	150	39.6	103	94	
33	42	200	59.4	154	140	
66	84	350	119	296	269	2.34pu×5s
77	98	400	139	345	314	
110/154(中性点)	112	450	158	394	358	
110	140	550	198	493	448	
154	196	750	277	690	627	

3.2　避雷器と機器の絶縁強度

3.2.1　被保護機器の絶縁強度

一般に使用される受変電設備の被保護機器の絶縁強度は，機器の短時間交流耐電圧試験値と雷インパルス耐電圧試験値により規定されている。機器の短時間交流耐電圧試験値，雷インパルス

耐電圧試験値はJEC-0102および各機器の規格に規定されている。(第1編第12.2表参照)

3.2.2 避雷器と被保護器との距離による電圧上昇

避雷器と被保護機器が同じところにあれば、機器にかかる電圧は避雷器の端子電圧と同じである。距離が離れている場合、過電圧の侵入波形、機器の配置により、避雷器で制限される電圧よりも大きな値となる。

3.2.3 接地抵抗による電圧上昇

接地抵抗が高いと電流のドロップ分が制限電圧に加算されるので、機器耐圧はその分だけ余計見込まねばならない。また、接地線のインダクタンスにより急しゅんな電流が流れると相当の電圧が発生する。

機器に侵入する電圧は、避雷器の制限電圧＋(接地抵抗値×放電電流)＋接地線のインダクタンスによる電位上昇となるので、接地抵抗は十分小さくし、接地線も短くすることが有効となる。第3.1図は接地抵抗による電位上昇と侵入過電圧の関係を示した図である。

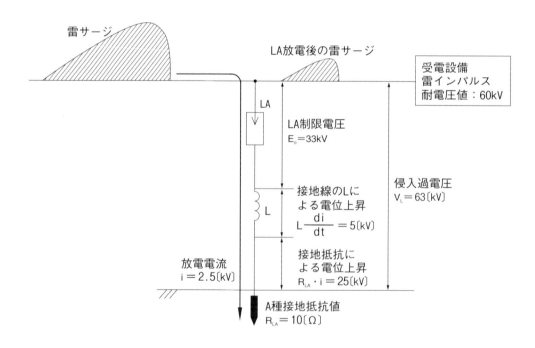

第3.1図　接地抵抗による電位上昇と侵入過電圧の関係

3.3 避雷器の選定

避雷器の選定においては、異常電圧から機器を保護する目的で使用するため、機器の絶縁強度に対して十分低い電圧に制限できるものでなければならない。電気機器はそれぞれ定格電圧に応じて衝撃絶縁強度（BIL）が決められているが、この衝撃絶縁強度の80％以下になるような制限電圧の避雷器を選定するのが一般的である。

通常、6.6kV回路では避雷器の定格電圧を8.4kV、22kV回路では28kVであれば、その目的を果たす事が出来る。

避雷器の選定における要点としては，衝撃放電開始電圧が低い，制限電圧が低い，放電耐量が十分大きい，などがあげられる。

3.4 避雷器と被保護機器間の配置
3.4.1 避雷器の配置
避雷器が線路引込み口を含む各所の被保護機器に配置されると，線路側遮断器の開極状態での保護や，受変電設備全体の過電圧保護が可能となる。

第3.2図は避雷器の配置例で，線路側に避雷器を配置すれば雷サージ侵入時の過電圧レベルを低減でき，遮断器の極間保護などに効果が得られる。

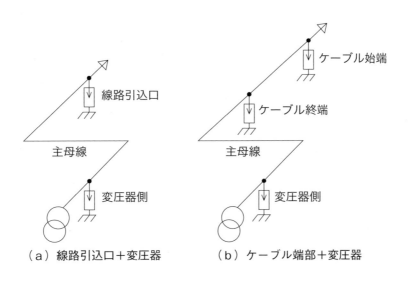

第3.2図　避雷器の配置例

3.4.2 避雷器と被保護機器の位置
避雷器による絶縁協調は避雷器を適正に配置することで基本的に対応できるが，避雷器と被保護機器の距離が離れていると，侵入波形，サージの進行速度，避雷器との距離などにより避雷器の制限電圧より被保護機器の端子電圧が高くなる。

第3.3図は避雷器と被保護機器の位置およびサージ侵入波頭しゅん度の影響を示したもので，この時の被保護機器にかかる電圧E_tを求めるには次式により計算できる。

$$E_t = E_a + \frac{2\mu X}{n\upsilon} \quad \cdots\cdots\cdots 第3-1式$$

ここに，　E_t：被保護機器端子電圧最高値 [kV]
　　　　　E_a：避雷器の雷インパルス制限電圧 [kV]
　　　　　μ：侵入波頭しゅん度 [kV/μs]
　　　　　X：避雷器と被保護機器との距離 [m]
　　　　　n：回線数，υ：サージ進行速度 [m/μs]

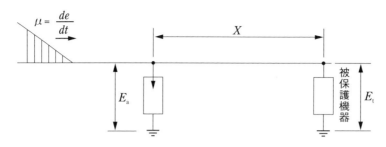

第3.3図　避雷器と被保護機器の位置

4 変流器

4.1 変流器の原理と比誤差
4.1.1 変流器の原理

第4.1図は変流器の原理図で，同一鉄心に一次巻線と二次巻線を巻き，一次巻線は一般に大きな断面積を持った導体が使用され巻回数は少なく，二次巻線は比較的小さな断面積の導体で巻回数は多い。

二次巻線に負担を接続し，一次巻線に電流を流すことによって鉄心に磁束が通り二次巻線に電流が流れる。一次電流は二次電流と励磁電流の和として表され，励磁電流を無視すると，以下の関係になる。

$$\text{巻数比} = \frac{\text{二次巻回数}}{\text{一次巻回数}} \qquad \text{二次電流} = \frac{\text{一次電流}}{\text{巻数比}}$$

第4.1図において，二次電流が流れると二次端子k-l間には二次電流と負担インピーダンスの積に相当する二次電圧が発生する。この電圧は，鉄心を通る磁束によって誘起される電圧と等しく平衡が保たれ，負担インピーダンスが大きくなれば，二次電圧が増えるため，鉄心に磁束を通すための励磁電流が増加する。一方，負担インピーダンスが減れば励磁電流は小さくなる。

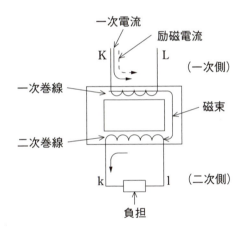

第4.1図 変流器の原理図

4.1.2 変流器の比誤差

変流器は主回路の一次電流を二次電流に変成するが，励磁電流による誤差が発生するので，その変流器の誤差を比誤差として表される。

第4.2図は変流器の二次換算等価回路で，一次電圧をI_{1n}，測定された二次電圧をI_2，測定された変流器の真の変流比を$K=I_{1n}/I_2$，公称変流比を$K_n=I_{1n}/I_{2n}$とすると，比誤差εは次式となる。

$$\varepsilon = \frac{K_n - K}{K} \times 100 = \frac{(I_{1n}/I_{2n}) - (I_{1n}/I_2)}{I_{1n}/I_2} \times 100 \quad [\%] \qquad \cdots\cdots\cdots \text{第4-1式}$$

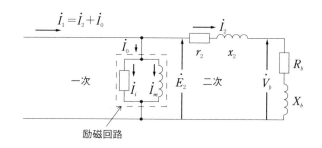

第4.2図　変流器の等価回路

　等価回路からわかるように，変流器の誤差は励磁電流そのものであり，誤差精度をよくするには，励磁電流を小さくする必要がある。
　励磁電流を小さくするには，アンペアターン（定格一次電流と一次巻回数の積）を大きくするのが効果的であるが，変流器の構造や，巻線の寸法的な制約などから限界があり，以下の方法と組合せて特性を改善する。
1）方向性珪素鋼板のような透磁率が高く鉄損の少ない鉄心材料を使用する。また，巻鉄心のような鉄心に継ぎ目の無い構造のものを使用する。
2）巻き戻しを行う。変流器は励磁電流の影響が避けられないので，その分だけ巻数比で加減し二次巻回数を減らし（巻戻し），一次・二次電流比を公称変流比に近づける。
3）補償巻を行う。巻戻しとは異なり，鉄心の一部に二次巻線の一部を二次巻線とは巻方向が反対になるように巻くことにより（補償巻），小電流時のみ巻き戻し効果が現れるようにする。
4）鉄心の透磁率（μ_2）が高い所で使用するために，変流器自身の磁束密度を高くとるのではなく，磁束密度を上げるに要する磁化電流（交流バイアス）を供給する予磁化を行なう。

4.2　変流器の種類と用途
4.2.1　変流器の絶縁方式
　変流器の絶縁方式には，巻線の絶縁物にワニス処理したワニス絶縁，合成ゴムを用いたゴムモールド形，エポキシ樹脂（熱硬化性樹脂）を使用したレジンモールド形，窒素ガスや六ふっ化硫黄ガスを使用したガス絶縁形，絶縁油を使用した油入形などがあるが，吸湿による絶縁劣化が少ない，絶縁の信頼度が高い，小形・軽量で防災性に優れている，量産に適し寸法が正確に出来るなどの特徴から，低圧から特別高圧までレジンモールド形が現在の主流となっている。

4.2.2　巻線形状による分類
　変流器の巻線形状の違いにより大別すると次の3種類に分類される。
a．巻線形
　一次巻線，二次巻線が同時にモールドされたもので，二次負担，確度階級，過電流強度，過電流定数等によって一概には言えないが一次電流が400A未満のものに多く，モールド方式にはコイルモールド形と全モールド形がある。
イ．コイルモールド形
　一次巻線と二次巻線（三次巻線）のみをエポキシ樹脂等でモールドし，それに鉄心を取り付け

て構成した構造で，6kV級の主流となっている。

ロ．全モールド形

一次巻線と二次巻線（三次巻線）および鉄心等主たる構成部品の全てをエポキシ樹脂等でモールドした構造で，比較的電圧の高い機種に採用されている。高圧端子から大地までの離隔距離を長く確保できるため，小形化できる。

ｂ．貫通形

ドーナツ状の円形巻鉄心に絶縁を施した後。二次巻線を全周均一に巻き付け，モールドしたもので，中心部に貫通窓が設けた一種の全モールド形である。

一次導体を持たず，母線やケーブルを貫通窓に挿入して一次導体としての役目を果たす。一次電流が400A以上に適用される場合が多い。

ｃ．分割（貫通）形

貫通形の一種で，2分割された状態で，既設の母線やケーブルに後から取り付けできる構造になっている。2分割された鉄心に各々二次巻線を巻き，各々モールドされたもので，母線やケーブルを挟んで取り付けて二次巻線を接続して使用する。鉄心の分割面は精度よく仕上げ，現地での取り付け時にも注意が必要である。

4.3 変流器の特性

4.3.1 定格電流

変流器の定格電流は**第4.1表**の値を標準としている。変流器の定格一次電流の選定は，最大負荷電流を想定し，この値に余裕を持たせて決定する必要があり，受電回路や変圧器回路は負荷電流の1.5倍程度に，電動機回路の場合は2～2.5倍程度に選ぶことが一般的である。

定格一次電流を負荷電流に比べ大きくしすぎると，検出できる二次電流の値が計器や保護継電器の定格に対して小さくなるので適切な計測や保護ができなくなる。

定格二次電流は，計器，保護継電器に5A定格のものが多いので5Aが一般的であるが，最近では計器や保護継電器にデジタル形が普及してきたことから，1Aのものも増えてきている。

第4.1表　変流器の定格電流

定格一次電流 (A)			定格二次電流 (A)	定格零相一次電流 (A)	定格零相三次電流 (A)
15	150	1 000			
20	200	1 200			
30	300	1 500	1	100	5
40	400	2 000			
50	500	3 000	5		
60	600	4 000			
75	750	5 000			
80	800	6 000			
		7 500			
		8 000			

－ 155 －

4.3.2 定格負担

変流器の定格二次負担は**第4.2表**に示す値が標準となっており，一般には二次負担としては40VAのものが使用され。ただし，変流器の二次端子に接続される計器や保護継電器で消費される皮相電力の総和より大きい負担を選定する必要がある。

定格負担は，使用負担より大きくする必要があるが，変流器では，計器，継電器の負担だけでなく，二次配線の負担が無視できないので，二次回路に接続される使用負担の150～200％程度に決めることが望ましい。使用負担が定格負担を超えると，誤差が増大し過電流領域の特性も悪くなるので，特に保護継電器用では注意する必要がある。

変流器の二次負担は，変流器二次回路に定格電流が流れた時の変流器二次端子電圧と定格電流の積で与えられる。

例えば，定格二次負担40VA，定格二次電流が5Aの変流器の二次回路のインピーダンスは，

$$Z = \frac{定格二次負担}{(定格二次電流)^2} = \frac{40}{5^2} = 1.6 \quad (\Omega) \qquad \cdots\cdots\cdots 第4-2式$$

となるので，定格負担40VAの変流器では，接続される計器や保護継電器，配線などのインピーダンスの合計が1.6Ω以下となるようにする必要がある。

第4.2表　変流器の定格二次負担

階級	定格二次負担〔VA〕
1.0/1P/1PS級	5，10，15，25，40，60，100
3.0/3P/3PS級	5，10，15，25，40，60，100

4.3.3 確度階級

確度階級は変流器の精度を示すもので，二次側に接続する計器，保護継電器の性能に適したものを選ぶことが重要である。配電盤などに取り付ける指示電気計器に使用するものは，1.0級または1PS級でよく，保護継電器用の場合は，むしろ過電流定数の方が重要となるので，3.0級，1P級，3P級で充分な場合が多い。変流器の確度階級と比誤差の限度を**第4.3表**に示す。

第4.3表　変流器の確度階級と比誤差の限度

二次電流

確度階級 ＼ 一次電流	0.05In	0.2In	1.0In
	比誤差（％）		
1.0級	±3.0	±1.5	±1.0
3.0級	0.5In～1.0In±3.0		
1P級	－	±3.0	±1.0
3P級	－	±10.0	±3.0
1PS級	±3.0	±1.5	±1.0
3PS級	－	±4.5	±3.0

三次電流

確度階級 ＼ 一次電流	0.1In	1.0In
	比誤差（％）	
3G級	±6.0	±3.0
5G級	±10.0	±5.0
10G級	±20.0	±10.0

（注）In：定格一次電流

4.3.4 定格耐電流 (過電流強度)

電力系統に短絡事故が発生すると, 主回路に接続される変流器の一次巻線には過大な電流が流れるので, 変流器は熱的, 機械的にこれに耐える必要があり, これを定格耐電流として規定している。

定格耐電流の表し方としては, 定格一次電流の倍数で表す定格過電流強度と, 定格過電流と時間 (秒) で表す定格過電流がある。

変流器の定格耐電流の選定にあたっては, 変流器の一次に流れる最大短絡電流を計算し, その値に適合したものを選定する必要がある。主回路側が短絡すると変流器の一次巻線に過大な電流が流れるので, 過電流による巻線の溶断や大きな電磁力による変形などが考えられ, これらに対して熱的・機械的に耐える必要がある。

a. 熱的過電流強度の検討

熱的過電流強度は, 事故により流れる過電流の通電時間によって変わるので, 以下の式により計算される。

$$S = \frac{S_\mathrm{n}}{\sqrt{t}} \quad \text{[kA]} \quad \cdots\cdots\cdots\text{第4－3式}$$

ここで, S ：通電時間t秒に対する熱的過電流,

$\quad\quad\quad S_\mathrm{n}$ ：定格過電流強度 [倍],

$\quad\quad\quad t$ ：通電時間 [秒]

〔熱的過電流強度の計算例〕

回路の短絡電流が8 kAの回路に50：5Aの変流器を使用するときに必要な変流器の定格過電流強度Xを求める場合, 回路の遮断器と保護継電器の動作時間を0.2秒とすると, **第4－3式**から

$$8\ \text{[kA]} = \frac{X \times 50 \times 10^{-3}}{\sqrt{0.2}} \quad \cdots\cdots\cdots\text{第4－4式}$$

この計算式からX≒71.6となるので, 75倍以上の過電流強度が必要となる。

b. 機械的強度の検討

機械的過電流強度は, 短絡電流の最大振幅, 最悪の場合は交流実効値の$2\sqrt{2}$倍の振幅となるが, 規格では定格過電流の2.5倍の過電流に耐えればよいことになっている。

一般に, 短絡電流実効値と変流器の一次電流を比較して, 機械的強度を検討する。

上記の例で検討すると,

$$\frac{回路の短絡電流 \times 2.5}{変流器の定格一次電流} = \frac{8\,000 \times 2.5}{50} = 400 \quad \cdots\cdots\cdots\text{第4－5式}$$

となるので, 機械的強度から見ると400倍以上の機械的過電流強度が必要となる。

以上の熱的, 機械的強度の検討結果から, どちらも満足する過電流強度の変流器を選定する必要がある。

4.3.5 過電流定数

過電流定数とは, 定格負担, 定格周波数において, 変流器の比誤差が－10％になる時の一次電

流と定格一次電流の比をnで表し，n＞5，n＞10の表現で表す。

n＞10とは，定格負担において変流器の定格一次電流の10倍までは比誤差が－10％以内の特性を有することを意味し，負担が変化すれば過電流定数も変化する。したがって，実際に使用する使用負担における過電流定数は次式により計算できるので，これにより変流器の過電流領域の特性を検討することができる。

使用負担における見かけの過電流定数をN'とすると

$$N' = n \times \frac{定格負担(VA) + 変流器の内部損失(VA)}{使用負担(VA) + 変流器の内部損失(VA)} \qquad \cdots\cdots\cdots 第4-6式$$

により計算できる。

JEC-1201の規格で示されている定格負担40VAで過電流定数n＞10の変流器における使用負担の変化による過電流定数の変化の例を示すと第4.4表のようになる。

第4.4表　使用負担による過電流定数の変化

VA＼n	定格負担	使用負担		
	40VA	25VA	15VA	10VA
過電流定数	n＞10	n'＞15	n'＞20	n'＞25

4.4　変流器の選定

変流器の具体的な選定の方法について，第4.3図に示す系統図を例に以下に説明する。

系統図における変流器の二次使用負担は20VAとする。

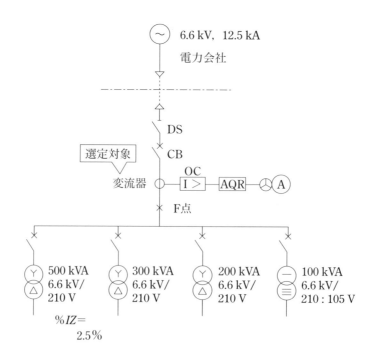

第4.3図　変流器選定の系統図

4.4.1　変流器一次定格電流の算出

最大負荷電流は設備容量の合計1 100kVAから

$$I = \frac{1\ 100\text{kVA}}{\sqrt{3} \times 6.6\text{kV}} = 96.2 \quad [\text{A}]$$

定格一次電流は最大負荷電流の150％を目安として

$$96.2 \times 1.5 \fallingdotseq 144.3\ [\text{A}]$$

したがって，定格一次電流は150［A］を選定する。

4.4.2　定格負担，誤差階級の選定

変流器二次の使用負担が20VAなので，定格負担を40VAに選定する。誤差階級は，計器，保護継電器用として1PS級を選定する。

4.4.3　定格過電流強度

F点における最大故障電流は，電力会社供給電源の短絡電流が12.5kAであるので，定格過電流強度を計算すると，

$$定格過電流強度 = \frac{最大故障電流}{変流器一次電流} = \frac{12\ 500[\text{A}]}{150\ [\text{A}]} \fallingdotseq 83.3倍$$

となる。定格過電流強度は定格1次電流の倍数で表し，規格では40，75，150，300倍が標準となっているので，定格過電流強度は150倍を選定する。

4.4.4　定格過電流定数

変圧器二次側で短絡事故が発生したときに保護するために必要な過電流定数を求める。
500kVA変圧器の二次側で三相短絡したときの変圧器一次側の故障電流をI_{s}とすると
500kVA変圧器の％IZは2.5％なので

$$I_{\text{s}} = \frac{500\text{kVA}}{\sqrt{3} \times 6.6\text{kV}} \times \frac{100}{2.5} \fallingdotseq 1\ 750 \quad [\text{A}]$$

となるので，過電流定数Nは

$$N = \frac{故障電流}{定格一次電流} = \frac{1\ 750}{150} \fallingdotseq 11.7$$

したがって，過電流定数はn＞20を選定する。

4.5　変流器二次側ケーブルの選定

変流器では，計器，継電器の負担だけでなく，二次配線の負担が無視できないので，二次回路に接続される配線が長くなると変流器の定格負担が大きくなる場合もあるので，二次配線の負担も考慮しなければならない。
使用負担が定格負担よりも大きくなると，誤差が増加し過電流特性も悪くなるので，保護継電

器用などに使用する変流器などは保護動作に支障が出るので特に注意が必要である。
4.5.1 変流器二次回路の配線抵抗の計算式
　変流器の二次負担は計器，継電器，配線ケーブルのインピーダンスの総和となるので，ケーブルの負担は変流器の定格負担と計器，継電器などの負担の差となる。
　二次配線のケーブルの許容ケーブル長はケーブルの許容片道抵抗を求めればよい。

a．単相2線式の場合
　第4.4図に示す単相2線式の場合のケーブル片道抵抗は次式より求められる。

$$r = \frac{(VA_1) - (VA_2)}{2 \times (CT二次定格電流)^2} \qquad \cdots\cdots\cdots 第4-7式$$

ここで，　VA_1：変流器の定格負担［VA］
　　　　　VA_2：計器，継電器などの負担［VA］
　　　　　　r：ケーブル片道の抵抗［Ω］
　　　　　　　ただし，$\cos\theta = 1$とする

第4.4図　変流器二次（単相2線式）

b．三相3線式の場合
　同様に，第4.5図に示す三相3線式の場合のケーブル片道抵抗は次式より求められる。

$$r = \frac{(VA_1) - (VA_2)}{\sqrt{3} \times (CT二次定格電流)^2} \qquad \cdots\cdots\cdots 第4-8式$$

第4.5図　変流器二次（三相3線式）

c．三相4線式の場合
　同様に，第4.6図に示す三相4線式の場合のケーブル片道抵抗は次式より求められる。

$$r = \frac{(VA_1) - (VA_2)}{(CT二次定格電流)^2} \qquad \cdots\cdots\cdots 第4-9式$$

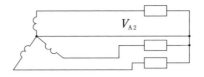

第4.6図 変流器二次(三相4線式)

4.5.2 二次配線の許容ケーブル長の計算例

単相2線式を例に変流器二次の配線ケーブルの許容長を計算する。

変流器の二次定格電流が5A、定格負担が40VA、計器、継電器などの負担が10VAの単相2線式の変流器二次回路において、5.5mm²の600V制御ケーブルを使用したときのケーブル片道抵抗を求めると

$$r = \frac{(VA_1)-(VA_2)}{2\times(\text{CT二次定格電流})^2} = \frac{40-10}{2\times 5^2} = 0.6 \ [\Omega]$$

となる。

5.5mm²の600V制御ケーブルの単位長抵抗は 3.33Ω/kmなので、ケーブル抵抗が0.6Ωとなる長さを求めると

$$X = \frac{\text{求めたケーブル抵抗}}{\text{ケーブル単位長の抵抗}} = \frac{0.6\Omega}{3.33\Omega/\text{km}} = 0.180\text{km}$$

したがって、ケーブル長は180m以内とする必要がある。

600V制御ケーブルを使用したときの、変流器二次の許容ケーブル長を**第4.5表**に示す。

第4.5表　変流器二次回路制御ケーブル許容長（m）

変流器 定格負担 VA_1	導体太さ （mm²）	計器，継電器の負担（VA_2）			
		単相2線式			
		5	10	15	20
15	22		121		
	14	153	76		
	8	86	43		
	5.5	60	30		
	3.5	38	19		
25	22				121
	14			153	76
	8	173	129	86	43
	5.5	120	90	60	30
	3.5	76	57	38	19
40	22				
	14				
	8			216	173
	5.5	210	180	150	120
	3.5	134	115	96	76

5 計器用変圧器

5.1 計器用変圧器の原理と種類

5.1.1 計器用変圧器の原理

　計器用変圧器は主として一次巻線，二次巻線および鉄心で構成され，一次電圧（高電圧）を巻数比に比例した二次電圧（110V）に変成する電磁機器である。原理的には一般の変圧器と同様で，次の関係式が成り立つ。

$$巻数比 = \frac{一次巻回数}{二次巻回数} = \frac{一次電圧}{二次電圧} \qquad \cdots\cdots\cdots 第5-1式$$

　計器用変圧器は第5.1図のように鉄心の上に必要な絶縁を施し，二次巻線を巻き，その上に高電圧の絶縁を施して一次巻線を巻く。一次巻線は測定しようとする線路間に並列に接続し，二次側に負担（計器または継電器）を接続して使用する。

　計器用変圧器が一般の変圧器と異なる点は以下の通りである。
1）正確な変圧比（比誤差精度）を得るため巻戻しを行なっている。
2）一般に定格負担が極めて少なく数十～数百VAである。
3）誤差精度が問題になるため，損失を少なくするように設計されているので，温度上昇は極めて少ない。

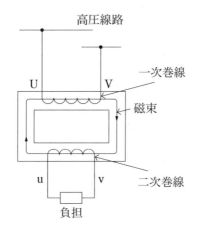

第5.1図　計器用変圧器の原理図

5.1.2 計器用変圧器

　計器用変圧器は，受電部や主変圧器二次，母線部の電圧検出に使用し，回路電圧の測定や不足電圧（停電検出），過電圧（電圧上昇）などの異常電圧検出の保護などに用いられる。
　第5.2図は高圧母線部の計器用変圧器の使用例である。

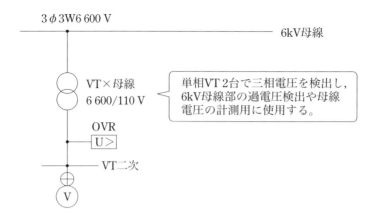

第 5.2 図　計器用変圧器の使用例（高圧母線部）

5.1.3　接地形計器用変圧器

接地形計器用変圧器は，一次巻線，二次巻線に加え三次巻線を備え，地絡事故が発生した場合に三次巻線に零相三次電圧が誘起され，この零相三次電圧を地絡継電器に伝達して，地絡保護を行なう目的で使用される。零相変流器で得られる零相電流と接地形計器用変圧器で得られる零相電圧を地絡方向継電器に伝達することにより，複数の配電線の地絡時の選択遮断が可能となる。

接地形計器用変圧器は一次巻線の中性点を直接接地するため高抵抗接地系となり，一般需要家の高圧受電設備では，電力会社の配電線側に接地形計器用変圧器が使用されているので，接地形計器用変圧器は使用できない。

特別高圧受変電設備など変圧器で電力会社の配電線と絶縁された回路には，この接地形計器用変圧器が使用される。第 5.3 図は接地形計器用変圧器の使用例である。

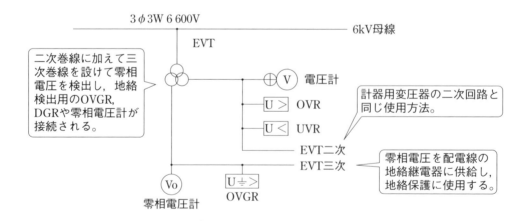

第 5.3 図　接地形計器用変圧器の使用例

- 164 -

5.2 計器用変圧器の特性

5.2.1 定格電圧

計器用変圧器の定格電圧は**第5.1表**に示す定格電圧から，使用回路の電圧，用途に合わせて選定する。

第5.1表　計器用変圧器の定格電圧

定格一次電圧〔kV〕		定格二次電圧〔V〕
非接地形	中性点用	
3.3	$3.3/\sqrt{3}$	110
6.6	$6.6/\sqrt{3}$	
11	$11/\sqrt{3}$	
22	$22/\sqrt{3}$	
33	$33/\sqrt{3}$	
66	$66/\sqrt{3}$	
77	$77/\sqrt{3}$	
110	$110/\sqrt{3}$	

5.2.2 確度階級

確度階級は計器用変圧器の精度を示すもので，二次側に接続する計器，保護継電器の性能に適したものを選ぶことが重要である。計器用変圧器試験用の標準器または特別精密計測用には0.1級または0.2級の標準用が用いられ，配電盤や一般計測用などに使用するものは，1.0級または3.0級で充分である。

一般計測でも精密計測用として使用する場合は0.5級が用いられる。一般保護継電器用の階級には1P級，3P級，地絡保護継電器用には3G級，5G級がある。

第5.2表に計器用変圧器の確度階級と二次電圧，三次電圧の比誤差の限度を示す。

第5.2表　変流器の確度階級と比誤差の限度

二次電圧

確度階級 ＼ 一次電流	0.05In	0.2In	1.0In
比誤差（%）			
1.0級	±3.0	±1.5	±1.0
3.0級	0.5In～1.0In ±3.0		
1P級	－	±3.0	±1.0
3P級	－	±10.0	±3.0
1PS級	±3.0	±1.5	±1.0
3PS級	－	±4.5	±3.0

三次電圧

確度階級 ＼ 一次電流	0.1In	1.0In
比誤差（%）		
3G級	±6.0	±3.0
5G級	±10.0	±5.0
10G級	±20.0	±10.0

（注）In：定格一次電流

5.2.3 定格負担

定格負担は，その計器用変圧器の性能，特性を保証する二次側に接続される負荷の大きさを示しており，実際に二次側に接続される負担を使用負担という。計器用変圧器の定格負担は**第5.3表**のように表され，二次側に接続される計器や継電器単体の負担に接続電線などの負担も加算して，その合計よりも大きい定格負担を選ぶ必要がある。

第5.3表　計器用変圧器の定格負担

定格二次負担(VA)	定格三次負担(VA)
50, 100, 200, 500	25, 50, 100, 200

5.2.4 比誤差

計器用変圧器の比誤差とは，公称変成比K_nと真の変成比Kに対する比の百分率のことで，次の式で表される。

$$変圧比誤差 = \frac{K_n - K}{K} \times 100 \quad [\%] \qquad \cdots\cdots\cdots 第5-2式$$

計器用変圧器の等価回路は**第5.4図**のように表される。ここで，定格一次電圧をV_{1n}，定格二次電圧をV_{2n}，測定された二次電圧をV_2，測定された計器用変圧器の真の変圧比を$K = V_{1n}/V_2$，公称変圧比を$K_n = V_{1n}/V_{2n}$とすると，比誤差εは次式となる。

$$\varepsilon = \frac{K_n - K}{K} \times 100 = \frac{(V_{1n}/V_{2n}) - (V_{1n}/V_2)}{V_{1n}/V_2} \times 100 \quad [\%] \qquad \cdots\cdots\cdots 第5-3式$$

計器用変圧器を誤差特性のいい状態で使用するには次の点に注意する。
1）適正な二次負担で使用する。二次負担を増加すると，二次電流による内部電圧降下が増加するため，規格に定める定格負担の25%～100%で使用する。
2）適正な電圧で使用する。電圧特性は鉄心の磁束密度により決まり，最大透磁率では最小となり，その前後では悪くなる。したがって，規格に定める定格電圧の70%～110%で使用する。

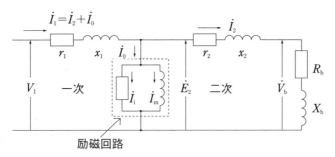

I_1, I_2：一次，二次電流
I_0, I_i, I_m：励磁電流，鉄損電流，磁化電流
r_1, r_2：一次および二次巻線抵抗
x_1, x_2：一次および二次漏れリアクタンス
R_b, X_b：負担の抵抗およびリアクタンス
V_1, E_2, V_b：一次電圧，二次電圧，負担電圧

第5.4図　計器用変圧器の等価回路

5.3　接地形計器用変圧器の特性
5.3.1　定格電圧

接地形計器用変圧器の定格電圧は**第5.4表**に示す定格電圧から，使用回路の電圧，用途に合わせて選定する。

確度階級，定格負担については5.2　計器用変圧器の特性で説明したのでここでは省略する。

第5.4表　接地形計器用変圧器の定格電圧

定格一次電圧[kV]		定格二次電圧[V]		定格三次電圧[V]	定格零相三次電圧[V]
三相用	単相用	三相用	単相用		
3.3	$3.3/\sqrt{3}$	110	$110/\sqrt{3}$	110/3, 190/3	110, 190
6.6	$6.6/\sqrt{3}$				
11	$11/\sqrt{3}$				
22	$22/\sqrt{3}$				
33	$33/\sqrt{3}$				
66	$66/\sqrt{3}$	110	$110/\sqrt{3}$	110/3	110
77	$77/\sqrt{3}$				
110	$110/\sqrt{3}$				
154	$154/\sqrt{3}$				

5.3.2　零相三次電圧の検出

接地形計器用変圧器の定格電圧は規格により，一次側は公称電圧の$1/\sqrt{3}$，二次側は$110/\sqrt{3}$V，三次側は110/3V，190/3Vまたは110Vとし，零相三次電圧（三角結線の開放端子間に，完全地絡

故障時に出る電圧）は110Vまたは190Vとしている。

ここで，二次側$E_2=110/\sqrt{3}$ [V]，三次側$E_3=110/3$ [V] の場合を考えると，定常時は第5.9図（a）のベクトル図のように，二次側線間電圧$V=110/\sqrt{3}\times\sqrt{3}=110$ [V] を指示し，三次側各相電圧は$E_3=110/3$ [V]，開放端子間$E_0=0$ [V] になる。

一次側のU相で完全地絡を生じた場合は，U相の電圧がなくなるが，このことはU相電圧と反対方向に同じ大きさの電圧を加えたことに等しいので，第5.9図（b）のように中性点OがUに一致することになる。V相，W相には定常時の$\sqrt{3}$倍の電圧が加わり，二次側線間電圧は$\sqrt{3}\times 110/\sqrt{3}=110$ [V] で変化はない。しかし，三次側電圧はa，b間電圧が0 [V]，b，c間およびc，f間電圧が$\sqrt{3}\times 110/3=110/\sqrt{3}$ [V] となり，位相角が60°になるので，開放端には$3\times 110/3=110$ [V] の電圧が現れる。

これが，零相三次電圧$E_0=110$ [V] に相当する。

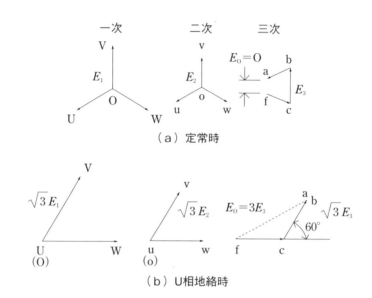

第5.9図　接地形計器用変圧器のベクトル図

5.3.3　接地形計器用変圧器の絶縁

接地形計器用変圧器は二次巻線と対向する側の一次巻線を接地して使用するため，一次巻線と二次巻線間には回路電圧はかからない。そのため，一次巻線と二次巻線間の絶縁は耐電圧2kVに低減されている。したがって，現地で耐圧試験などを実施するときは回路から切り離す必要がある。

5.4　計器用変圧器二次側ケーブルの選定

計器用変圧器の負担は変流器が直列回路になるに対して，並列回路になる。計器用変圧器においても変流器と同様，計器用変圧器の定格負担に対して，二次側に接続される計器，継電器などに加えてケーブルの負担を考慮する必要がある。

一般に，二次回路は電圧降下を1V以下として二次回路，三次回路のケーブル太さを選定する。ケーブル太さが5.5mm^{2}を超える場合は，接続，配線などの困難性を考慮して，計測回路と継電

器回路を分ける。三次回路は誤差がほとんど問題にならないので，電流密度から3.5mm^{2}が使用される。

6 電力用コンデンサ

6.1 コンデンサの役割と性能
6.1.1 力率改善

電力負荷は抵抗と誘導性リアクタンスの組合せから構成され,一般には純抵抗負荷以外は遅れ力率の負荷になっている。

第6.1図に示すように,電力コンデンサを設置すると進み無効電流が流れるので,負荷の遅れ無効電流を相殺し,負荷の皮相電力を小さくする。電源から供給される電流は有効電流に近い値となり力率が改善される。

この力率改善に必要なコンデンサ容量Q_C[kvar]は,負荷容量P[kW],改善前の力率$\cos\theta_1$,目標の改善後力率$\cos\theta_2$とすると,次式により計算できる。(第1編 9 力率改善参照)

$$Q_C = P \times \left[\sqrt{\frac{1}{(\cos\theta_1)^2} - 1} - \sqrt{\frac{1}{(\cos\theta_2)^2} - 1} \right] \quad \cdots\cdots\cdots 第6-1式$$

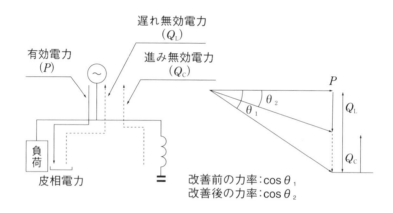

第6.1図 コンデンサによる力率改善の動作原理

6.1.2 電圧降下の低減

電力系統にコンデンサを設置して力率を改善すると,線路のリアクタンス分による電圧降下が補償され,母線電圧の電圧降下が低減される。すなわち,線路に流れる電流が減少することにより,線路の電圧降下が小さくなる。

この電圧降下の低減は,コンデンサ設置により電圧を上昇させていることになるから,軽負荷時や無負荷時には母線電圧が上昇する。このため,無負荷時の電圧が許容電圧範囲内になるよう計画しなければならない。高圧配電系統などでは,需要家のコンデンサが固定で接続された設備が多いので,夜間など軽負荷となった場合に電圧上昇する可能性が高い。この様な場合は,過電圧継電器を設置して保護する必要がある。

6.1.3 電力損失の低減

電力コンデンサで力率が改善されると,線路に流れる電流が減少するため,線路損失が軽減さ

第2編　受変電機器選定上の技術計算

れるとともに，変圧器の負荷損失も減少する。よって，系統の有効電力供給能力が増大する。

6.1.4　電力コンデンサの性能

コンデンサの性能は，第6.1表に示すようにJIS C 4902において仕様，性能が詳細に規定されている。

第6.1表　高圧コンデンサの仕様・性能

設置場所		屋内，屋外兼用　標高1 000m以下
規格		JIS C4902
使用周囲温度		−20℃〜＋50℃ （24時間平均45℃以下，１年間平均35℃以下）
性能	容量許容差	定格値に対して−５〜＋15％（20℃において） （任意の２端子間の容量の最大値と最小値との比は1.08以下）
	損失率	0.05％以下（20℃において）
	最高許容電圧	定格電圧の110％（24時間のうち12時間以内） 定格電圧の115％（24時間のうち30分以内） 定格電圧の120％（１か月のうち５分以内） 定格電圧の130％（１か月のうち１分以内） ただし，1.15倍を越える電圧の印加は，コンデンサの寿命を通じて200回を越えないものとする．
	最大許容電流	定格電流の130％．ただし，容量の実測値が容量許容差内でプラス側のものはその分だけ更に増加を認める．
	温度上昇	25℃以下（定格電圧，35℃において）
	絶縁耐力 （AC，１分間）	端子間：定格電圧の２倍 端子ケース間：回路電圧3.3kV用−16kV 　　　　　：回路電圧6.6kV用−22kV
	放電特性	コンデンサ開放５分後において50V以下

6.2　コンデンサ用直列リアクトル

6.2.1　突入電流の抑制

直列リアクトルが挿入されていないコンデンサに電源を投入すると，定格電流に対して数十〜数百倍の大きな突入電流が流れるため，コンデンサ開閉器の接点を損傷させたり，変流器の二次側に過大な電圧を発生させたりすることがある。

この突入電流を抑制する目的で直列リアクトルを挿入すると，コンデンサへの電源投入時の突入電流を数倍程度に低減することができる。コンデンサへの電源投入時の突入電流は次式で表される。

コンデンサ突入電流の倍数＝$1+\sqrt{X_\mathrm{C}/X_\mathrm{L}}$　・・・・・・・・第6−2式

ここで，X_C：コンデンサリアクタンス

　　　　X_L：リアクトルリアクタンス

- 171 -

〔コンデンサ突入電流の計算例〕

6％の直列リアクトルを挿入した場合のコンデンサ突入電流倍数は

$$\text{コンデンサ突入電流の倍数} = 1 + \sqrt{X_C/X_L} = 1 + \sqrt{100/6} = 5.08$$

となるので，6％の直列リアクトルを挿入した場合の突入電流は定格電流の約5.1倍に低減される。

このように，直列リアクトルを挿入することは突入電流の抑制に大きな効果があるので，コンデンサの規格（JIS C 490 2）では直列リアクトルの挿入を前提に各機器の定格が定められている。

6.2.2　高調波障害防止

直列リアクトルなしのコンデンサを使用すると，高調波に対して容量性リアクタンスとなるため，電源側の誘導性リアクタンスと共振して，回路の電圧や電流波形のひずみを拡大することがある。この高調波電圧は，コンデンサに異常電流を流して，コンデンサの運転に支障を生じたり，変圧器の騒音を増したり，継電器類の誤動作を起こしたりすることがある。

この高調波を低減する対策としては，電源系統に最も多く含まれる第5高調波（基本周波数の5倍の周波数を持つ）に対して，コンデンサ設備のリアクタンスが誘導性なるようコンデンサに直列リアクトルを挿入する。

直列リアクトルのインダクタンスL，コンデンサのキャパシタンスCとしたとき，第5高調波に対してコンデンサのリアクタンスよりリアクトルのリアクタンスが誘導性になれば良いので，

$$5\omega L - \frac{1}{5\omega C} > 0 \text{から，リアクトルのリアクタンス} \omega L \text{を求めると，}$$

$$\omega L > \frac{1}{5^2} \times \frac{1}{\omega C} = 0.04\frac{1}{\omega C}$$

となり，コンデンサのリアクタンスの4％以上の直列リアクトルのリアクタンスが必要となる。

一般には，電源周波数の変動やコンデンサ，リアクトルの製作ばらつき，第5高調波の過大な流入を避けるために，6％の直列リアクトルを標準として使用している。

第3高調波が発生する回路では，同様に

$$\omega L > \frac{1}{3^2} \times \frac{1}{\omega C} = 0.111\frac{1}{\omega C}$$

となるので，13％の直列リアクトルを選定する。

6.2.3　高調波許容限界

コンデンサ設備の高調波耐量はJIS規格によって定められており，高調波を含む場合のコンデンサ設備の高調波許容限界は，直列リアクトルの高調波耐量で制限されている。近年，インバータなどの電力半導体応用機器が普及してきたことから，高調波問題が多発しリアクトルの高調波耐量の見直しが図られ，最新の規格では，直列リアクトルの高調波耐量は**第6.2表**のように定められている。

第6.2表　直列リアクトルの高調波耐量

リアクタンス	許容電流種別	最大許容電流（定格電流比）[％]	第5調波含有率（基本波電流比）[％]	適用回路	電圧ひずみの上限目標値
6％	I	120	35	特別高圧受電設備用	総合3％　第5調波2.5％
	II	120	55	高圧受電設備用	総合5％　第5調波4％

6.2.4 定格電圧と定格容量

コンデンサに6％の直列リアクトルを挿入すると，コンデンサの端子電圧は約6％電圧が上昇し，コンデンサ電流も約6％増加する。

〔コンデンサ，リアクトルの電圧容量算出計算例〕

第6.2図に示すコンデンサと直列リアクトルの定格電圧と定格容量は次のように計算する。

6.6kVのコンデンサ回路では，コンデンサの定格電圧は7 020V，直列リアクトルの定格電圧は約243Vとなる。

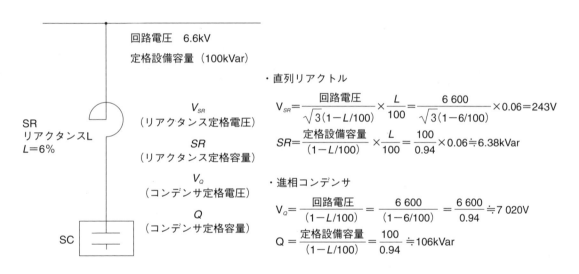

第6.2図　コンデンサ・リアクトルの電圧，容量算出方法

6.3　力率制御

6.3.1　力率の計測

力率の計測は，受電点で行なうのが望ましいが，一般に受電点側に電圧検出要素をもたないため，主変圧器の二次側で計測する。変圧器が2バンク以上の構成の場合，コンデンサ群を両バンクに設置するか，変圧器の並行運転を行なうかによって，計測方法が異なる。第6.3表は力率制御のための計測ポイントの考え方をまとめたものである。

第6.3表　力率計測ポイントの考え方

	変圧器並行運転あり	変圧器並行運転なし
コンデンサ群を両バンクに設置	両バンクの変圧器二次（1台の制御装置で全コンデンサを制御）	両バンクの変圧器二次
コンデンサ群を片バンクに設置	両バンクの変圧器二次	コンデンサ設置側変圧器二次

6.3.2　無効電力制御

電力コンデンサの制御方法には，手動による操作よりも自動制御による方法が用いられている。自動制御方式には，①特定負荷の開閉信号による制御，②プログラム（タイマ）制御，③無効電力による制御，④電圧制御，⑤電流制御などがあるが，無効電力による制御が一般的である。

この方式は，力率改善用コンデンサを負荷の無効電力の変動に応じて，無効電力が整定値より大きくなると自動的に投入し，整定値小さくなると自動的に開放して，受電点の力率が100%に近くなるようするものである。

第6.3図は無効電力制御の制御方法を説明した図で，横軸は有効電力，縦軸は無効電力をとり，負荷変動の軌跡を示ししており，負荷の遅れ無効電力が整定値よりも大きくなったa, b, c, d点で順次コンデンサを投入し，進み無効電力が整定値より大きくなったe, f, g点で順次開放し，常に受電点の力率が高力率になるよう制御する。

無効電力を検出する制御装置は，負荷の無効電力の瞬時変動に応動するのは好ましくないので，積分動作特性を持ったものや不感帯などで動作域を制限する機能を持たせたものし，コンデンサの投入，開放の繰返し動作であるハンチングが起こらないようにする必要がある。また，コンデンサ開閉時の過渡応答による影響を固定のコンデンサに集中しないよう，投入回数や開放の回数を均等化することも大切である。

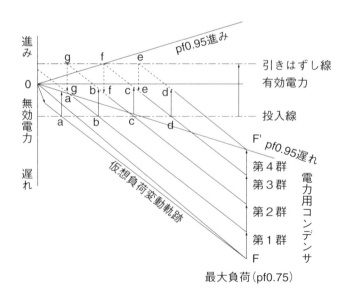

第6.3図　無効電力の制御方法

6.4 コンデンサ投入時の現象

コンデンサに電源を投入する場合，コンデンサ回路には電流を抑制するものがコンデンサ回路のリアクタンスしかないため，過大な電流が流れる。

6.4.1 コンデンサ突入電流

コンデンサ回路の等価回路は第6.4図となるので，コンデンサ投入時の端子電圧，電流の関係は次式となる。

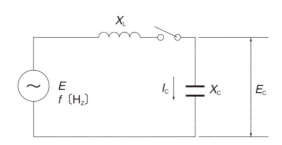

第6.4図　コンデンサ投入時の回路

$$I_{Cmax} = I_C + \sqrt{\frac{X_C}{X_L}} \quad \cdots\cdots\cdots 第6-3式$$

$$E_{Cmax} = 2E_C$$

ここで，I_C：コンデンサ定格電流
　　　　　X_C：コンデンサリアクタンス
　　　　　X_L：コンデンサ回路の
　　　　　　　　全誘導性リアクタンス
　　　　　E_C：コンデンサ定格電圧

コンデンサ回路に直列リアクトルが無い場合，コンデンサ回路の全誘導性リアクタンスはコンデンサリアクタンスに比べはるかに小さいので，数十～数百倍の突入電流が流れる。

6.4.2 コンデンサ投入時の変流器二次過電圧

コンデンサを投入する場合，リアクトルがないと大きな突入電流が流れるので，この影響で変流器二次側に過電圧が発生して，計器や継電器を損傷させることがある。

コンデンサ突入電流による変流器二次回路の誘起電圧は次式で表される。

1）変流器二次負担が純リアクタンスの場合

$$ET_1 = E_T \sqrt{\frac{X_C}{X_L}} \left(1 + \sqrt{\frac{X_C}{X_L}}\right) \quad \cdots\cdots\cdots 第6-4式$$

2）変流器二次負担が純抵抗の場合

$$ET_1 = E_T \left(1 + \sqrt{\frac{X_C}{X_L}}\right) \quad \cdots\cdots\cdots 第6-5式$$

ここで，ET_1：変流器二次過電圧
 E_T：変流器二次定常電圧

コンデンサ回路に直列リアクトルを設置している場合は6％リアクトルで5倍程度なので問題にならないが，リアクトルを設置しない場合は，変流器二次の耐圧値を超えないよう検討する。

6.4.3 コンデンサ投入時の母線電圧降下

無電圧のコンデンサに電源を投入した場合，投入瞬時はコンデンサのリアクタンスが零に等しいので，このときの電圧は電源側のリアクタンスと直列リアクトルにより分担される。よって，第6.5図のようにコンデンサ投入時の電圧分担の回路を模擬すると，母線の電圧降下は

$$\Delta V = \frac{X_S}{X_S + X_L} \times 100 \quad [\%] \quad \cdots\cdots\cdots 第6-6式$$

となる。

直列リアクトルのリアクタンスを電源側のリアクタンスに対して大きくすれば良いが，負荷に半導体変換装置がある場合，コンデンサ投入時の瞬時電圧降下で転流失敗などが起こる場合がある。

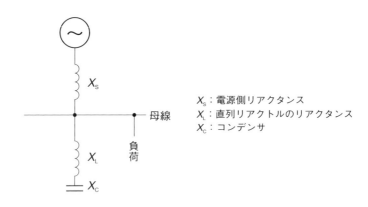

第6.5図　コンデンサ投入時の電圧分担

6.5 コンデンサ開放時の現象
6.5.1 コンデンサ回路の遮断

コンデンサを開放した場合，一般の誘導負荷の遮断現象とは違い，コンデンサの残留電荷の影響を考慮しなければならない。コンデンサ回路を開放した直後に開閉器極間に表れる回復電圧は，残留電圧と電源電圧の差で与えられるので，極間電圧は小さいが，1/2サイクル後は単相回路では約2倍，三相回路では第1相遮断後2.5倍となる。

6.5.2 再点弧による過電圧

コンデンサ開放時の極間電圧の上昇率が高く，開閉器の接触子間の絶縁が破壊される現象を再点弧という。再点弧が発生すると，コンデンサ端子間に数倍の電圧がかかり，されに再点弧が繰り返されるとコンデンサの破壊や母線接続機器の絶縁破壊を起こすことになる。

この対策としては，開閉器の性能に頼ることから，絶縁回復特性に優れ，コンデンサ開閉に適した開閉器を選定することにある。

6.6 自己励磁現象
6.6.1 電動機の自己励磁現象
　誘導電動機の力率改善のためコンデンサを接続する場合，誘導電動機の励磁容量よりも大きいコンデンサを接続すると，第6.6図に示すように電動機解放後，電動機の端子電圧は電動機無負荷飽和曲線とコンデンサの電圧電流曲線の交点まで上昇し，定格電圧より高い自励電圧で回転する。この電圧は徐々に低下するが，定格出力に対して力率を100％にするようなコンデンサ容量の場合，140％程度まで上昇する。したがって，コンデンサ容量は電動機の励磁容量以下にしなければならないが，コンデンサ容量を抑えると希望する改善力率が得られないこともある。

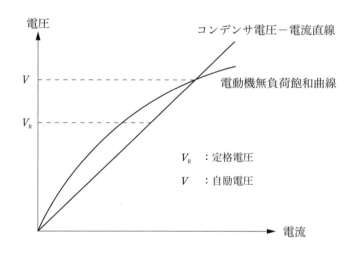

第6.6図　誘導電動機の自己励磁電圧

6.6.2 コンデンサ容量の目安
　誘導電動機によって無負荷励磁特性はバラツキがあるが，通常は次の目安でコンデンサ容量を選定している。

$$\text{コンデンサ容量} = \left(\frac{1}{2} \sim \frac{1}{4}\right) \times \text{誘導電動機の定格容量} \quad \cdots\cdots\cdots \text{第6-7式}$$

　電動機の開閉が短時間で頻繁に行なわれる場合，比較的大容量のコンデンサを接続する場合などは
①コンデンサ専用の開閉器を接続し，誘導電動機開放時はコンデンサを切離す。
②コンデンサを一括して別母線に接続する。
③自己励磁電圧が50％程度以下になるまで，再投入の時間を引き延ばすようインタロックを施す。
などの対策が必要となる。

7　直流電源装置

7.1　蓄電池の容量計算と短絡電流計算

7.1.1　蓄電池の容量計算

電池工業会規格（SBA S 0601-2014）に基づいた蓄電池の容量算出方法を以下に解説する。

（1）容量計算に必要な条件

ａ．放電時間

予想される最大負荷時間（最大停電時間）とする。

ｂ．放電電流

放電開始時から終了までの負荷電流の大きさとその経時変化を明確に調査しておくことが必要である。

ｃ．予想最低蓄電池温度

設置場所の温度条件を推定し，蓄電池温度の最低値を決める。一般に室内設置では５℃，特に寒冷地の場合は－５℃とする。空調などにより一定温度に制御される場合には空調設定温度とする。

ｄ．許容最低電圧

蓄電池に接続される負荷機器の許容最低電圧の中で一番高い値から，蓄電池～負荷間の配線電圧降下を考慮した値とする。

$$1セル当たりの許容最低電圧 = \frac{負荷の許容最低電圧 + 配線電圧降下}{直列に接続されたセル数}$$

ｅ．セル数の選定

負荷の許容最高電圧，許容最低電圧を考慮して選定する。セル数を少なくすれば許容最高電圧に対して安全だが蓄電池容量が大きくなる。セル数を増やせば蓄電池容量が小さくてすむが，充電時の過電圧を回避するために負荷～蓄電池間に，「負荷電圧補償装置」が必要となる。これらの関係を総合的に考慮してセル数を決定する。

ｆ．保守率

蓄電池の使用年数の経過や若干の使用および保守条件の変動による容量変化に対するマージン値である。一般的に0.8とする。ただし，小形制御弁式鉛蓄電池では，重要度が高い負荷に使用するときは，0.5とすることがある。

（2）容量計算の一般式

$$C = \frac{1}{L}[K_1 I_1 + K_2(I_2 - I_1) + K_3(I_3 - I_2) + \cdots\cdots + K_n(I_n - I_{n-1})]$$

ここに，　C：温度25℃での定格放電率換算容量［Ah］

　　　　　K：容量換算時間。各蓄電池の種類により表で提供される。放電時間，最低温度，許容最低電圧のパラメーターにより決定される。

　　　　　I：放電電流［A］

　　　　　L：保守率で一般に0.8とする

サフィックス1，2，3…，n：放電電流の変化の順に付した番号。(第7.1図参照)

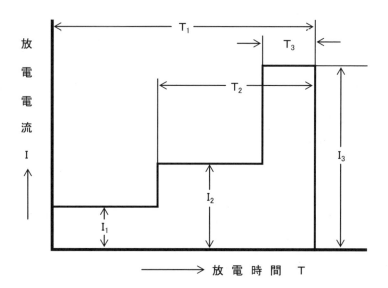

第7.1図　蓄電池の放電電流－放電時間特性

(3) 容量計算例
a．放電電流が時間とともに増加する場合（第7.2図参照）

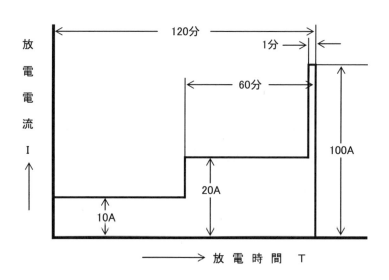

第7.2図　放電特性グラフ（放電電流が漸増する場合）

使用蓄電池：CS形鉛蓄電池
最低蓄電池温度：5℃
許容最低電圧：1.7V/セル
保守率：0.8

- 179 -

$I_1 = 10\text{A}$　　$I_2 = 20\text{A}$　　$I_3 = 100\text{A}$
$T_1 = 120$分　$T_2 = 60$分　$T_3 = 1$分
$K_1 = 3.95$　　$K_2 = 2.55$　　$K_3 = 1.0$

$$C = \frac{1}{L}[K_1 I_1 + K_2(I_2 - I_1) + K_3(I_3 - I_2)]$$

　$= 181\text{Ah}$（/10HR）

したがって，181Ah/10HR以上のCS形鉛蓄電池を選定する。

b．放電電流が時間とともに減少する場合（第7.3図参照）

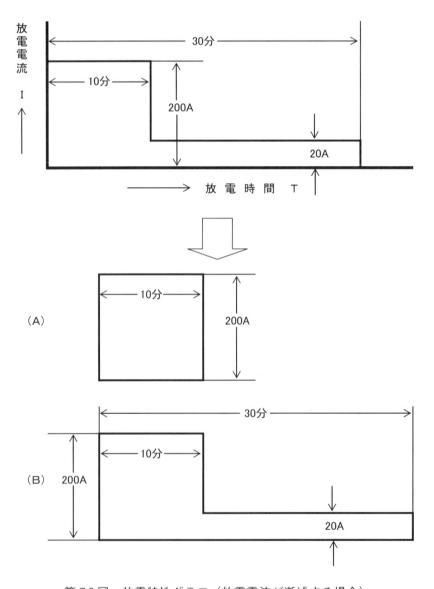

第7.3図　放電特性グラフ（放電電流が漸減する場合）

使用蓄電池：MSE形鉛蓄電池

最低蓄電池温度：5℃

許容最低電圧：1.7V/セル

保守率：0.8

この場合は**第7.3図**のように（A），（B）に分けて計算し，大きい方の容量を必要容量とする。

（A）　$I=200A$　　$T=10分$　　$K=0.68$

$$C_A = \frac{1}{L}KI = 170Ah(/10HR)$$

（B）　$I_1=200A$　　$I_2=20A$

　　　　$T_1=30分$　　$T_2=20分$

　　　　$K_1=1.15$　　$K_2=0.92$

$$C_B = \frac{1}{L}[K_1I_1 + K_2(I_2-I_1)]$$

$$= 80.5Ah(/10HR)$$

したがって，この場合はC_A，C_Bの大きい方であるC_Aをとって，170Ah/10HR以上のMSE形鉛蓄電池を選定する。

第7.1表　容量換算時間K（予想最低蓄電池温度：5℃）

形式	許容最低電圧(V/セル)	0.1分	1分	5分	10分	20分	30分	60分	120分	備考
HS	1.80	－	0.89	0.95	1.05	1.29	1.53	2.16	3.38	CS形において，（ ）内の数値は901～2200Ah，それ以外の数値は900Ah以下の蓄電池に適用します。
	1.70	－	0.59	0.66	0.76	0.99	1.22	1.88	3.10	
	1.60	－	0.47	0.54	0.64	0.87	1.11	1.75	2.90	
CS	1.80	－	1.5(1.76)	1.61(1.87)	1.75(2.00)	2.03(2.18)	2.32(2.45)	3.05(3.05)	4.30(4.30)	
	1.70	－	1.00(1.10)	1.12(1.21)	1.24(1.34)	1.53(1.63)	1.80(1.87)	2.55(2.55)	3.95(3.95)	
	1.60	－	0.76(0.88)	0.91(0.99)	1.10(1.14)	1.42(1.42)	1.70(1.70)	2.42(2.42)	3.70(3.70)	
MSE	1.80	(0.67)	0.71	0.78	0.90	1.11	1.34	2.05	3.27	（ ）内の数値は0.2分を示します。
	1.70	(0.47)	0.51	0.58	0.68	0.92	1.15	1.80	3.00	
	1.60	(0.36)	0.39	0.46	0.58	0.81	1.03	1.70	2.80	

注：表の値は一例であり，実際の計算の際には電池メーカーへK値を問い合わせてください。

第7.2表　容量換算時間K（予想最低蓄電池温度：－5℃）

形式	許容最低電圧(V/セル)	0.1分	1分	5分	10分	20分	30分	60分	120分	備考
HS	1.80	−	0.94	1.02	1.15	1.42	1.67	2.42	3.80	CS形において，（　）内の数値は901～2200Ah，それ以外の数値は900Ah以下の蓄電池に適用します。
HS	1.70	−	0.62	0.70	0.82	1.10	1.36	2.10	3.35	
HS	1.60	−	0.48	0.57	0.70	0.96	1.21	1.93	3.15	
CS	1.80	−	1.95(2.41)	2.12(2.55)	2.30(2.70)	2.63(2.92)	2.95(3.20)	3.80(3.90)	5.20(5.20)	
CS	1.70	−	1.10(1.35)	1.30(1.45)	1.51(1.62)	1.87(1.95)	2.20(2.28)	3.10(3.10)	4.50(4.50)	
CS	1.60	−	0.84(0.99)	1.07(1.18)	1.28(1.37)	1.65(1.71)	2.00(2.00)	2.80(2.85)	4.20(4.23)	
MSE	1.80	(0.70)	0.74	0.84	0.98	1.27	1.55	2.30	3.75	（　）内の数値は0.2分を示します。
MSE	1.70	(0.49)	0.54	0.63	0.74	1.00	1.25	2.00	3.33	
MSE	1.60	(0.37)	0.41	0.50	0.62	0.88	1.11	1.80	3.00	

注：表の値は一例であり，実際の計算の際には電池メーカーへK値を問い合わせてください。

7.1.2　蓄電池回路の短絡電流計算

蓄電池を用いた回路で短絡事故が発生した場合の最大電流は次式で求めることができる。

$$I_P = \frac{N \times V_B}{N \times R_B + R_C}$$

ここに，I_P：短絡時最大電流［A］

　　　　V_B：蓄電池電圧［V］（浮動充電または均等充電電圧）

　　　　R_B：蓄電池内部抵抗［Ω］

　　　　R_C：蓄電池から短絡箇所までの回路抵抗［Ω］

　　　　N：一組の蓄電池個数

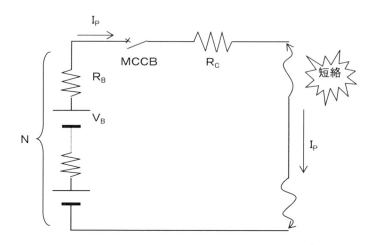

第7.4図　蓄電池の短絡回路

なお，蓄電池電圧（浮動充電電圧）は，鉛蓄電池では2.15～2.275V/セル，アルカリ蓄電池では1.36～1.45V/セルである。

短絡時最大電流I_Pは，蓄電池の内部抵抗R_Bによって著しく異なり，内部抵抗の小さな蓄電池では，I_Pが非常に大きくなる。したがって，想定される短絡箇所に対する遮断容量の選定に際しては注意を要する。

7.2　整流装置の諸特性と各種計算方法
7.2.1　整流装置の諸特性
a．定電圧特性
整流装置は交流入力電圧および周波数や直流出力電流の変動に対して，直流出力電圧を一定に保つ定電圧特性を有している。一般には入力電圧が定格の±10％変動し，かつ出力電流が0～100％変動しても，出力電圧は設定値に対して±2％以内の変化にとどめる性能を有している。

b．垂下特性
放電後の蓄電池回復充電や過負荷時に発生する過電流から整流装置およびシステム全体を保護するため，定格直流電流以上の電流が流れたら，出力電圧を低下させ，出力電流が過大になることを抑制する性能を有している。これを垂下特性といい，定格直流電流の120％以下の出力電流において，出力電圧を蓄電池の公称電圧以下に低下させる。定電圧特性と垂下特性の概念図は第7.5図による。

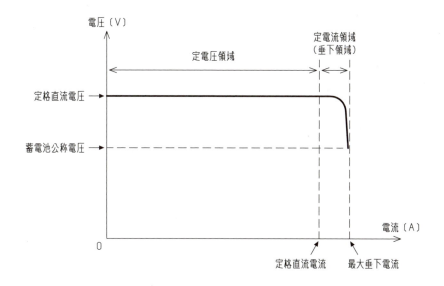

第7.5図　定電圧特性と垂下特性の概念図

7.2.2　定格直流電圧
定格直流電圧とは，定格の基準として整流装置の蓄電池端子に指定された電圧であり，接続する蓄電池1セル当たりの均等充電電圧（均等充電電圧を必要としない電池については，浮動充電電圧）に直列蓄電池のセル数を乗じた値で表す。

例えばベント形据置鉛蓄電池HS形54セルの定格直流電圧は，2.3V/セル×54セル＝124.2Vとなる。

7.2.3　定格直流電流

定格直流電流とは，規定の条件下で各部品が定められた温度上昇値を超えることなく，連続的に流すことができる直流出力電流（平均値）の限度のことであり，一般に**第7.3表**のように区別されている。

第7.3表　定格直流電流の区別

定格直流電流［A］
5，10，15，20，30，50，75，100， 150，200，300，400，500，600

整流装置の定格直流電流をI_R，蓄電池充電電流をI_B，常時負荷電流をI_L，インバータ入力電流をI_Iとした場合，$I_R \geqq I_B + I_L + I_I$の式を満足する直近上位の値を**第7.3表**から選定する。

a．I_B：蓄電池充電電流

一般的に，鉛蓄電池の場合1/10CA以上，アルカリ蓄電池の場合1/5CA以上が望ましい。

（C：蓄電池定格容量［Ah］の数値）

この充電電流が確保できない場合であっても消防用設備用蓄電池設備（非常電源）の場合は**第7.4表**の充電電流を満足しなければならない。

第7.4表　消防用設備用蓄電池設備（非常電源）の場合の最低必要充電電流

	鉛蓄電池	アルカリ蓄電池
一般用非常電源	1/15CA以上	
自家発電設備 始動用非常電源	1/50CA以上	1/20CA以上

b．I_L：常時負荷電流

監視設備，制御設備や表示設備など常時直流電力を供給する場合は，これら常時負荷電流を付加する必要がある。なおこれら常時負荷に対しては，蓄電池充電時の過電圧から保護するため，負荷電圧補償装置を介して供給される場合がある。

c．I_I：インバータ入力電流

常時インバータ給電方式のインバータ（逆変換装置）が付く場合はインバータの入力電流を付加する必要がある。インバータ入力電流は次式により求める。

$$I_I = P_{Iout} \times pf_L / (\eta_1 \times E_{Iin})$$

P_{Iout}：インバータ定格出力容量［VA］

pf_L　：定格負荷力率

η_1　：インバータ変換効率

E_{Iin}　：インバータ入力直流電圧［V］

インバータは入力電圧が低くなれば入力電流が大きくなる定電力負荷である。したがって，E_{Iin}は直流最低電圧（すなわち蓄電池放電終止電圧）で計算すれば十分安全であるが，場合によっては蓄電池公称電圧（鉛蓄電池：2.0V/セル，アルカリ蓄電池：1.2V/セル）や浮動充電電圧で計

算する場合もある。

7.2.4 必要入力容量
整流装置の交流入力側に必要な電源容量最大値は，おおむね次式により求めることができる。

$$P_{Rin} = E_{Rout} \times I_{Rout} \times dc / (\eta_R \times pf_R)$$

- P_{Rin} ：必要入力容量［VA］
- E_{Rout} ：定格出力直流電圧［V］
- I_{Rout} ：定格出力直流電流［A］
- dc ：最大垂下電流を求めるための係数（1.2とする）
- η_R ：順変換効率
- pf_R ：入力力率

7.2.5 負荷電圧補償装置
蓄電池充電時は直流電圧が高くなることに対し，負荷側機器を過電圧から保護するために設ける装置で，一般にシリコンドロッパ式が用いられる。

シリコンドロッパは，シリコン整流素子の順方向電圧降下が，電流変化に対しおおむねフラットな特性を示すのを利用したものであり，シリコン整流素子を所要数直列に接続して用いる。シリコン整流素子の特性例は第7.6図による。また蓄電池電圧の変動に対する負荷電圧のタイムチャートは第7.7図による。

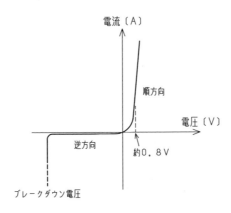

第7.6図　シリコン整流素子の特性例

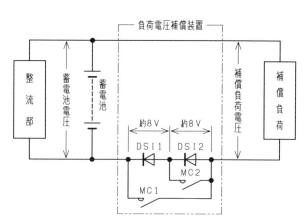

項	目	仕 様
負荷電圧補償装置	方式	シリコンドロッパ
	負荷電圧	DC90V～110V
	設定	H側：110V L側： 95V
	構成	約8V 2段
蓄電池	形式	CS形
	セル数	53セル
	浮動充電電圧	114.0V
	均等充電電圧	121.9V
	放電終止電圧	95.4V

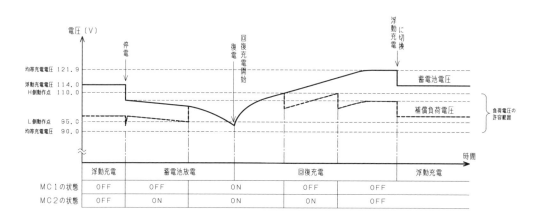

第7.7図　蓄電池電圧の変動に対する負荷電圧のタイムチャート

7.3　蓄電池室の換気量計算

　蓄電池室の換気は自然換気が望ましいが，蓄電池室の構造上，十分な自然換気が得られない場合は，水素ガス排気のための換気量と，室温調整のための換気量のうち大きい方の換気量以上の換気ができる機械換気設備を設け，強制的に換気する必要がある。

7.3.1　自然換気

　水素ガスの発生に費やされる電流値I_H［A・セル］を計算により求め，第7.8図より水素ガス濃度を4％以下に保持するために必要な最小換気口面積を求める。

　$I_H = i \times n \times s \times (1-a)$

　i ：充電電流［A］
　n ：単電池（セル）の個数
　s ：安全係数
　a ：密閉反応効率
　　　ベント形蓄電池[1]　　a＝0
　　　触媒栓式蓄電池[2]　　a＝0

― 186 ―

制御弁式蓄電池[3]　a＝0.2

シール形蓄電池[4]　a＝0.2

例えば,

i ＝10［A］

n ＝54［セル］

s ＝5

a ＝0　とすると,

I_H＝10×54×5×(1－0)＝2 700［A・セル］

したがって, 第7.8図より必要な最小換気口面積は, 約1 100cm²となる。

7.3.2　強制換気

a．水素ガス排気のための換気量

水素ガス排気のための換気量V_G［ℓ/h］は次式により求める。

V_G＝t×g×s×n×i×(1－a)

t　：希釈率　96/4＝24（水素と空気の混合ガスの爆発限界値より求めた値）

g　：セル当たり, Ah当たりの水素ガス発生量で25℃, 101.3kPaで約0.46ℓ

s　：安全係数で5を用いる

n　：単電池（セル）の個数

i　：水素ガス発生に費やされる過充電電流で一般に0.1CAを用いる

a　：密閉反応効率

ベント形蓄電池[1]　a＝0

触媒栓式蓄電池[2]　a＝0

制御弁式蓄電池[3]　a＝0.2

シール形蓄電池[4]　a＝0.2

b．室温調整のための換気量

蓄電池は充電すると発熱する。また整流装置やインバータなど電力変換装置も運転すれば発熱を伴う。これらの発熱量を計算し, これに見合った換気量を有する機械換気設備を設けなければならない。

ベント形蓄電池[1]の発熱量

Q_B＝3.6×{I×(V_C－1.48)}×n

触媒栓式蓄電池[2]の発熱量

Q_B＝3.6×{I×(V_C－1.48)＋i_C×1.48}×n

制御弁式蓄電池[3]およびシール形蓄電池[4]の発熱量

Q_B＝3.6×I×V_C×n

Q_B：発熱量［kJ/h］

V_C：充電電圧［V］

－ 187 －

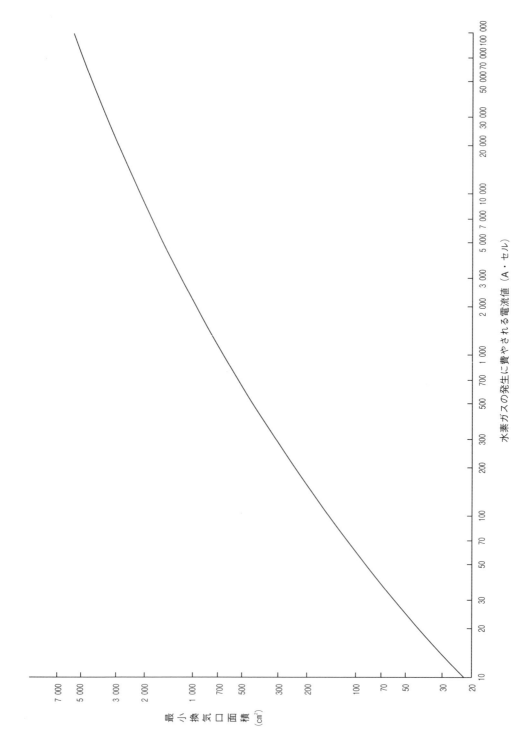

第7.8図 水素ガス濃度(容積比)を4%以下に保持するための最小換気口面積と水素ガスの発生に費やされる電流値の関係
(出典:社団法人 電池工業会技術資料 SBA G 0603:2012)

第2編　受変電機器選定上の技術計算

　I ：充電電流［A］

　i_C ：充電電流のうち触媒反応に費やされる電流［A］

　n ：単電池（セル）の個数

整流装置の発熱量

$Q_R = 3.6 \times \{(1/\eta - 1) \times V_C \times I + V_S \times I_S\}$

　Q_R ：発熱量［kJ/h］

　η ：整流装置の効率

　V_C ：充電電圧［V］

　I ：定格電流［A］

　V_S ：シリコンドロッパでの電圧降下［V］

　I_S ：シリコンドロッパの定格電流［A］

インバータの発熱量

$Q_I = 3.6 \times \{(1/\eta - 1) \times P \times \cos\theta\}$

　Q_I 　：発熱量［kJ/h］

　η 　：インバータの効率

　P 　：出力容量［VA］

　$\cos\theta$ ：負荷力率

室温調整のための換気量V_T［ℓ/h］は次式により求める。

$V_T = Q/\{\gamma \times Cp \times (t_1 - t_2)\} \times 1\,000$

　Q ：発熱量［kJ/h］

　γ ：空気の密度＝1.2［kg/m³］

　Cp ：空気の比熱＝1.00［kJ/kg・℃］

　t_1 ：許容温度［℃］

　t_2 ：外気温度［℃］

7.3.3　強制換気量計算例

　例えば，蓄電池：ベント形据置アルカリ蓄電池AMH-P形 400Ah 86セルと整流装置：三相210V入力，100A出力，シリコンドロッパ20A付（構成：12.8V 3段）の場合，

a．水素ガス排気のための換気量V_Gを求める。

　t ＝24

　g ＝0.46［ℓ］

　s ＝5

　n ＝86［セル］

　i ＝0.1×400＝40［A］

　a ＝0　とすると，

－ 189 －

$$V_G = 24 \times 0.46 \times 5 \times 86 \times 40 \times (1-0)$$
$$= 189\,888 \quad [\ell/h]$$

b．**室温調整のための換気量V$_T$を求める。**

蓄電池の発熱量

$$Q_B = 3.6 \times \{40 \times (1.58-1.48)\} \times 86 = 1\,238.4 \quad [kJ/h]$$

整流装置の発熱量

$$Q_R = 3.6 \times \{(1/0.85-1) \times 135.9 \times 100 + 38.4 \times 20\}$$
$$= 11\,399 \quad [kJ/h]$$

蓄電池のみの場合，

$$V_{TB} = 1\,238.4/\{1.2 \times 1.00 \times (35-25)\} \times 1\,000$$
$$= 103\,200 \quad [\ell/h]$$

蓄電池と整流装置の合計の場合

$$V_{TBR} = (1\,238.4+11\,399)/\{1.2 \times 1.00 \times (35-25)\} \times 1\,000$$
$$= 1\,053\,116.6 \quad [\ell/h]$$

　一つの部屋に蓄電池のみ設置する場合は$V_G > V_{TB}$につき189 888ℓ/hすなわち約190kℓ/hの換気量が必要である。したがって，第7.5表より15cm扇の換気扇を選定する。

　また，一つの部屋に蓄電池と整流装置を設置する場合は$V_G < V_{TBR}$となるので1 053 116.6ℓ/hすなわち約1 054kℓ/hの換気量が必要である。したがって，第7.5表より30cm扇の換気扇を選定する。

第7.5表　換気扇の換気量（参考）

換気扇	15cm扇	20cm扇	25cm扇	30cm扇
換気量kℓ/h（m³/h）	300	560	870	1 150

(1) 据置鉛蓄電池および据置ニッケル・カドミウムアルカリ蓄電池の統一名
(2) 触媒栓式ベント形据置鉛蓄電池および触媒栓式据置ニッケル・カドミウムアルカリ蓄電池の統一名
(3) 制御弁式据置鉛蓄電池および小形制御弁式鉛蓄電池の統一名
(4) シール形ニッケル・カドミウムアルカリ蓄電池

8 発電設備

8.1 発電設備の出力計算

ここでは，発電機のみで構内負荷へ自立給電する発電設備の出力計算の基本式とその意味を説明するものであり，詳細計算及び諸定数については，一般社団法人　日本内燃力発電設備協会発行の「自家発電設備の出力算定方法」（NEGA C 201, NEGA D 201）を参照願いたい。

発電設備の出力を決定する場合，負荷に対して最低限必要な出力を供給する関係上，定常状態および過渡状態においても問題ない出力であることが必要である。

出力算定の原理式は下記となる。

$$G = RG \cdot K$$

$$E = RE \cdot K$$

G ：発電機出力（kVA）

E ：原動機出力（kW）

K ：負荷出力の合計（kW）

RG ：発電機出力係数（RG 1～4）

RE ：原動機出力係数（RE 1～3）

8.1.1 発電機出力係数（RG）

発電機出力係数RGは，次の四つの係数を求め，それらの最大値とする。

a．$RG1$：定常負荷出力係数

発電機端における定常時負荷電流により定まる係数

$$RG1 = (1/\eta L) \cdot D \cdot Sf \cdot (1/\cos \theta g)$$

ηL ：負荷の総合効率

D ：負荷の需要率

Sf ：不平衡単相負荷による線電流の増加係数

$$Sf = \sqrt{\{1 + \Delta P/K + (\Delta P/K)^2 \cdot (1 - 3u + 3u^2)\}}$$

ΔP ：単相負荷不平衡分合計出力値（kW）

三相各線間に，単相負荷合計A，BおよびC出力値（kW）があり，A≧B≧Cの場合，$\Delta P = A + B - 2C$

u ：単相負荷不平衡係数

$$u = (A - C) / \Delta P$$

$\cos \theta g$ ：発電機の定格力率

b．$RG2$：許容電圧降下出力係数

電動機等の始動により生ずる発電機端電圧降下の許容値により定まる係数

$$RG2 = \{(1 - \Delta E) / \Delta E\} \cdot xd'g \cdot (ks/Z'm) \cdot M2/K$$

ΔE ：発電機許容電圧降下（pu）

$xd'g$ ：負荷投入時における電圧降下を評価したインピーダンス（pu自己容量ベース）

$M2$ ：最大始動入力（$ks/Z'm$）・m_iの値が最大となる負荷の出力（kW）

ks/Z'm ：始動時倍数

ks 　　：上記負荷の始動方式による係数

Z'_m 　　：上記負荷の始動時インピーダンス（pu）

c．$RG3$：短時間過電流耐力出力係数

発電機端における過渡時負荷電流の最大値より定まる係数

$$RG3 = (fv1/KG3)\cdot[d/(\eta b\cdot\cos\theta b) + \{(ks/Z'm) - (d/\eta b\cdot\cos\theta b)\}\cdot M3/K]$$

$fv1$ 　　：瞬時回転速度低下，電圧降下による投入負荷減少係数

$KG3$ 　　：発電機の短時間過電流耐力（pu）

ηb 　　：ベース負荷の効率

$\cos\theta b$ ：ベース負荷の力率

d 　　：ベース負荷の需要率

$M3$ 　　：負荷機器のすべての（始動時入力kVA－定格時入力kVA）の値を計算し，その値が最
大となる負荷機器の出力を$M3$とする。

d．$RG4$：許容逆相電流出力係数

負荷の発生する逆相電流，高調波電流分の関係等により定まる係数

$$RG4 = (1/K)\cdot(1/KG4)\cdot\sqrt{[(H-RAF)^2 + \{\Sigma(Ai/\eta i\cdot\cos\theta i) + \Sigma(Bi/\eta i\cdot\cos\theta i)} \\ {-2\cdot\Sigma(Ci/\eta i\cdot\cos\theta i)\}^2\cdot(1-3u+3u^2)]}$$

$KG4$ 　　：発電機の許容逆相電流による係数（pu）

H 　　：高調波電力合成値（kVA）

RAF 　　：アクティブフィルタ効果容量（kVA）

8.1.2　原動機出力係数（RE）

原動機出力係数REは，次の三つの係数を求め，それらの最大値とする。

a．$RE1$：定常負荷出力係数

定常時の負荷により定まる係数

$$RE1 = (1/\eta L)\cdot D\cdot(1/\eta g)$$

ηg ：発電機の定格時効率

b．$RE2$：許容回転速度変動出力係数

負荷急変に対する回転速度変動の許容値により定まる係数

$$RE2 = (1/\varepsilon)\cdot(fv2/\eta g')\cdot[(\varepsilon-\alpha)\cdot(d/\eta b) + \{(ks/Z'm)\cdot\cos\theta_\mathrm{S} - (\varepsilon-\alpha)\cdot(d/\eta b)\}\cdot(M2'/K)]$$

ε 　　：原動機の無負荷時投入許容量（pu）

$fv2$ 　　：瞬時回転速度低下，電圧降下による投入負荷減少係数

$\eta g'$ 　　：発電機の過負荷時効率

α 　　：原動機の仮想全負荷時投入許容量（pu）

$M2'$ 　　：負荷機器のすべての（始動時入力kW－原動機瞬時投入許容量を考慮した投入時のベー
ス負荷入力kW）を計算して，その値が最大となる負荷機器の出力を$M2'$とする。

$\cos\theta_S$：上記負荷の始動時力率

c．*RE3*：許容最大出力係数

過渡的に生ずる最大値により定まる係数

$RE3 = (1/\gamma) \cdot (fv3/\eta g') \cdot [(d/\eta b) + \{ks/Z'm\} \cdot \cos\theta s - (d/\eta b)\} \cdot (M3'/K)]$

γ　：原動機の短時間最大出力（pu）

fv3　：瞬時回転速度低下，電圧降下による投入負荷減少係数

M3'　：負荷機器のすべての（始動時入力kW－定格時入力kW）の値を計算して，その値が最
大となる負荷機器の出力を*M3'*とする。

8.2　単相負荷の扱い

　発電機には不平衡負荷が生じないように，単相負荷がある場合には各相に平衡して配分しなければならない。その目安として，各相電流の最大と最小比は80％以内とし，単相負荷のみの場合は定格電流の20％以下とすることが必要である。

8.3　高調波負荷の扱い

　CVCF，整流器，インバータなどの整流器負荷からは高調波電流が発生し，発電機の回転子を加熱させる原因となる。そのため高調波電流を等価的な逆相電流に換算して，この値が発電機の許容等価逆相耐量（15％：JEM 1354で規定）以下になるように発電機容量を算定する。

　等価逆相電流は各次高調波成分にそれぞれの高調波の補正係数を乗じ，それぞれの2乗の平方根として，次式によって求められる。

　等価逆相電流I_2eqは次式で求められる。

$$I_2eq = \sqrt{\left[\sum_n \{(6n/2)^{1/4} \cdot (I_{6n-1} + I_{6n+1})\}^2\right]} \cdot I_1$$

n　：高調波次数

In　：n次の高調波電流

I_1　：整流器入力電流の基本波電流（または定格kVA）

高調波の補正係数を**第8.1表**に一般的な高調波含有率を**第8.2表**に示す。

第8.1表　高調波の補正係数

高調波次数	3	5,7	9	11,13	17,19	21	23,25
補正係数	1.107	1.316	1.456	1.565	1.732	1.8	1.861

第8.2表　三相ブリッジの高調波含有率（％）

次　数	5	7	11	13	17	19	23	25
6パルス変換装置	17.5	11.0	4.5	3.0	1.5	1.25	0.75	0.75
12パルス変換装置	2.0	1.5	4.5	3.0	0.2	0.15	0.75	0.75
24パルス変換装置	2.0	1.5	1.0	0.75	0.2	0.15	0.75	0.75

「高圧又は特別高圧で受電する需要家の高調波抑制対策ガイドライン」抜粋

〔計算例〕

150kVAの整流器負荷が発生する等価逆相電流（I_2eq）は，次の通りとなる。

負荷：CVCF又は整流器

出力：150kVA（6パルス整流方式）

$$I_2eq = \sqrt{ \begin{array}{l} [\{1.316(0.175+0.11)\}^2 + \{1.565(0.045+0.03)\}^2 + \{1.732(0.015+0.0125)\}^2 \\ + \{1.861(0.0075+0.0075)\}^2] \end{array} } \cdot I_1$$

$$= \sqrt{(0.1407+0.0138+0.0023+0.0008)} \cdot 150$$
$$= \sqrt{0.1576} \cdot 150 = 0.40 \cdot 150$$
$$= 60 \quad (kVA)$$

よって発電機容量は許容等価逆相電流耐量以上の容量を選定する。

$G = I_2eq/Hg$

　G　：発電機容量

　Hg：発電機の等価逆相耐量（15％）

　　　　$= 60/0.15$

　　　　$= 400$（kVA）以上の発電機を選定する。

8.4　回転速度の選定

同期発電機の回転速度は，原動機側の回転速度より決定される。一般的に非常用発電機においては，安価，軽量，小容積の利点から高速機が多く採用されている。

同期発電機の回転速度は同期速度と呼ばれ，次式によって求められる。

同期速度 $= 120 \cdot Hz/P$（min^{-1}）

Hz：定格周波数

　P：発電機の極数

〔計算例〕

定格周波数が50Hzで発電機の極数が4Pの場合

回転速度 $= 120 \cdot 50/4$
　　　　　$= 1\,500$（min^{-1}）となる。

－ 194 －

8.5 短絡容量計算

発電設備を導入した場合,構内の配電用遮断器の短絡電流が増加し,遮断器の定格遮断電流を超える場合がある。そのため事前に短絡電流を確認しておく必要がある。電力会社の電源側からの配電系統および発電設備が第8.1図のようなインピーダンス図で表される場合,短絡容量及び短絡電流は次のように求められる。

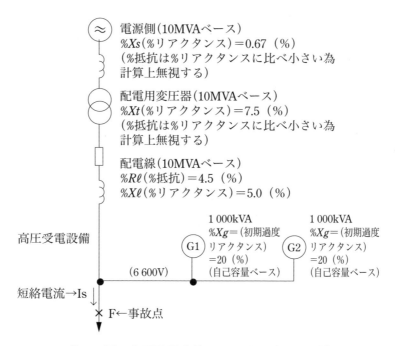

第8.1図 高圧配電系統のインピーダンス図例

8.5.1 計算条件

a. 電源側のインピーダンス%Zsは,

$$\%Zs = \sqrt{\{(\%R\ell)^2 + (\%Xs + \%Xt + \%X\ell)^2\}}$$
$$= \sqrt{\{4.5^2 + (0.67 + 7.5 + 5.0)^2\}}$$
$$= 13.92 \ (\%)$$

b. 発電機G1およびG2のインピーダンスを10MVAベースに換算する(%Zg1および%Zg2)

$$\%Zg1 = Xg \cdot 10 \text{(MVA)} / 発電機容量 \text{(MVA)}$$
$$= 20 \cdot 10 / 1.0$$
$$= 200 \ (\%)$$

%Zg2も同様に求める。

8.5.2 計算方法

10MVAベースでのインピーダンスマップを作成する。

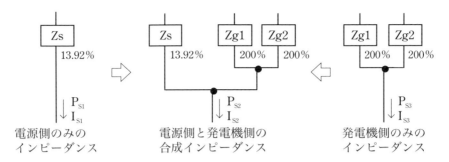

第8.2図　10MVAベースのインピーダンスマップ

8.5.3　短絡容量及び短絡電流の計算

短絡容量P_S及び短絡電流I_Sの計算式は，下記の式で求められる。

$P_S = 10 \cdot 100/\%Z$　（MVA）

$I_S = P_S/(\sqrt{3} \cdot 6.6\text{kV})$　（kA）

a．発電機導入前の計算（商用電源のみ）

短絡容量P_{S1}は，

$$\begin{aligned}P_{S1} &= 10 \cdot 100/\%Z_S \\ &= 10 \cdot 100/13.92 \\ &= 71.84 \text{　（MVA）}\end{aligned}$$

短絡電流I_{S1}は，

$$\begin{aligned}I_{S1} &= P_{S1}/(\sqrt{3} \cdot 6.6\text{kV}) \\ &= 71.84/(\sqrt{3} \cdot 6.6) \\ &= 6.28 \text{　（kA）}\end{aligned}$$

b．発電機導入後の計算（系統連系運転中）

上記インピーダンスマップに基づき，%Zの合成値を求める。

$$\begin{aligned}\%Z &= 1/[(1/Zs)+\{(1/Zg1)+(1/Zg2)\}] \\ &= 1/[(1/13.92)+\{(1/200)+(1/200)\}] \\ &= 12.22 \text{　（%）}\end{aligned}$$

短絡容量P_{S2}は，

$$\begin{aligned}P_{S2} &= 10 \cdot 100/\%Z \\ &= 10 \cdot 100/12.22 \\ &= 81.83 \text{　（MVA）}\end{aligned}$$

短絡電流I_{S2}は，

$$
\begin{aligned}
I_{S2} &= P_{S2}/(\sqrt{3}\cdot 6.6\text{kV})\\
&= 81.83/(\sqrt{3}\cdot 6.6)\\
&= 7.16 \quad (\text{kA})
\end{aligned}
$$

発電機導入後，短絡容量P_Sは71.84（MVA）から81.83（MVA）に増加し，短絡電流I_Sも6.28（kA）から7.16（kA）に増加することになる。

ｃ．発電機が自立給電時の計算（商用電源停電時）

商用電源停電時に発電機のみで構内負荷に給電している自立給電中においての短絡容量P_{S3}および短絡電流I_{S3}を求める。

インピーダンスマップ（**第8.2図**）に基づき，発電機側の合成インピーダンス**$\%Zg$**を求める。

$$
\begin{aligned}
\%Zg &= 1/\{(1/Zg1)+(1/Zg2)\}\\
&= 1/\{(1/200)+(1/200)\}\\
&= 100 \quad (\%)
\end{aligned}
$$

短絡容量P_{S3}は，

$$
\begin{aligned}
P_{S3} &= 10\cdot 100/\%Z\\
&= 10\cdot 100/100\\
&= 10.0 \quad (\text{MVA})
\end{aligned}
$$

短絡電流I_{S3}は，

$$
\begin{aligned}
I_{S3} &= P_{S3}/(\sqrt{3}\cdot 6.6\text{kV})\\
&= 10.0/(\sqrt{3}\cdot 6.6)\\
&= 0.88 \quad (\text{kA})
\end{aligned}
$$

8.6 騒音対策と耐震対策
8.6.1 騒音対策

発電設備の設置に当って，騒音問題は公害対策の一環として特に注意して対処する必要がある。法的には，環境基本法により行政上の目標値として生活環境の保全と人の健康の保護に資する上で維持することが望ましい基準として**第8.3表**の環境基準が定められ，また，騒音規制法により，機械プレスや送風機など著しい騒音を発生する施設（＝特定施設）を設置する工場・事業場を特定工場等と定義し，都道府県知事等が指定する指定地域内に設置する場合は，敷地境界線にて許容される騒音の大きさとして**第8.4表**の規制値が定められている。なお，地方条例によってさらに厳しい規制値が定められている場合があるので確認する必要がある。

第8.2表　法規の分類

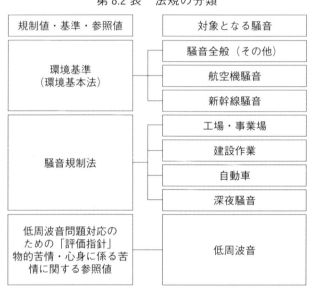

第8.3表　環境基準（環境基本法）

地域の類型	基準値	
	昼間（6時～22時）	夜間（22時～翌日6時）
AA	50dB以下	40dB以下
A及びB	55dB以下	45dB以下
C	60dB以下	50dB以下

（注）1．AAを当てはめる地域は，療養施設，社会福祉施設等が集合して設置される地域など特に静穏を要する地域とする。
　　　2．Aを当てはめる地域は，専ら住居の用に供される地域とする。
　　　3．Bを当てはめる地域は，主として住居の用に供される地域とする。
　　　4．Cを当てはめる地域は，相当数の住居と併せて商業，工業等の用に供される地域とする。

第2編　受変電機器選定上の技術計算

第8.4表　騒音規制法

区域／時間	昼間	朝・夕	夜間
第1種区域	45〜50デシベル	40〜45デシベル	40〜45デシベル
第2種区域	50〜60デシベル	45〜50デシベル	40〜50デシベル
第3種区域	60〜65デシベル	55〜65デシベル	50〜55デシベル
第4種区域	65〜70デシベル	60〜70デシベル	55〜65デシベル

第1種区域…良好な住居の環境を保全するため，特に静穏の保持を必要とする区域
第2種区域…住居の用に供されているため，静穏の保持を必要とする区域
第3種区域…住居の用にあわせて商業，工業等の用に供されている区域であって，その区域内の住民
　　　　　の生活環境を保全するため，騒音の発生を防止する必要がある区域
第4種区域…主として工業等の用に供されている区域であって，その区域内の住民の生活環境を悪化
　　　　　させないため，著しい騒音の発生を防止する必要がある区域

　発電設備における騒音発生機器には原動機の他，給排気換気ファンや冷却水冷却用の冷却塔やラジエターのファン音などがある。

　騒音対策としては下記のような方法が採られる。

・原動機の機械音

　原動機周囲面から発する騒音に対しては，対策として発電機室の遮音性を高めるために，外壁を厚さ150〜200mm程度の鉄筋コンクリートまたはALCとし，内側に厚さ50mm程度の吸音材を貼り付ける。また，発電機室には音漏れの原因となる開口部をできるだけ設けないようにする。

　屋外または屋内の一角に設置する場合は，周囲の騒音レベルはもとより，敷地境界線上の騒音規制値に応じて，発電設備を低騒音形キュービクル内に納める方法もある。

・原動機の排気音

　発電機室外の排気管の出口から発する騒音に対しては，対策としては排気煙道の途中に消音器を挿入して騒音レベルを減衰させる。敷地境界線上の騒音規制値と原動機の排気音特性に応じて消音器のタイプと容量を選定する。また，排気口は，機関側から要求される排気背圧の許容範囲内でなるべく境界線から離れた場所に設けて距離減衰を図るのがよい。

・給排気換気ファン音

　ファンの音は直接外部に漏れるため，騒音規制値に応じて，消音室を設け減音する，敷地境界から遠い側に換気口を向け距離減衰を図る，低騒音形ファンを採用する，給排気換気口部に曲がりを設ける，などの対策が必要となる場合がある。

・冷却塔ファン音

　冷却塔は屋外に設置されるため，なるべく敷地境界線から離れて影響の少ない設置場所を選定することと，低騒音形ファンの採用が必要となる場合がある。

a．騒音の計算

　発電設備の騒音には，発電機室内の音源（機械音，換気ファン音など）からの騒音が発電機室壁面を透過して外部に放射される透過騒音と，外部音源（排気音，冷却塔ファン音，換気ファン音など）から直接放射される騒音とがある。したがって，まず各音源の騒音の性質を解明することから始める。

　騒音の性質をあらわすものとしては，音圧レベルと音響パワーレベルがある。

　音圧レベルは人の音の感じ方に比例した尺度であり，音の強さである音波の進行方向に垂直な単位断面積を単位時間に通過するエネルギー，または，音波によって生じる静圧からの圧力変化

分である音圧の実効値の2乗と，それぞれの基準値との常用対数の10倍で定義される。

音響パワーレベルは音源の音響放射能力を表す尺度であり，音源が単位時間に放射する全音響エネルギーである音響出力とその基準値との常用対数の10倍で定義される。

一般的に，騒音の大きさの尺度として人間の感覚に合った対数尺度である音圧レベルを使用し，特に各周波数バンド毎に人の聴感特性に応じて補正した値であるA特性音圧レベルを騒音レベルと呼び，使用している。

イ．各音源の騒音レベル；SPL〔dB(A)〕

各機器の騒音レベルおよび周波数特性を調査する。

騒音レベルは機器の機側から1mの位置における（ただし，ファンは1.5m）値とする。

ディーゼル機関の機械音周波数特性例を第8.3図に示す。

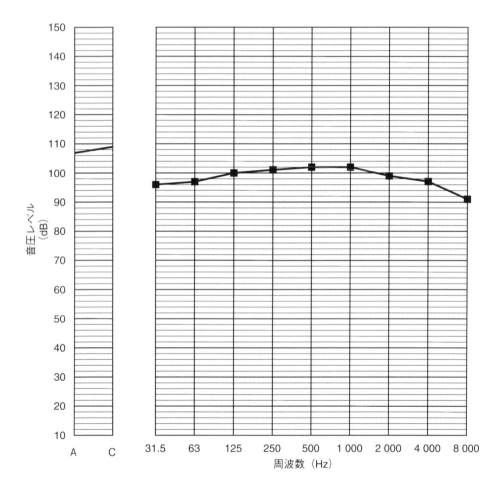

第8.3図　ディーゼル機関の機械音周波数特性例（出力/回転速度：1 200kW/750min^{-1}）

ロ．各音源の音響パワーレベル；PWL〔dB(A)〕

各機器を立体音源と考えた次式から求める。

ただし，床面からの音の放散は考えない。

$PWL = SPL + 10 \log S$ ………第8-1式
S：測定位置における包絡面積m^2
　　$= 2 \cdot H \cdot (A+B) + A \cdot B$

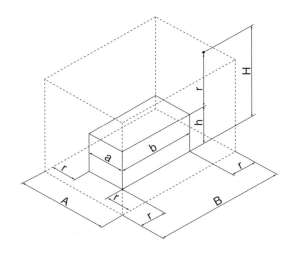

第8.4図　包絡図形

ハ．発電機室開口部から出る音響パワーレベル；$PWLa$〔dB(A)〕

$PWLa = PWL + 10 \log(S_o/S_e)$　………第8-2式

S_o：建屋開口面積　m^2
S_e：建屋内壁面積（床面積を除く）m^2

ニ．音響パワーレベルの合成
　各機器の音響パワーレベルを求めたら，同じ場所に設置する機器の音響パワーレベルを合成する。
　合成音響パワーレベル；ΣPWL〔dB(A)〕

$\Sigma PWL = 10 \log(10^{PWL_1/10} + 10^{PWL_2/10} \cdots 10^{PWL_n/10})$　………第8-3式

$PWL_1,\ PWL_2 \cdots PWL_n$；各機器の$PWL$
　　$= PWL + 10 \log N$（N個の音源が同一パワーレベルの場合）

ホ．各音源から受音点までの距離減衰
　点音源の距離減衰
　騒音レベルの減衰；DL〔dB(A)〕
　距離1m位置の騒音レベルに対する距離減衰

$DL = 20 \log r$　………第8-4式
　r：音源からの距離　m

音響パワーレベルの減衰；DPL〔dB(A)〕
球面状に音が拡散する場合（中空）の減衰

$DPL = 10 \log(4\pi r^2) = 20 \log r + 11$ ・・・・・・・・第8－5式

半球面状に音が拡散する場合（地上）の減衰

$DPL = 10 \log(2\pi r^2) = 20 \log r + 8$ ・・・・・・・・第8－6式

ヘ．遮へい効果による減衰；WL [dB(A)]
　自由空間の半無限障壁による減衰量；R [dB(A)]
第8.5図から求める。

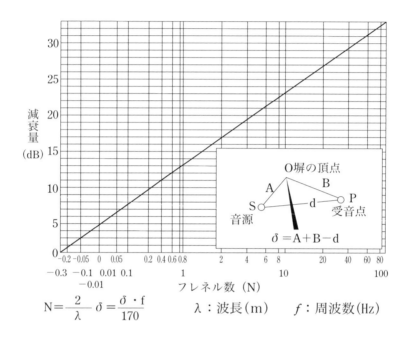

第8.5図　自由空間の反無限壁による減衰量

$\delta = A + B - d$ ・・・・・・・・第8－7式
$N = \delta/(\lambda/2) = \delta \cdot f/170$　（フレネル数）・・・・・・・・第8－8式
　注：フレネル数Nの式変形は，15℃の音速v＝340m/sを使用して，λ＝v/f から算出した。
δ：壁を迂回した時としない時の経路差
λ：波長
注：塀の長さが有限の場合は，長さ方向について考慮しなければならないが，長さが高さの5倍程度以上あれば考慮しなくて良い。

ト．各音源の受音点における目標騒音レベル；$NLki$ [dB(A)]
　経済的な騒音対策を行うためには，各機器の騒音レベルが規制地点で同等になるように計画するのが最良であり，各音源の規制地点における騒音レベル（各機器1ヶ当たりの目標騒音レベル$NLki$）を求める。

$NLki = NLko - 10 \log n$ ・・・・・・・・第8-9式

$NLki$：各音源の規制地点における規制騒音レベル（目標騒音レベル）[dB(A)]
$NLko$：規制地点の騒音規制値 [dB(A)]
n　　：騒音源の数
各機器から発生する騒音の必要減衰量；Li [dB(A)]

$Li = PWL - DPL - WL - NLki$ ・・・・・・・・第8-10式

チ．発電機室壁の透過減衰量；TL [dB(A)]

透過減衰量を求める式としては，経験式として**第8-11式**があり，基礎を通じて伝わる固体伝播音の影響をηで補正する。

$TL = \eta \times \{18 \log(f \times m) - 44\}$ ・・・・・・・・第8-11式

m：壁の面密度　kg/m^2
f：周波数　Hz
η：補正係数（固体伝播音の影響）
　　$\eta = 0.8$　（音源体が防振支持の場合）
　　　　$= 0.65$（音源体が防振支持でない場合）

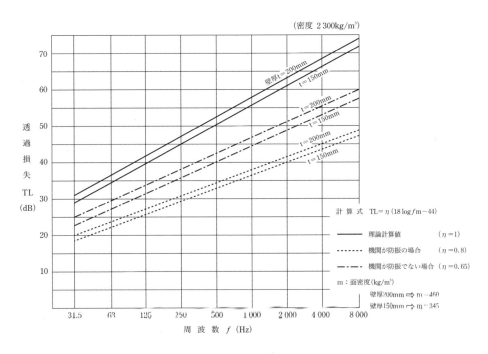

第8.6図　コンクリート壁透過損失値

b．騒音検討（計算例）

ディーゼル発電設備（1 200kW×2台）の場合
・騒音条件；敷地境界で50dB(A)
・発電機室と敷地境界線位置関係は**第8.7図**の通りである。

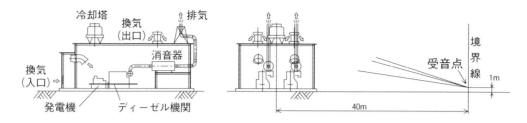

第8.7図　発電機室と境界線の位置関係（1 200kW×2台　ディーゼル発電装置）

イ．騒音源と音響パワーレベル

　ディーゼル機関

　　機械音；機側1mで107dB(A)

・機械音1台分の音響パワーレベル；$PWLe$

第8−1式より

　$S=55m^2$

　$PWLe=107+10\log55$
　　　　$=124dB(A)$

・機械音2台分の音響パワーレベル；$PWLe_2$

第8−3式より

　$PWLe_2=124+10\log2$
　　　　　$=127dB(A)$

　排気音

　排気出口1mで75dB(A)まで減音する消音器を採用すると，2台の音響パワーレベルは以下の通りとなる。

・エンジン1台の排気音の音響パワーレベル；$PWLs$

第8−1式より

　$Ss=12.6 m^2$（機側1mの包絡面積，球面上に広がるものとして球の表面積$4\pi r^2$から算出した。）

　$PWLs=75+10\log Ss$
　　　　$=75+10\log12.6$
　　　　　$86dB(A)$

・エンジン2台の排気音の音響パワーレベル；$PWLs_2$

第8−3式により

　$PWLs_2=86+10\log2$
　　　　　$=89dB(A)$

　換気入口音

　換気ファンは，低騒音形軸流ファンを採用すると，機側1.5mで約90dB(A)となる。

・換気ファン1台の音響パワーレベル；$PWLf$

第8−5式より

$$r = 1.5\ \mathrm{m}$$

$$PWLf = 90 + 10\log(4\pi \times 1.5^2)$$
$$= 105\mathrm{dB(A)}$$

・換気ファン2台の音響パワーレベル；$PWLf_2$

第8−3式より

$$PWLf_2 = 105 + 10\log 2$$
$$= 108\mathrm{dB(A)}$$

・換気入口から出て行く機械音音響パワーレベル；$PWLa$

第8−2式より

$$S_\mathrm{o} = 0.5\mathrm{m}^2 \quad S_\mathrm{e} = 456\mathrm{m}^2$$

$$PWLa = PWLe_2 + 10\log(S_0/S_\mathrm{e})$$
$$= 127 + 10\log(0.5/456)$$
$$= 97\mathrm{dB(A)}$$

・換気入口音音響パワーレベル；$PWLi$

第8−3式より

$$PWLi = 10\log(10^{PWLf_2/10} + 10^{PWLa/10})$$
$$= 10\log(10^{108/10} + 10^{97/10})$$
$$= 108\mathrm{dB(A)}$$

・換気出口音

換気入口と同構造とすると，換気出口音響パワーレベルは，

$$PWLo = 108\mathrm{dB(A)}$$

冷却塔音

低騒音形を採用すると，機側2mで55dB(A)となる。

・冷却塔音1台の音響パワーレベル；$PWLt$

第8−1式より

$$St = 125\mathrm{m}^2 \text{（機側2mの包絡面積）}$$

$$PWLt = 55 + 10\log S_\mathrm{t}$$
$$= 55 + 10\log 125$$
$$= 76\mathrm{dB(A)}$$

・冷却塔音2台の音響パワーレベル；$PWLt_2$

第8−3式により

$$PWLt_2 = 76 + 10\log2$$
$$= 79\,dB(A)$$

（冷却塔音は，日本冷却塔工業会の騒音基準もあるので参照のこと）

ロ．必要減衰量；L dB(A)

$$L = PWL - DPL - NLki$$

となり，第8.5表のとおりとなる。

第8.5表　必要減衰量

騒音源	騒音源パワーレベル PWL dB(A)	音源から受音点までの距離 r m	パワーレベルからの距離減衰 DPL dB(A)	目標騒音レベル NLKidB(A)	必要減衰量 L dB(A)
ディーゼル機関音	127	40	40 $10\log2\pi r^2$	43 $50-10\log N$ $N=5$	$127-40-43$ $=44$
ディーゼル機関排気音	89	40	40 $10\log2\pi r^2$	43	$89-40-43$ $=6$
換気入口音	108	40	40 $10\log2\pi r^2$	43	$108-40-43$ $=25$
換気出口音	108	40	40 $10\log2\pi r^2$	43	$108-40-43$ $=25$
冷却塔音	79	40	40 $10\log2\pi r^2$	43	$79-40-43$ $=-4$

注：本表目標騒音レベルは境界線にて，5つの音源が同一レベルになるように計算したもの。

ハ．騒音対策の検討

　機械音必要減衰量；44 dB(A)

　対策は，建屋壁により遮音する。

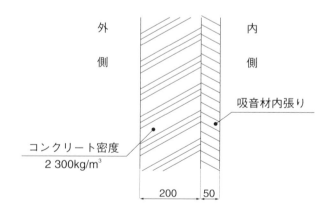

第8.8図　コンクリート壁構造図

第2編　受変電機器選定上の技術計算

コンクリート壁構造を**第8.8図**のように考え，ディーゼル機関を防振支持とした場合，透過損失は，**第8−11式**より

$\eta = 0.8$　$m = 2\,300 \times 0.2 = 460 \mathrm{kg/m^2}$

$\mathrm{TL} = 0.8 \times \{18 \log(f \times 460) - 44\}$

第8.6表　建屋壁透過損失計算

（出力/回転速度：$1\,200\,\mathrm{kW}/750\,\mathrm{min^{-1}}$ディーゼル機関）

f Hz	31.5	63	125	250	500	1 000	2 000	4 000	8 000	OA
機械音　dB(C)	96	97	100	101	102	102	99	97	91	109
dB(C)→dB(A)補正	−36	−25	−16	−9	−3	0	1	2	2	−
機械音　dB(A)	60	72	84	92	99	102	100	99	93	107
コンクリート壁透過損失　dB	−25	−29	−33	−38	−42	−46	−51	−55	−59	−
コンクリート壁透過音　dB(A)	35	43	51	54	57	56	49	44	34	61

注：機械音は**第8.3図**の読み値を記載。

壁の透過減衰　$107 - 61 = 46 \mathrm{dB(A)}$

したがって，**第8.8図**のコンクリート壁の遮音効果は46dB(A)程度であり，必要減衰量を満足する。

ニ．排気音必要減衰量

排気消音器は，出口1mにおいて75dB(A)の場合，減音量が6dB(A)不足したため，69dB(A)の容量の消音器を採用する。

ホ．換気入口の必要減衰量

給気ファン吸込部に消音装置を取り付けて25dB(A)を減衰させる。

ヘ．換気出口の必要減衰量

前項と同じ。

ト．冷却塔必要減衰量

距離減衰で目標騒音値43dB(A)を満足している。

チ．規制地点における総合音の検討

以上の各騒音に対する減衰量を基に，規制地点での騒音が50dB(A)以下になるかどうか**第8.7表**により確認する。

規制地点における総合騒音レベル；$SPLt$〔dB(A)〕

$SPLt = 10 \log(10^{41/10} + 10^{43/10} + 10^{43/10} + 10^{43/10} + 10^{39/10})$
　　　$= 49 \mathrm{dB(A)}$

したがって，上記の対策を行えば境界線上で50dB(A)を満足することになる。

注1　搬入口は壁と同程度の遮音性を有するように設計すること。

注2　本検討では発電装置から発生する騒音についてだけ検討している。暗騒音の影響を考慮する必要がある場合は，暗騒音を測定してSPLtに1項追加する。

第8.7表　規制地点における総合音の検討

騒　音　源	騒音源 パワーレベル PWL dB(A)	音源から受音点 までの距離 r m	パワーレベル からの距離減衰 DPL dB(A)	騒音対策 による減衰量 WL dB(A)	規制地点における 騒音レベル SPL dB(A)
ディーゼル 機　関　音	127	40	40 10log2πr²	46	127−40−46 =41
ディーゼル 機関排気音	83	40	40 10log2πr²		83−40 =43
換気入口音	108	40	40 10log2πr²	25	108−40−25 =43
換気出口音	108	40	40 10log2πr²	25	108−40−25 =43
冷却塔音	79	40	40 10log2πr²		79−40 =39

8.6.2　耐震対策

地震発生時に，発電装置本体，補機器類，配管および配線などが，転倒もしくは破損することなく，地震後に正常運転ができるようにするために機器に作用する地震力を計算し，これに耐える設計をする必要がある。

a．地震荷重の計算

地震荷重の計算方法は，建築設備耐震設計・施工指針[1]がベースとなった計算式が広く採用されている。この指針では，設備機器類に関する地震荷重に対して許容応力度設計法により部材耐力を検定する方法である，局部震度法による計算が用いられている。この方法によって，具体的に各設備機器などについて設計計算・判定計算が行えるようにされている。

本項では，局部震度法による地震荷重の計算方法と，その荷重に対するアンカーボルトの強度検討方法について述べる。

設備機器に対する設計用水平震度および設計用鉛直震度については，建築物の時刻歴応答解析が行われていない場合と行われている場合で分けて規定している。

イ．建築物の時刻歴応答解析が行われていない場合の地震荷重の計算

・設備機器に作用する設計用水平地震力；F_H [kN]

$$F_H = K_H \times M \times g \times 10^{-3}$$
$$= K_H \times W \quad \cdots\cdots\cdots 第8-12式$$

K_H：設計用水平震度

W：機器の重量 [kN]

M：機器の質量 [kg]

g：動力加速度　9.8m/s²

－ 208 －

第2編　受変電機器選定上の技術計算

・設備機器に作用する設計用鉛直地震力；F_V［kN］

$$F_V = K_V \times M \times g \times 10^{-3}$$
$$= K_V \times W$$
$$= (1/2) \times F_H \quad \cdots\cdots\cdots 第8-13式$$

K_V：設計用鉛直震度

$$K_V = (1/2) \times K_H$$

時刻歴応答解析が行われていない場合の設計用水平震度は，次のように求める。

$$K_H = Z \cdot K_S$$

K_S：設計用標準震度（**第8.8表**による）

発電装置は，重要度の高い設備とし，クラスAを適用する。

Z：地域係数＝通常 1

（国内の地域によって異なる係数で，通常は最大値である1.0としてよい）

第8.8表　設計用耐震震度

	設備機器の耐震クラス			適用階の区分
	耐震クラスS	耐震クラスA	耐震クラスB	
上層階，屋上および塔屋	2.0	1.5	1.0	塔屋／上層階
中間階	1.5	1.0	0.6	中間階
地階および1階	1.0 (1.5)	0.6 (1.0)	0.4 (0.6)	1階／地階

（　）内の値は地階および1階（あるいは地表）に設置する水槽の場合に適用する。

上層階の定義
・2～6階建ての建築物では，最上階を上層階とする。
・7～9階建ての建築物では，上層の2層を上層階とする。
・10～12階建ての建築物では，上層の3層を上層階とする。
・13階建て以上の建築物では，上層の4層を上層階とする。

中間階の定義
・地階，1階を除く各階で上層階に該当しない階を中間階とする。
　指針表2.2-1における「水槽」とは，受水槽，高層水槽などをいう。

注）各耐震クラスの適用について
　1．設備機器の応答倍率を考慮して耐震クラスを適用する。
　　（例　防振支持された設備機器は耐震クラスA又はSによる。）
　2．建築物あるいは設備機器などの地震時あるいは地震後の用途を考慮して耐震クラスを適用する。
　　（例　防災拠点建築物，あるいは重要度の高い水槽など。）

ロ．建築物の時刻歴応答解析が行われている場合の地震荷重の計算

F_HとF_Vの計算式は**第8-12式**，**第8-13式**による。

時刻歴応答解析が行われている場合の設計用水平震度は，次のようにK'_Hを求め，**第8.12表**よ

- 209 -

りこれに適合する値を選定する。

$$K'_H = (G_F/G) \cdot K_2 \cdot D_{SS} \cdot I_S \quad \cdots 設備機器の場合$$
$$= (G_F/G) \cdot \beta \cdot I \quad\quad \cdots 水槽の場合$$

G_F：各階床の応答加速度値（cm/s^2）

G：重力加速度値＝980（cm/s^2）

K_2：設備機器の応答倍率で，設備機器自体の変形特性や防振支持された設備機器支持部の増幅特性を考慮して，第8.9表によるものとしている。

D_{SS}：設備機器据付用構造特性係数で，振動応答解析が行われていない設備機器の据付・取付の場合，ある程度の変形特性を見込んでD_{SS}＝2/3と設定している。

I_S：設備機器の用途係数で，I_S＝1.0〜1.5としている。

β：水槽の設置場所に応じた応答倍率で，第8.10表による。

I：水槽の用途係数で，第8.11表による。

第8.9表　設備機器の応答倍率

設備機器の取付状態	応答倍率：K_2
防振支持された設備機器	2.0
耐震支持された設備機器	1.5

第8.10表　水槽の応答倍率

場　所	応答倍率：β
1階，地階，地上	2.0
中間階，上層階，屋上，塔屋	1.5

第8.11表　水槽の用途係数

用　途	用途係数：I
耐震性を特に重視する用途	1.5
耐震性を重視する用途	1.0
その他の用途	0.7

第8.12表　建築物の時刻応答解析が行われている際の設計用水平震度

K'_Hの値	設計用水平震度K_H		
	耐震クラスS	耐震クラスA	耐震クラスB
1.65超	2.0	2.0	2.0
1.10超〜1.65以下	1.5	1.5	1.5
0.63超〜1.10以下	1.0	1.0	1.0
0.42超〜0.63以下	1.0	0.6	0.6
0.42以下			0.4

b．耐震設計計算

建築設備耐震設計・施工指針では設備機器の耐震支持の方法として，アンカーボルトによる基礎・床・壁への支持や吊り支持，頂部支持材，耐震ストッパ，鉄骨架台などを取り上げている。

本項目ではアンカーボルトによって設備機器を直接支持する場合について計算を行い，耐震設計上の検討方法を示す。

イ．アンカーボルトの引抜力

アンカーボルト一本当たりの引抜力（転倒モーメントに対する引抜力）を求める。

・アンカーボルト1本当たりの引抜力；R_b [kN]

$R_b = \{F_H \times h_G - (W - F_V) \times \ell_G\} / (\ell \times n_t)$ ………第8-14式

h_G：据付面より機器重心までの高さ [m]
ℓ：検討する方向からみたボルトスパン [m]
ℓ_G：検討する方向からみたボルト中心から機器重心までの距離 [m]
n_t：機器転倒を考えた場合の引張を受ける片側のアンカーボルトの総本数 [本]

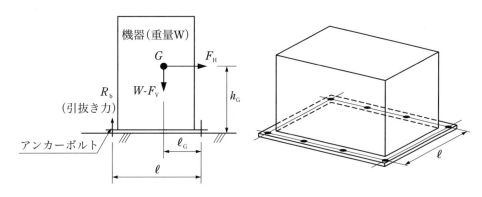

第8.9図　床・基礎指示例

ここで，R_b が負の値であれば，引抜を生じないので問題ない。R_b が正の値であれば，アンカーボルトの短期許容引抜力 T_a を求め，$R_b \leqq T_a$ となるか確認する。アンカーボルトの短期許容引抜力 T_a は施工方法によって算出方法が変わってくる。詳細は建築設備耐震設計・施工指針を参照されたい。

ロ．アンカーボルトの許容応力度

・アンカーボルトの引張応力度；σ [kN/cm^2]

$\sigma = \sigma_0 + \Delta \sigma$
　$= \sigma_0 + R_b / A$　………第8-15式

σ_0：アンカー初期締付応力 [kN/cm^2]
A：アンカー1本当たりの軸断面 [cm^2]

・アンカーボルトのせん断応力度；τ [kN/cm²]

$$\tau = F_H/(n \times A) \quad \cdots\cdots\cdots 第8-16式$$

n：アンカーボルトの総本数

σ, τ の計算結果の評価は**第8.13表**による。短期許容応力度f_t, f_s以下に収まっていればアンカーボルトの選定は問題ない。

第8.13表　ボルトの許容応力表

ボルトの種類	長期許容応力度 (kN/cm²) 引 張 (f_t)	長期許容応力度 (kN/cm²) せん断 (f_s)	短期許容応力度 (kN/cm²) 引 張 (f_t)	短期許容応力度 (kN/cm²) せん断 (f_s)
ボルト (SS400)	11.7	6.78	17.6	10.1
ステンレスボルト (A2-50)	10.5	6.08	15.8	9.12

注（ i ）　上表の値は，建築基準法施行令第90条に基づいた計算値を示している。
（ ii ）　ボルトの引張応力度を検討する必要が生じた場合には，表のf_t値を用いる。
（iii）　引張とせん断を同時に受けるボルトの強度確認は，次による。
　① $\tau \leq f_s$
　② $\sigma \leq (f_t と f_{ts}の最小のもの)$ ただし，$f_{ts} = 1.4 f_t - 1.6\tau$
　　ここに，τ：ボルトに作用するせん断応力度（$\tau = F_H/(n \times A)$）
　　　　　　σ：ボルトに作用する引張応力度
　　　　　　f_s：せん断のみを受けるボルトの許容せん断応力度
　　　　　　f_t：引張のみを受けるボルトの許容引張応力度
　　　　　　f_{ts}：引張とせん断力を同時に受けるボルトの許容引張応力度　ただし，$f_{ts} \leq f_t$（SS400材の場合，短期許容応力度については$\tau = 4.4$kN/cm²以下の時は$f_{ts} = f_t$となる。）
（iv）　上表の許容応力度は，ボルトのねじ谷径断面を評価してある。選定のための計算には，軸断面積（呼径による断面積）を用いてよい。ねじ谷径断面は軸断面の75%とした。

c．計算例

第8.10図に示す2 000kWディーゼル発電装置について検討する。本装置は防振台床式となっていて台床の4隅に耐震ストッパーが設けられているので，ストッパー用アンカーボルトの耐震強度を検討する。

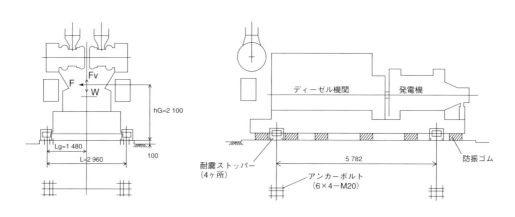

第8.10図　2 000kW級ディーゼル発電装置例

第8−12式において，

K_S＝0.6（第8.8表において，Aクラスの地上設置とする）

K_H＝1×0.6＝0.6

W＝57.82kN

水平地震力

F_H＝0.6×57.82
　　＝34.7kN

第8−13式において，

鉛直地震力

F_V＝(1/2)×0.6×57.82
　　＝17.35kN

アンカーボルトの引抜力

第8−14式において，

h_G＝2.10m　　ℓ＝2.96m　　ℓ_G＝1.48m　　n_t＝12本（片側本数）

R_b＝{34.7×2.1−(57.82−17.35)×1.48}/(2.96×12)
　　＝0.365kN

アンカーボルトの引張応力

第8−15式において，

A＝3.14cm^2（M20あと施工アンカー）

σ_0＝4.9kN/cm^2

σ＝4.9＋0.365/3.14
　　＝5.02kN/cm^2

アンカーボルトのせん断応力

第8−16式において，全ボルトにせん断力が同時に作用するとして，

n＝24本

τ＝34.7/(24×3.14)
　　＝0.46kN/cm^2

　第8.13表によりσとτについて評価すると，τ＜4.4kN/cm^{2}であるから，（引張とせん断を同時に受ける場合の検討は不要である。）

・τ＝0.46＜f_s＝10.2kN/cm^2

　　（SS400の短期せん断許容応力）

・σ＝5.02＜f_t＝17.6kN/cm^2

　　（SS400の短期引張許容応力）

　したがって，アンカーボルトは地震力によって破断されることはない。

さらに，アンカーボルト許容引抜荷重については，アンカーボルトの種類に応じて日本建築センター発行の建築設備耐震設計・施工指針の付表により検討する。

8.7 給・排気，換気系統
8.7.1 排気系統

排気系統の背圧（排気抵抗）が許容限度を超えると機関の性能の低下を招き，場合によっては出力を下げる必要があるため，排気管路は最短，かつ曲がり数を最少とし，さらに排気管路に接続する消音器，排気ガスボイラ，脱硝／脱硫装置などは抵抗の小さいものを選定することが望ましい。許容背圧等の諸数値は製造者の指示する値を用いて計算を行う必要があるため，その都度製造者に確認する。許容背圧の参考値を第8.14表に示す。

第8.14表　エンジンの許容背圧（参考値）

機関の種類	許容背圧kPa
非常用ディーゼル機関	3.5
常用ディーゼル機関	5.0
ガ ス 機 関	5.0
ガスタービン	2.5

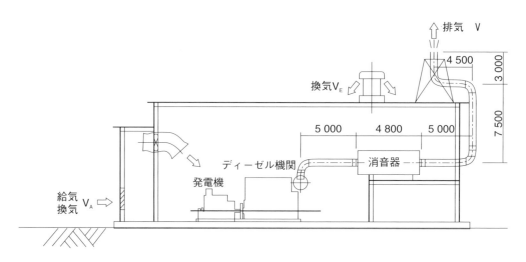

第8.11図　排気系統例（2 000kW級ディーゼル発電設備）

a．排気管/排気ダクト

排気ガス温度は，ディーゼル機関では過給機出口で300～450℃，ガス機関では過給機出口で400～500℃，ガスタービンではタービン出口で500～600℃に達するので，熱膨張を吸収するため，要所に可撓管を挿入し，管表面は厚さ75mm程度の断熱材（ロックウールなど）により断熱処理を施す。

排気管の放熱量計算の詳細については，後述の「換気量計算」を参照のこと。

また，給・排気出入口には，適当な防雨/防鳥対策と防火シャッターの設置が必要な場合もある。

第2編　受変電機器選定上の技術計算

b．排気消音器

原動機の排気音を減衰させるために，排気管途中に消音器を設置する。消音器は，敷地境界における騒音レベルが規制値以下となるように選定する。騒音に関する計算の詳細については，「8.6.1　騒音対策」を参照のこと。

8.7.2　排気背圧の計算

排気背圧は，排気管の直管部，曲がり部，および接続機器を流れる排気ガスの流路抵抗を合計した値である。

a．排気ガス量；V'_{01} [m³N/kg-fuel]

ディーゼル機関の場合

$$V'_{01}=V_{01}+(\lambda-1)\times A_0 \quad \cdots\cdots\cdots 第8-17式$$

V'_{01}：湿り実際燃焼ガス量

V_{01}：湿り理論燃焼ガス量

A_0：理論空気量＝11.2（第8.15表による）

λ：空気過剰率＝2.5（一般的な値）

第8.15表　理論空気量・燃焼ガス量（参考値）

燃料の種類	理論空気量	湿り理論燃焼ガス量
A重油 1種1号	11.3	12.0
A重油 1種2号	11.2	11.9
軽油	11.4	12.1

（単位：m³N/kg-fuel）
注：本表の数値は燃料の組成によって変わる

実温度に換算した排気ガス（湿りガス）量；V

$$V=V_{01}\times\{(273+Te)/273\}\times F \quad \cdots\cdots\cdots 第8-18式$$

V：実温度換算排気ガス量　m³/h

T_e：排気ガス温度

F：燃料消費量　kg/h＝$P\times be$ $\quad\cdots\cdots\cdots 第8-19式$

P：原動機出力　kW

be：燃料消費率　kg/kWh

b．排気管内流速；v [m/s]

$$v=V/S\times 1/3\,600 \quad \cdots\cdots\cdots 第8-20式$$

v：排気管内流速　m/s

S：排気管内断面積　m²

- 215 -

c．直管部の抵抗；ΔP_1　[kPa]

$$\Delta P_1 = f \times (L/D) \times \rho_e \times (v^2/2) \times \frac{1}{1\,000} \qquad \cdots\cdots\cdots 第8-21式$$

- L　：直管長さ　m
- D　：管内径　m
- v　：流速　m/s
- g　：重力加速度=9.8m/s^2
- ρ_e：ガスの密度　kg/m^3
- f　：管摩擦係数

管摩擦係数を求める公式は数多く与えられているが，（抵抗値を概算で求める場合は，0.03を用いる）ここでは，ムーディ線図による選定方法を示す。

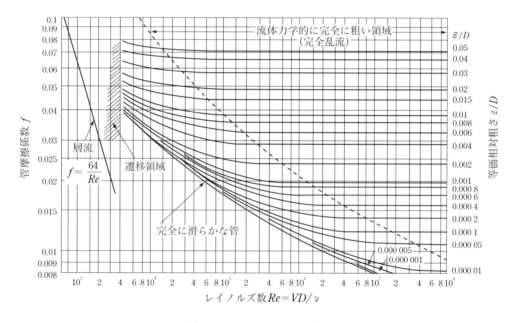

第8.12図　ムーディ線図

Re：レイノルズ数

　　$Re = v \times D / \nu$

- ν　：流体の動粘度　m^2/S
- ε　：管壁の粗度（市販鋼管の場合は，0.05×10^{-3}m）

層流域（$Re <$ 約2 000～4 000）では管摩擦係数fは64/Reとなる。

　例：$Re = 1\,500$のとき

　　　$f = 64/1\,500 = 0.0427$

乱流域（$Re >$ 約4 000）では等価相対粗さε/Dとレイノルズ数に応じてムーディ線図にて確認

- 216 -

する。

例 ：$Re=300\,000$, $\varepsilon=0.05\times10^{-3}$, $D=0.611$のとき

$\varepsilon/D=8.18\times10^{-5}$

$Re=300\,000$における $\varepsilon/D=1.0\times10^{-4}$ の管摩擦係数曲線を読み取ると，

$f=0.015$

d．曲管部の抵抗；ΔP_2　　[kPa]

$$\Delta P_2=\zeta\times\rho_e\times(v^2/2)\times Z\times\frac{1}{1\,000}\qquad\cdots\cdots\cdots第8-22式$$

V　：流速　m/s
ρ_e：ガスの密度　kg/m^3
Z　：曲管の数
ζ　：局部抵抗係数

e．補機の抵抗；ΔP_3　　[kPa]
補機の抵抗は，製造者と協議する。

f．計算例；
2 000kWのA重油焚きディーゼル機関で第8.11図に示す排気系統について計算する。
（直管25m，曲がり4箇所，発電機室内消音器設置，排気温度420℃とする。）

・排気ガス量
第8-17式より

$V_{01}=11.9$　$\lambda=2.5$　$A_0=11.2$
$V'_{01}=11.9+(2.5-1)\times11.2$
　　$=28.7\mathrm{m^3N/kg\text{-}fuel}$

第8-19式より

$P=2\,000\mathrm{kW}$　$be=0.234\mathrm{kg/kWh}$
$F=2\,000\times0.234$
　$=468\mathrm{kg/h}$

第8-18式より

$Te=420℃$
$V=28.7\times\{(273+420)/273\}\times468$
　$=34\,096\mathrm{m^3/h}$
　$=9.47\mathrm{m^3/s}$

・排気管内流速
第8-20式より

$S = 0.293 \text{m}^2$ （内/外径；611/620mm溶接管）

$v = 9.47/0.293$

   $= 32.3 \text{m/s}$

・直管部の抵抗

第8-21式において

  L＝25m　　D＝0.61m

  $\rho e = 0.525 \text{kg/m}^3$ （400℃の時）

  $f = 0.03$ （鋼管）

  $\Delta P_1 = 0.03 \times (25/0.61) \times 0.525 \times 32.3^2/2 \times \dfrac{1}{1\,000}$

    $= 0.337 \text{kPa}$

・曲管部の抵抗

第8-22式において

  $Z = 4, \quad \zeta = 0.5$ とする

  $\Delta P_2 = 0.5 \times 0.525 \times 32.3^2/2 \times 4 \times \dfrac{1}{1\,000}$

    $= 0.548 \text{kPa}$

・排気消音器の抵抗

  $\Delta P_3 = 2.000 \text{kPa}$ （製造者提示値）

  したがって，排気抵抗（背圧）ΔPは，

  $\Delta P = \Delta P_1 + \Delta P_2 + \Delta P_3 + \cdots\cdots + \Delta P_n$

    $= 0.337 + 0.548 + 2.000$

    $= 2.885$

8.7.3　給・換気系統

　原動機の燃焼用空気が室内吸入の場合は，発電機室の給気量は，室内に設置された原動機，発電機および消音器などの機器類からの放熱による室温の上昇を防止するため，必要な換気量と原動機の燃焼空気量を加算した空気量となる。

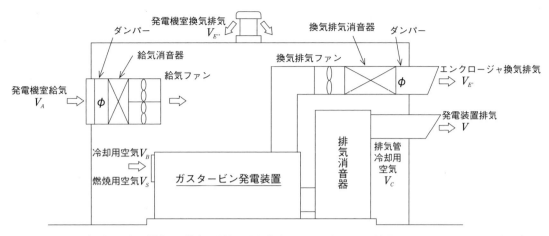

第8.13図（a） 給・排気，換気系統図例（ガスタービン発電装置，エンクロージャ有り）

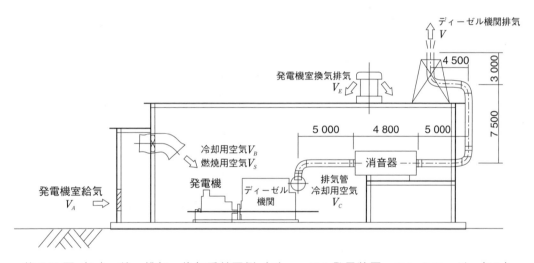

第8.13図（b） 給・排気，換気系統図例（ディーゼル発電装置，エンクロージャ無し）

$V_A = V_S + V_B + V_C$　　V_A, V_B, V_C, V_S：外気温度条件での空気量
$V_E = V_{E'} + V_{E''}$　　$V_E, V_{E'}, V_{E''}$：換気温度条件での空気量

a．原動機の燃焼に必要な空気量（30℃の場合）；V_S [m^3/h]

・ディーゼル機関/ガス機関（第8.13図(b)）

$$V_s = A_0 \times be \times \lambda \times P \times \frac{273+30}{273} \quad \cdots\cdots\cdots 第8-23式$$

P ：原動機出力　kW
A_0 ：理論空気量　m^{3}N/kg-fuel
be ：燃料消費率　kg/kWh
λ ：空気過剰率

ρ_a：30℃における空気密度

$\qquad = 1.165\quad$ kg/m^3

・ガスタービン

$V_S = 3\,600 \times P / (\rho_a \times k)$ $\qquad$・・・・・・・・第8－24式

k：ガスタービンの比出力　kW/kg/s（燃焼用給気量1kg/sあたりの出力）

$\qquad$一般に736 kW未満の場合　117

$\qquad\qquad$736 kW以上の場合　147

b．原動機および発電機の放熱量

・原動機の放熱量；Q_p〔kJ/h〕

$Q_p = P \times be \times H_u \times k_p$ $\qquad$・・・・・・・・第8－25式

P $\quad$：原動機出力　kW

be：燃料消費率　kg/kWh

H_u：燃料低位発熱量　kJ/kg（第8.16表参照）

k_p $\quad$：機関の放熱係数＝0.02～0.03

第8.16表　燃料低位発熱量（参考値）

燃料の種類	低位発熱量kJ/kg
A重油	42 420
軽油	42 840
灯油	43 260

・交流発電機の放熱量；Q_G〔kJ/h〕

$Q_G = P_G \times \phi \times 3\,600 \times (1 - \eta_G) / \eta_G$ $\qquad$・・・・・・・・第8－26式

P_G：発電機出力　kVA

η_G：発電機効率＝0.77～0.944（第8.17表参照）

ϕ $\quad$：発電機力率＝0.8

第2編　受変電機器選定上の技術計算

第8.17表　発電機効率

規約効率（JEM 1354－2018）

定格出力		効　率 %	
kVA	kW（力率0.8）	2極〜8極	10極〜14極
20	16	77.0	
37.5	30	80.7	
50	40	82.3	
62.5	50	83.4	
75	60	84.3	
100	80	85.5	
125	100	86.4	
150	120	87.0	
200	160	87.9	
250	200	88.9	
300	240	89.5	
375	300	90.3	
500	400	91.0	
625	500	91.7	91.1
750	600	92.1	91.5
875	700	92.3	91.8
1 000	800	82.6	92.1
1 250	1 000	93.0	92.1
1 500	1 200	93.3	93.0
2 000	1 600	93.7	93.4
2 500	2 000	93.8	93.6
3 125	2 500	94.0	93.8
3 750	3 000	94.1	93.9
4 375	3 500	94.2	94.0
5 000	4 000	94.3	94.0
5 625	4 500	94.3	94.1
6 250	5 000	94.4	94.1

裕　度

	特性の種類	裕度
規約効率 %	出力50kVAを超えるもの	−0.10×（100−保証値）
	出力50kVA以下	−0.15×（100−保証値）

c．原動機および発電機の放熱に対する換気量（外気30℃）；V_B［m^3/h］

$$V_B = (Q_p + Q_G)/\{C_p \times \rho_a \times (T_1 - T_2)\} \quad \cdots\cdots\cdots 第8-27式$$

Q_P ：原動機の放熱量　kJ/h

Q_G ：発電機放熱量　kJ/h

C_p ：30℃における空気の比熱

$\quad$ ＝1.0 kJ/kg℃

T_1 ：許容室内温度(温度上昇は吸込み温度＋10℃とする)＝40℃＝313 K

T_2 ：外気温度＝30℃＝303 K

ρ_a ：30℃における空気密度＝1.165 kg/m³

d．建屋内の排気管系の放熱に対する換気量（外気30℃）；V_c［m³N/h］

　発電機室内の排気管部分と消音器からの放熱量を計算し，他の設置機器の放熱分は係数 α_r＝1.2 を乗じて加味する。

$$V_C = A_C \times q \times \alpha_r / \{(T_1 - T_2) \times C_p \times \rho_a\} \quad \cdots\cdots\cdots 第8-28 式$$

A_C ：排気消音器の表面積　m²

q ：排気消音器の表面積1.0 m²当たりの放熱量　kJ/m²・h

$\quad$ ＝1 470 kJ/m²・h

$\quad$ （ラギング75mmの場合）

α_r ：消音器以外の排気管からの放熱量を加味した係数＝1.2

C_p ：30℃における空気の比熱

$\quad$ ＝1.0 kJ/kg℃

e．給気量と換気量

（ア）給気量（外気温度条件）；V_A［m³］

$$V_A = V_S + V_B + V_c \quad \cdots\cdots\cdots 第8-29 式$$

（イ）換気量（換気温度条件）；V_E［m³］

　エンクロージャの有無によって，建屋から排出される換気の箇所が異なるため，それぞれの設置状態に適した条件で検討する。

・エンクロージャが有る場合（第8.13図（a））

　エンクロージャ内の換気は，

$V_{E'} = V_B \times (273 + T_1) / (273 + T_2)$

　発電機室内の換気は，

$V_{E''} = V_C \times (273 + T_1) / (273 + T_2)$

・エンクロージャが無い場合（第8.13図（b））

$V_E = V_{E'} + V_{E''}$

$\quad = (V_B + V_C) \times (273 + T_1) / (273 + T_2) \quad \cdots\cdots\cdots 第8-30 式$

　その他放熱機器がある場合は，それらの放熱量も考慮して給・換気量を算出すること。

第2編　受変電機器選定上の技術計算

ｆ．計算例；

2 000kWディーゼル機関（第8.13図（ｂ），エンクロージャ無し）の場合の給気量と換気量を計算する。

・燃焼に必要な空気量（30℃）；V_S［m³/h］

第8−23式より

$P = 2\ 000\text{kW} \quad be = 0.234\text{kg/kWh}$

$\lambda = 2.5 \qquad A_0 = 11.2\ \text{m}^3\text{N/kg−fue1}$

$V_s = 11.2 \times 0.234 \times 2.5 \times 2\ 000 \times \dfrac{273+30}{273}$

$\qquad = 14\ 544\text{m}^3\text{/h}$

・原動機の放熱量；Q_p［kJ/h］

第8−25式より

$H_u = 42\ 420\text{kJ/kg} \quad kp = 0.025$

$Q_P = 2\ 000 \times 0.234 \times 42\ 420 \times 0.025$

$\qquad = 496\ 314\text{kJ/h}$

・発電機の放熱量；Q_G［kJ/h］

第8−26式より

$P_G = 2\ 500\text{kVA} \quad \phi = 0.8 \quad \eta_G = 0.938$

$Q_G = 2\ 500 \times 0.8 \times 3\ 600 \times (1-0.938)/0.938$

$\qquad = 476\ 000\text{kJ/h}$

・原動機および発電機の放熱に対する換気量（30℃）；V_B［m³/h］

第8−27式より

$Q_P = 496\ 314 \quad T_1 = 40℃ = 313\text{K}$

$Q_G = 476\ 000 \quad T_2 = 30℃ = 303\text{K}$

$C_P = 1.0 (外気温度30℃)$

$\rho_a = 1.165\text{kg/m}^3 (30℃)$

$V_B = (496\ 314 + 476\ 000)/\{1.0 \times 1.165 \times (40-30)\}$

$\qquad = 83\ 460\text{m}^3\text{/h}$

・排気管/排気消音器の放熱に対する換気量（30℃）；V_c［m³/h］

第8−28式より

$A_c = 88.3\text{m}^2$

$q = 1\ 470\text{kJ/m}^2\cdot\text{h}$

$\alpha_r = 1.2$

$V_C = 88.3 \times 1\ 470 \times 1.2/\{(40-30) \times 1.0 \times 1.165\}$

$\qquad = 13\ 370\text{m}^3\text{/h}$

・給気量；V_A〔m³/h〕

第8−29式より

$$V_A = 14\,544 + 83\,460 + 13\,370$$
$$\quad = 111\,374\,\text{m}^3/\text{h}$$

・換気量；V_E〔m³/h〕

第8−30式より

$$V_E = (83\,460 + 13\,370) \times (273 + 40)/(273 + 30)$$
$$\quad = 100\,026\,\text{m}^3/\text{h}$$

したがって，給気量は111 374m³/h（30℃）

換気量は100 026m³/h（40℃）となる。

8.8 燃料系統

8.8.1 燃料の種類

原動機の種類によって，使用する燃料は下表のとおりである。

第8.18表　エンジンと適用燃料

原　動　機		燃　　料
ディーゼル機関		重油，軽油
ガ　ス　機　関		都市ガス13A
ガスタービン	液体燃料	灯油，軽油，A重油
	気体燃料	都市ガス13A

注：特殊ガスについては，その性状により使用可否
　　を判定する。

8.8.2 燃料系統の構成

燃料系統の構成は，発電設備の非常用，常用の違いおよび使用燃料油の種類などによって異なる。

ａ．非常用発電設備

原動機が液体燃料を用いる場合とガス燃料を用いる場合の燃料系統図例を第8.14図（ａ）（ｂ）に示す。

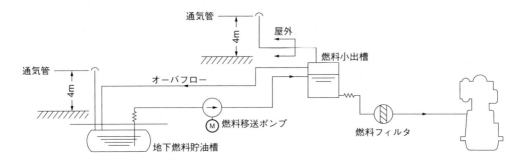

第8.14図（a） 燃料系統図例（ディーゼル発電装置）

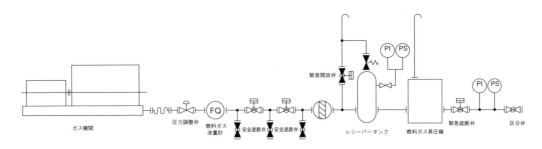

第8.14図（b） 燃料系統図例（ガスエンジン発電装置）

イ．燃料小出槽

　燃料小出槽は，2時間程度の運転に必要な量を保有するのが適当である。小形発電装置では消防法で定める指定数量未満，もしくはその1/5（小量危険物の貯蔵量）未満として，長時間の運転には燃料貯油槽から補給する方法がとられる。

・燃料小出槽の容量；V_k [ℓ]

$V_k = P \times be \times H \times K_1 / \rho_f$ ……… 第8-31式

P　：原動機出力　kW
be　：原動機の燃料消費率　kg/kWh
H　：運転時間＝2 h
K_1　：余裕率＝1.1（10％）
ρ_f　：燃料密度　kg/ℓ（第8.19表参照）

第8.19表　各種燃料密度（代表例）

燃料の種類	燃料密度kg/ℓ
A重油	0.85
C重油	0.92
軽油	0.83
灯油	0.78

〔計算例〕

300kWディーゼル機関の場合

第8−31式により

P ＝300kW　　ρ_f＝0.85（A重油）

be＝0.248 kg/kWh　　H＝2h

K_1＝1.1

として

V_k＝300×0.248×2×1.1/0.85

　　＝192.6 ℓ

燃料小出槽の容量は約200 ℓ となる。

ロ．燃料貯油槽

　燃料貯油槽は，予定運転時間を充分まかなえる容量のものを設置することになるが，3日間（72時間）運転可能とするのが適当である。消防法の規定に準拠し，給油の便を考慮したうえで，発電設備から遠くない場所に設置すること。敷地スペースが充分にある場合は，屋外タンクを設置し，スペースが確保できない場合は，屋内タンクまたは地下タンクを設置する。

・貯油槽の容量；V_c ［ℓ］

$V_c = P \times be \times H \times K_1 / \rho_f$　・・・・・・・・第8−32式

K_1：余裕率＝1.1（10%）

〔計算例〕

　上記300kWディーゼル機関で3日間（72時間）とする場合，

第8−32式により

H ＝72h　　K_1＝1.1

ρ_f＝0.85（A重油）

V_C＝300×0.248×72×1.1/0.85

　　＝6 932 ℓ

貯油槽容量は約7kℓ となる。

ハ．燃料移送ポンプ

　燃料小出槽に付属するレベルスイッチの信号によって移送ポンプを自動発停させ，常に小出槽に一定量を満たすように補給する。

　燃料移送ポンプの容量は，原動機の消費量の3倍程度または，小出槽を約1時間で満たす容量とするのが一般的である。

　移送ポンプ容量；Q_p ℓ /h

第2編　受変電機器選定上の技術計算

$$Q_p = P \times be \times K_2 / \rho_f \qquad \cdots\cdots\cdots 第8-33式$$

K_2：係数＝3倍

〔計算例〕

　上記300kWディーゼル機関の場合，

第8-33式により

　$K_2 = 3倍$

　$Q_P = 300 \times 0.248 \times 3 / 0.85$

　　　$= 262.6 \ell / h$

移送ポンプ容量は，約270ℓ/hとなる。

b．常用発電設備

　常用では，経済性が重要課題であることは前述のとおりである。したがって，原動機が小・中形ディーゼル機関の場合の燃料はA重油，大形ディーゼル機関の場合はC重油焚きが一般的である。A重油の供給系統は，非常用と同等であるが，C重油焚きの場合は，第8.15図に示すように，C重油焚き専用の機器と配管系統が適用される。

　C重油焚きの場合，機関始動はA重油で行われ，負荷が約30〜50％に達した時点から序々にC重油に切り換えられ，停止前に再びA重油に切り換えられる。

　したがって，燃料系統はA/C重油の2系統となる。

　C重油は，貯油槽から燃料移送ポンプでセットリングタンクに送られ，その中で加熱・静置されスラッジを分離沈降させる。次に，セットリングタンクから燃料清浄機に送られ，清浄されてクリーンタンクに送られる。クリーンタンクからA−C切換弁を経て粘度コントローラに至り，ここで燃焼最適粘度（10〜15mm^2/s）に調整されて機関に供給される。機関側で余剰となった燃料は，ミキシングタンクに戻り供給ラインに合流して循環する。

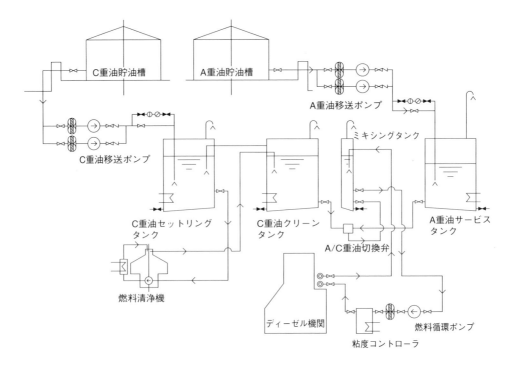

第 8.15 図　燃料系統図例（大型ディーゼル発電設備）

イ．各タンクの容量

a．A重油貯油槽

　A重油での長時間運転も配慮して，一般的に無給油で1週間程度運転可能な容量とする。

b．C重油貯油槽

　A重油貯油槽と同量とする。

c．A重油サービスタンク

　一般的に無給油で4～6時間運転可能な容量とする。

d．C重油セットリングタンク

　一般的に無給油で4～6時間運転可能な容量とする。

e．C重油クリーンタンク

　セットリングタンクと同量とする。

f．ミキシングタンク

　クリーンタンク容量の約1/30とする。

以上のことから逆算すると，機関出力（kW）当たりの各タンク容量は**第8.20表**のようになる。

第2編　受変電機器選定上の技術計算

第8.20表　燃料タンク容量（経験値）

タンクの種類	容量 ℓ/kW
A重油貯油槽	40
C重油貯油槽	40
A重油サービスタンク	1.0
C重油セットリングタンク	1.0
C重油クリーンタンク	1.0
ミキシングタンク	0.03

ロ．各タンクの容量計算；

〔計算例〕

2 000kW，C重油焚きディーゼル機関の場合，第8.20表から，

 a．A/C重油貯油槽

　　　40×2 000＝80 000 ℓ ＝80 k ℓ

 b．C重油セットリングタンク

　　　1.0×2 000＝2 000 ℓ ＝2 k ℓ

 c．C重油クリーンタンク　　　同上

 d．A重油サービスタンク　　　同上

 e．ミキシングタンク0.03×2 000＝60 ℓ

ハ．燃料循環ポンプ

　ポンプ容量は，機関消費量の2〜3倍とする。

　循環ポンプ容量；Q_c［ℓ/h］

$$Q_c＝P×be×K_2/\rho_f　\cdots\cdots\cdots第8-34 式$$

　K_2：倍率＝2〜3

〔計算例〕

　2 000kWディーゼル機関の場合，

第8-34式より

　$P ＝2 000kW　be＝0.234kg/kWh$

　$K_2＝2.5$

　$\rho_f＝0.92kg/ℓ$　（C重油）

　$Q_c＝2 000×0.234×2.5/0.92$

　　　$＝1 272 ℓ/h$

　　　$＝21.2 ℓ/min$

循環ポンプ容量は，約20 ℓ/minとなる。

ニ．燃料油フィルタ

　燃料油フィルタの型式は種々あるが，常用，非常用限らず小形ディーゼル機関/ガス機関およびガスタービンにはエレメント交換式フィルタを採用する。常用中・大形ディーゼル機関では日常点検の容易化のために自動洗浄式フィルタを採用する。

　フィルタの容量は，燃料の性状に応じたエレメントの交換間隔または洗浄頻度が許容される範囲内で選定する。

ホ．燃料油清浄機

　ディーゼル機関の燃料である重油（特にC重油）中には，スラッジや水分が含まれていて機関の燃料噴射装置のトラブルに繋がるので，これを除去する装置として一般的にはエレメント交換型フィルタと遠心分離型清浄機が用いられる。

　遠心分離型の容量計算例

　遠心清浄機の処理容量；Q_{fs}［ℓ/h］

　$Q_{fs} = \alpha \times P \times be / \rho_f$　・・・・・・・・・第8－35式
　P　：機関出力　kW
　be　：燃料消費率　kg/kWh
　ρ_f　：燃料密度　kg/ℓ
　α　：燃料消費量に対する余裕度＝1.1～1.2

〔計算例〕

　2 000kWディーゼル機関の場合

第8－35式により

　P　＝2 000kW　　be＝0.234kg/kWh
　ρ_f＝0.92 kg/ℓ　　α＝1.2
　Q_{fs}＝1.2×2 000×0.234/0.92
　　　＝610 ℓ/h

　メーカ選定表から，この処理容量に適した清浄機の型式を選定する。

ヘ．粘度コントローラ

　特に，C重油焚きのディーゼル機関では，燃料油を清浄化すると同時に，燃料噴射装置が適正に作動するように動粘度を10～15 mm²/sに維持する必要がある。粘度コントローラは，燃料機関入口に設置され，常に設定粘度を維持するようにラインヒータを制御する。

8.9　潤滑油系統
8.9.1　潤滑油の作用

　潤滑油は，原動機と発電機が安定的に性能を発揮し，その状態を長く維持するために極めて重要な役目を果たしている。

　潤滑油は，原動機の種類，燃料の種類，使用負荷条件などを考慮し，適正な品質のものを選定

しなければならない。潤滑油には，次のような機能が要求される。
- a．減摩機能········スベリ面の摩擦低減
- b．冷却機能········発熱部から熱を運び出す
- c．気密機能········スベリ境界の気密保持
- d．応力分散機能········接触面の応力分散
- e．清浄機能········潤滑部の洗浄
- f．防錆機能········防錆油膜の形成

8.9.2 潤滑油系統

潤滑油は，油溜めと原動機内部の間をポンプで圧送循環し，原動機入口に冷却器とフィルタを備えている。系統としては，どの原動機も共通である。

潤滑油系統例を第8.16図～第8.18図に示す。

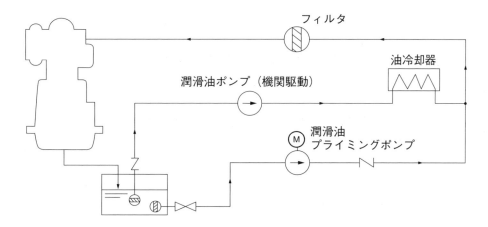

第8.16図　ディーゼル機関潤滑油系統例（ドライサンプ式）

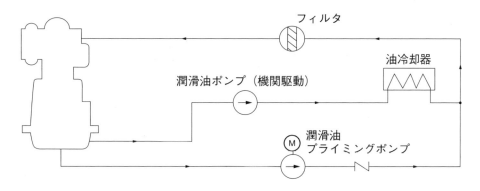

第8.17図　ディーゼル機関潤滑油系統例（ウェットサンプ式）

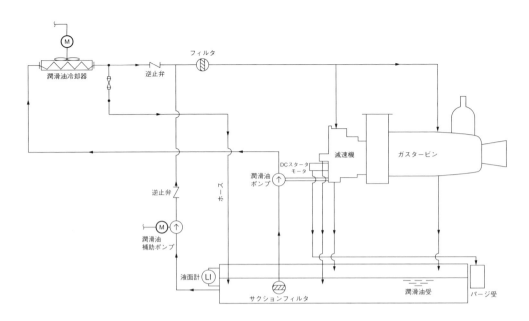

第8.18図　ガスタービン機関潤滑油系統例

a．油だめ

　小形のディーゼル機関/ガス機関では，機関付オイルパンが油だめとなるウエットサンプ方式が一般的であり，中・大形のディーゼル機関/ガス機関では，潤滑油の張り込み量が多くなるので，油だめは機関外部に別置きのタンク（サンプタンク）を設けるドライサンプ方式となる。

　ガスタービンは，ドライサンプ方式でキュービクル内にサンプタンクが内蔵されている。

　サンプタンクの容量は，その経験値を第8.21表に示す。

第8.21表　サンプタンク容量（経験値）

発電装置の種類	容量v_o ℓ/kW
非常用ディーゼル機関	0.5〜0.8
常用ディーゼル機関	1.5〜2.0
ガス機関	0.7〜1.0
ガスタービン	0.6〜0.9

　注　潤滑油張込量＝v_o×1.4
　　　（1.4：配管および機器の滞留量により異なる係数）

サンプタンクの容量；V_o [ℓ]

〔計算例－1〕

300 kW非常用ディーゼル機関の場合，第8.21表から，中間値を採用し求める。

$V_o = 0.65 \times 300 = 195$ ℓ

サンプタンク容量は約200ℓとなる。

第2編　受変電機器選定上の技術計算

また，潤滑油張込量は約280ℓ となる。

〔計算例－2〕

2 000kW常用ディーゼル機関の場合，第8.21表から，中間値を採用し求める。

$$V_0 = 1.75 \times 2\,000 = 3\,500\,ℓ$$

サンプタンク容量は約3 500ℓ となる。

また，潤滑油張込量は約4 900ℓ となる。

b．潤滑油ポンプ

主潤滑油ポンプは，安全性の面から機関直結が原則である。この機関直結ポンプのバックアップとして同容量の電動予備ポンプが設けられる場合がある。

ディーゼル機関およびガス機関の潤滑油予備ポンプの出力（kW）当たりのポンプ容量は$q_0 = 20\sim30\,ℓ$ /h/kWが適当である。

潤滑油予備ポンプ容量；Q_0［ℓ /h］

〔計算例〕

2 000kWディーゼル機関の場合，

$$Q_0 = q_0 \times 2\,000$$
$$= 25 \times 2\,000 = 50\,000\,ℓ \text{/h} = 833\,ℓ \text{/min}$$

予備ポンプ容量は約850ℓ /minとなる。

c．潤滑油プライミングポンプ

機関始動前の初期注油（プライミング）のために，小形機関ではウイングポンプ，中・大形機関では電動プライミングポンプが設けられる。また，即時始動仕様の非常用発電設備では，原動機を常時潤滑状態に維持しておく必要があるため，プライミングポンプをタイムスケジュールにより間欠運転する。タイムスケジュール例を第8.22表に示す。

第8.22表　プライミングポンプタイムスケジュール

発電装置の種類	タイムスケジュール
小形機関	4 時間毎に 1 分間
中形機関	4 時間毎に 5 分間
大形機関	1 時間毎に10分間

電動予備ポンプを設けている場合は，これをプライミングポンプとして兼用する場合が多い。プライミングポンプ専用として設ける場合の出力（kW）当たりのポンプ容量は$q_p = 10\sim15\,ℓ$ /h/kWが適当である。

プライミングポンプ容量；Q_p［ℓ /h］

〔計算例〕

2 000kWディーゼル機関の場合，

- 233 -

$$Q_P = q_P \times 2\,000$$
$$= 12 \times 2\,000 = 24\,000\,\ell/h = 400\,\ell/min$$

プライミングポンプの容量は約400 ℓ/minとなる。

d. 潤滑油冷却器

潤滑油冷却器は，水冷式と空冷式があり，水冷式はシェル&チューブ型またはプレート型が用いられ，空冷式ではラジエター型が用いられる。受水が困難で冷却水冷却用ラジエターを装備するディーゼル機関/ガス機関では，ラジエター型潤滑油冷却器を採用する場合もある。

一般的に小形ガスタービンでは，ラジエター型が用いられ，大形ガスタービンではシェル&チューブ型またはプレート型が採用される。

e. 潤滑油フィルタ

潤滑油フィルタの型式は種々あるが，小形ディーゼル機関/小形ガス機関およびガスタービンにはエレメント交換式フィルタが採用される。中・大形ディーゼル機関/中・大形ガス機関では自動洗浄式フィルタが採用される。

フィルタの容量は，エレメントの交換間隔または洗浄頻度が許容される範囲内で選定される。

f. 潤滑油圧力調整弁

潤滑油の注油圧力は，原動機の種類や型式によって固有の値となるが，調整弁は，運転中の圧力を設定範囲内に保持するように作動する。

g. 潤滑油清浄機

低質重油を焚くことが多い常用の中・大形ディーゼル機関では，未燃焼カーボンや燃焼生成物が潤滑油に混入してスラッジを形成し，潤滑油の汚損を促進する。このため，サンプタンク内の潤滑油を潤滑油ラインとは別のライン（側流）で連続清浄する潤滑油清浄機が設置される。清浄機の型式には種々あるが，エレメント交換型と遠心分離型がある。

遠心分離型の容量計算例

遠心清浄機の処理容量；Q_{LS}〔ℓ/h〕

$$Q_{LS} = V_L/4 \sim 6 \qquad \cdots\cdots\cdots 第8-36式$$

V_L：潤滑油張込量 ℓ

〔注〕 （4〜6）は4〜6時間に1回全張込量が清浄されることを意味する。

〔計算例〕

2 000kW常用ディーゼル機関の場合

第8-36式より

$V_L = 5\,000\,\ell$

$Q_{LS} = 5\,000/5 = 1\,000\,\ell/h$

メーカ選定表から，この処理容量に適した清浄機の型式を選定する。

第２編　受変電機器選定上の技術計算

8.10　冷却水系統

　原動機本体の冷却方式は，基本的には，ディーゼル機関/ガス機関は水冷であり，ガスタービンは空冷である。冷却方式には種々あるが，どの方式を適用するかは原動機出力の大小，非常用/常用の別，運転時間，補給水確保の難易度および設置場所などを考慮して選定する。

　水冷方式のディーゼル機関/ガス機関の場合は，全ての系統を１系統の冷却水で冷却する一次冷却方式と，機関の冷却を別系統として２系統の冷却水で間接的に冷却する二次冷却方式とがある。

　ガスタービンの場合は，本体は空冷であるが，潤滑油は，小・中形ではラジエターによる空冷，大形ではシェル＆チューブ型またはプレート型冷却器による水冷がある。

8.10.1　一次冷却方式

　主に非常用発電設備に適用される方式で，これには次の幾つかの方式がある。

ａ．放流方式

　この方式は，非常用小形ディーゼル機関に多く採用される最も簡易な冷却方式であり，冷却水を汲み置きの貯水槽または水道元栓から減圧水槽に導き，冷却水ポンプで空気冷却器，潤滑油冷却器，機関本体の順に冷却して排出する。排出側には温度調整弁が付いていて，出口温度が一定温度（通常75℃）に達するまでは減圧水槽に戻し，それ以上に温度が上がると排水する方式としている。

　減圧水槽および貯水槽の容量は，補給水がない場合でも，それぞれ２時間，10時間の運転ができるように決める。

　減圧水槽（２時間）・貯水槽（10時間）の容量

・冷却損失熱量；J_w［kJ/h］

$$J_w = P \times be \times H_u \times K_w \quad \cdots\cdots\cdots 第8-37式$$

P　：原動機出力　kW

be　：燃料消費率　kg/kWh

H_u：燃料の低位発熱量　kJ/kg

K_w：冷却水放熱率（13～30%小形ほど大）

・必要冷却水量；W［ℓ/h］

$$W = J_w / \{(t_1 - t_2) \times C \times \rho_w\} \quad \cdots\cdots\cdots 第8-38式$$

t_1　：冷却水機関出口温度＝75℃設定

t_2　：冷却水機関入口温度　℃

C　：冷却水比熱＝4.2 kJ/kg・℃

ρ_w：冷却水密度＝1.0 kg/ℓ

・減圧水槽/貯水槽容量；V_g/V_s［ℓ］

$$V_g または V_s = T \times W \times K_1 \quad \cdots\cdots\cdots 第8-39式$$

T　：運転時間　h

K_1：余裕率＝1.1（10%）

- 235 -

〔計算例〕

300kWディーゼル機関の場合

冷却損失熱量；J_w〔kJ/h〕

第8-37式より

P ＝300kW

be ＝0.248kg/kWh（A重油）

H_u＝42 420kJ/kg

K_w＝0.3（30%）

J_w＝300×0.248×42 420×0.3

＝946 814kJ/h

必要冷却水量；W〔ℓ/h〕

第8-38式より

t_2 ＝25℃（機関入口温度）

t_1 ＝75℃（機関出口温度）

C ＝4.2 kJ/kg・℃

ρ_w＝1.0 kg/ℓ

W＝946 814/｛（75-25）×4.2×1.0｝

＝4 509ℓ/h

減圧水槽容量：V_g〔ℓ〕

第8-39式より

T ＝2hとして

W＝4 509ℓ/h

K_1＝1.1

V_g＝2×4 509×1.1＝9 920ℓ

となる。

貯水槽容量；V_s〔ℓ〕

第8-39式より

T ＝10hとして

W＝4 508ℓ/h

K_1＝1.1

V_s＝10×4 508×1.1＝49 588ℓ

減圧水槽容量は約10kℓ，貯水槽容量は約50kℓとなる。

第２編　受変電機器選定上の技術計算

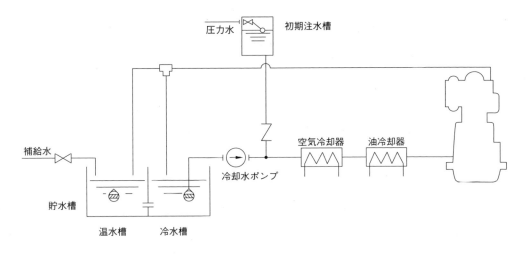

第 8.19 図　ディーゼル発電設備冷却系統例（放流式）

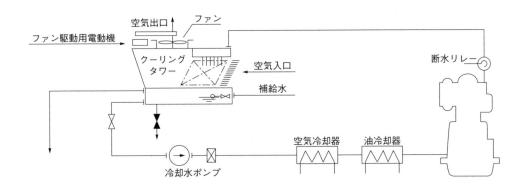

第 8.20 図（a）　ディーゼル発電設備冷却系統例（冷却塔式）

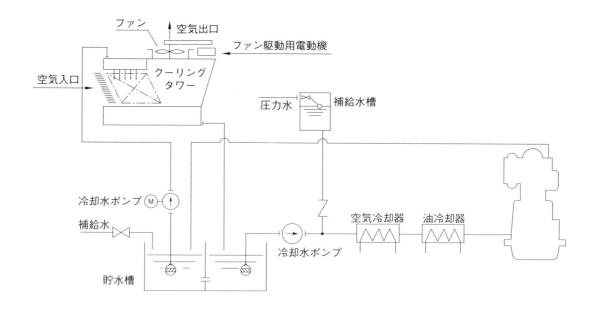

第8.20図（b）　ディーゼル発電設備冷却系統例（冷却塔式）

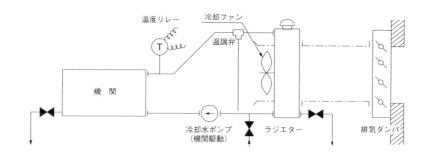

第8.21図　ディーゼル発電設備冷却系統例（ラジエター式）

b．地下水槽方式

　ビルなどで，地下水槽を設ける場合であり，放流方式の貯水槽を地下水槽に置き換えた方式である。

c．冷却塔方式

　この方式は，ディーゼル機関／ガス機関で，長時間運転，冷却水消費量の多い中・大形機関，冷却水の確保が困難な場合などに用いる。機関で温められた冷却水を冷却塔で冷却して循環させる方式である。第8.20図（a）の場合は，冷却塔の設置高さが機関直結ポンプの揚程の許容範囲以下に制限される。ビル物件などの場合は冷却塔が屋上，機関が地下に設置されることがあるので，機器の耐圧とポンプの揚程に注意する必要がある。設置高さが許容を超える場合は高揚程の電動式冷却水ポンプを採用した第8.20図（b）の方式がとられ，冷却水槽／温水槽が地下水槽となる場合もある。

　冷却塔の交換熱量は，前述のJ_wであり，蒸発・飛散による水の消費量は約3％である。

外気の相対湿度（湿球温度）が冷却塔の性能に大きく影響するので，設計データを正確に把握する必要がある。

d．ラジエター方式

機関直結でラジエターファンを駆動し，ラジエターで冷却水を循環冷却させる方式である。冷却水確保が困難な場合や給・排水が困難な場所に設置する小形機関に適用される。ラジエターの交換熱量は前述のJ_wである。この方式では吸気温度とダクト抵抗が冷却性能に大きく影響するので，設計データを正確に把握する必要があり，またファンや大量の冷却風による給・排気ダクトの騒音対策に注意する必要がある。

8.10.2　二次冷却方式

主として，常用の中・大形ディーゼル機関/ガス機関に適用される方式である。機関部を冷却する一次冷却水系統と一次冷却水から熱交換器を介して熱を取り冷却する二次冷却水系統の2系統から成る間接冷却方式である。一次冷却水は，良質な清水に防錆・防食処理剤が添加された処理水が投入され機関内部を保護すると同時に，特に低質重油焚きの場合に問題となる燃焼室周りの過冷による低温腐食を防止するための高温冷却を可能にしている。二次冷却水には，井戸水，河川水，湖水，海水などが用いられこともあるが，第8.22図に示すように，冷却塔による循環冷却方式が一般的である。

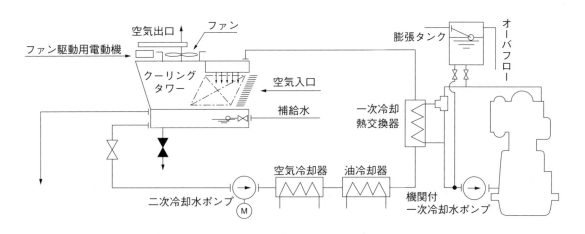

第8.22図　ディーゼル発電設備冷却系統例（二次冷却方式）

a．熱交換器

シェル&チューブ型またはプレート型が適用される。一次冷却水の温度レベルは，80～95℃（高温冷却）と高温になるため，冷凍機の熱源に使用される場合がある。この場合は熱交換器で熱回収される。

b．冷却塔

二次冷却水を冷却し，循環使用する。水の蒸発・飛散による消費量が3%程度で済むので，二次冷却水の確保が難しい場合や水質が不適な場合に適用される。交換熱量はJ_wである。

c．一次冷却水膨張タンク

膨張タンクは，閉回路を循環する一次冷却水の温度変化による体積変化の吸収と，系統内の空

気抜きの役目を果たしている。

膨張タンク容量は，保有水量の膨張量から計算する。

膨張タンク容量；V_e ［ℓ］

$$V_e = V_{jw} \times \beta \times (t_h - t_c) \times K_e \qquad \cdots\cdots\cdots 第 8-40 式$$

V_{jw}：一次冷却水保有量　ℓ

β ：水の体膨張率　$\ell /℃$

t_h ：運転時冷却水温　℃

t_c ：冷態時冷却水温　℃

K_e ：余裕係数＝2.0

〔計算例〕

2 000kWディーゼル機関の場合，

第 8-40 式より

$V_{jw} = 1\ 000\ \ell$

$\beta = 0.00067\ \ell /℃$

$t_h = 95\ ℃$

$t_c = 5\ ℃$

$V_e = 1\ 000 \times 0.00067 \times (95-5) \times 2 = 120.6\ \ell$

膨張タンクは約120ℓとなる。

8.11　始動装置

発電設備用原動機の始動方式には，圧縮空気直入方式，エアモータ方式およびセルモータ方式があり，原動機の種類と大きさによって選定される。

8.11.1　始動方式

ａ．圧縮空気直入方式

ディーゼル機関に採用される方式で，機関付分配弁で点火順序にしたがってパイロット空気を送り始動弁を作動し，始動空気槽から最高圧力2.94MPaの圧縮空気をシリンダ内に送入し，ピストンを押してクランク軸を回転し始動する。なお，V形機関では，通常片列のみで始動する。

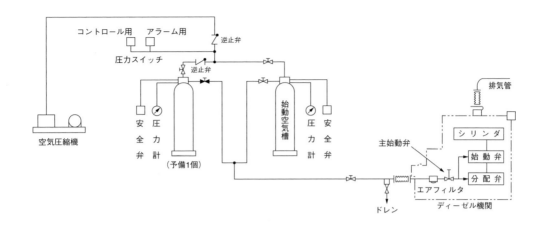

第8.23図　ディーゼル機関始動方式（直入方式）

b．エアモータ方式

　小・中形ディーゼル機関/ガス機関およびガスタービンに広く採用される方式で，始動空気槽から高圧空気を要求に応じて主減圧弁により0.6MPa程度に減圧してエアモータに送入し，原動機主軸付きリングギヤとエアモータのピニオンを介して原動機を始動する。所要トルクを得るために，エアモータを複数設ける場合もある。

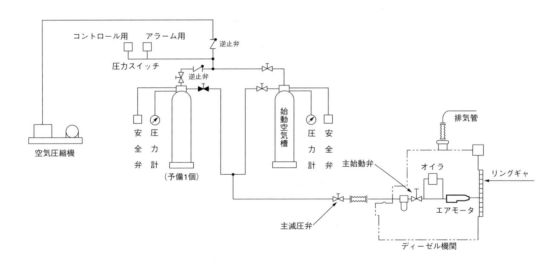

第8.24図　ディーゼル機関始動方式（エアモータ方式）

c．セルモータ方式

　小・中形ディーゼル機関/ガス機関およびガスタービンに採用する方式で，蓄電池を電源とするセルモータにより原動機主軸付きリングギヤとピニオンを介して原動機軸を回転し始動する。所要トルクを得るために，セルモータを複数設ける場合もある。

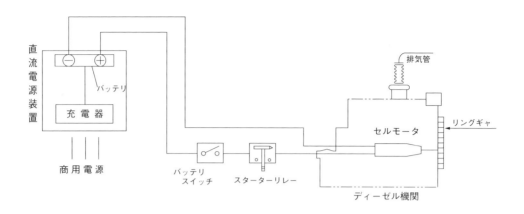

第 8.25 図　ディーゼル機関始動方式（セルモータ方式）

8.11.2　始動空気槽/始動空気圧縮機

始動空気槽の容量は，原動機の連続始動回数によって決まるが，空気槽1本での連続始動回数，空気槽の本数および空気槽の充気時間については，適用する規定の要求を満たすように設計する必要がある。

a．始動空気槽容量；V_x [m³]

ディーゼル機関圧縮空気直入方式

$$V_x = P_0 \times q_a \times n / (P_k - P_e) \qquad \cdots\cdots\cdots 第8-41式$$

q_a：始動一回当たりの消費空気量　m³N
　　　機種固有の値であるが，第8.26図に経験値を示す。
P_k：空気槽の規定圧力　MPa
P_e：最終始動後の空気槽圧力　MPa
P_0：大気圧力　MPa
n：始動回数

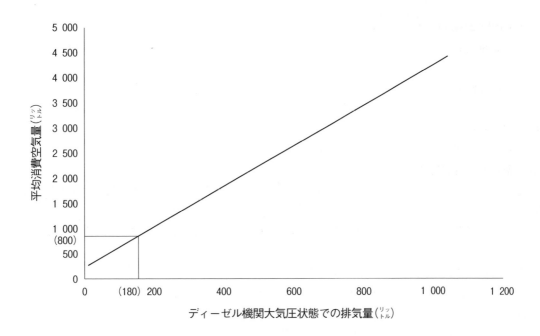

第 8.26 図　消費空気量例（ディーゼル機関）

大気圧状態でのディーゼル機関用始動空気槽容量；V_x [m³]

〔計算例〕

排気量180 ℓ 程度のディーゼル機関の場合，
第 8－41 式により

q_a ＝0.8m³N（800リットルN）（第 8.26 図から）

P_k ＝2.94 MPa　P_0 ＝0.1MPa

P_e ＝0.98 MPa　　n ＝5回の場合

V_X ＝0.1×0.8×5/(2.94－0.98)

　　＝0.204m³

　　≒200 ℓ

始動空気槽 1 本当たり容量は200 ℓ となる。

b．空気圧縮機容量；V_c [m³/h]

$V_c = V_x \times P_k / (t \times P_0)$　………第 8－42 式

　t ：充気時間h

〔計算例〕

200 ℓ の空気槽を 1 時間で充気する場合，
第 8－42 式により

　t ＝1h

$$V_C=0.2\times 2.94/(1\times 0.1)$$
$$=5.88\text{m}^3/\text{h}$$

空気圧縮機の容量は約6m³/hとなる。

8.11.3　セルモータ用蓄電池

セルモータ用蓄電池は，消防法適合品が一般に用いられる。

a．蓄電池の容量計算

防災用自家発電装置については，（一社）日本内燃力発電設備協会の規定により次のように蓄電池の容量が定められている。この条件を当てはめ，必要容量を算出する。

ディーゼル機関：各始動間に5秒の間隔を置いて10秒の駆動を連続して3回以上行うことができること。

ガスタービン機関：連続して3回以上始動を行うことができる容量であること。

容量計算は，陰極吸収式シール形（MSE）の日本電池工業会規格（「据置蓄電池の容量算出法」SBA-S 0601）にしたがって以下のとおり行う。

ディーゼル機関の連続3回の始動に対する蓄電池の放電パターンは，セルモータの運転時と休止時のそれぞれの平均電流値を用いて，第8.27図のように示される。容量計算に当たっては，第8.28図のように変換し，次式により蓄電池の必要容量を計算する。

$$C=(1/L)\times\{K_a\times I_a+K_s\times(I_s-I_a)\}\qquad\cdots\cdots\cdots第8-43式$$
$$I_a=\{I_s\times T_s+I_c\times(T_i-T_s)\}\times 2/(T_a-T_s)\qquad\cdots\cdots\cdots第8-44式$$

C (Ah)　：定格放電率換算容量

L　　　：保守率

　　　　　蓄電池は使用年数の経過や使用条件の変動により能力が低下する。

　　　　　この能力低下分を補償する補正値として$L=0.8$とする。

I_s (A)　：スタータモータ運転時の平均放電電流

I_a (A)　：スタータモータの3回目の放電分を除いた平均放電電流

K_s (hr)：I_sに対する容量換算時間

K_a (hr)：I_aに対する容量換算時間

　　　　　ここで容量換算時間とは，蓄電池の放電電流，最低温度および最低許容電圧などによる容量の変化に対し，所定の条件における容量に換算するための係数のこと

T_s (s)　：1回あたりのスタータモータ運転時間

T_i (s)　：1回あたりの放電時間

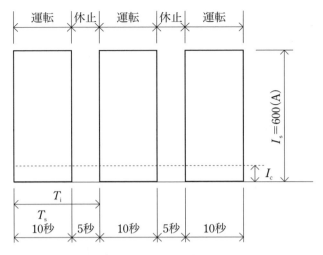

第8.27図 セルモータ運転パターン

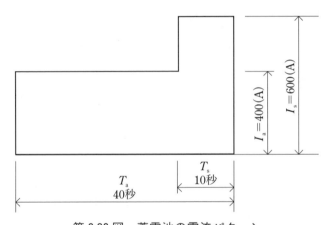

第8.28図 蓄電池の電流パターン

〔計算例〕

計算条件

選定済みのセルモータ特性が第8.27図，第8.28図である場合について計算する。
- a．蓄電池の形式　　：MSE形鉛蓄電池（定格24Vの場合）
- b．放電パターン　　：第8.28図による。
- c．最低蓄電池温度　：－5℃（周囲温度の最低値）
- d．許容最低電圧　　：18V（セル当り，1.5Vを選定し，12セルを使用する。）
- e．保守率　　　　　：0.8

b．容量の計算

上記の条件および第8.28図の電流パターンに対する容量換算時間は蓄電池の標準特性（第8.29図）より読み取る。この標準特性は蓄電池の種類，最低蓄電池温度，許容最低電圧，蓄電池容量によって変わるため，条件に当てはまる標準特性を用いて，放電時間に対応する容量換算時間を読み取る。

- 245 -

T_s=10秒に対して

K_s=0.290

T_a=40秒に対して

K_a=0.300

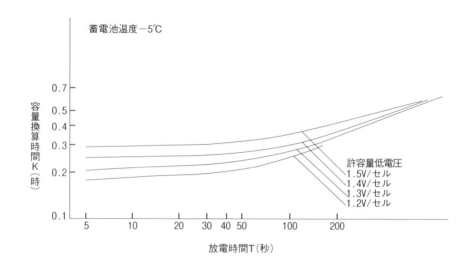

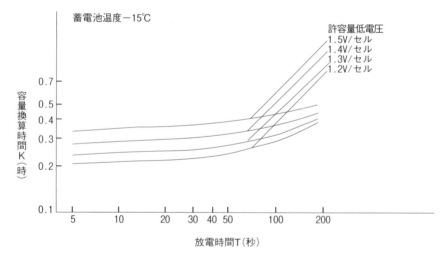

第8.29図　MSE形鉛蓄電池特性

これらから，必要な蓄電池の容量は，

第8−43式により

$C = (1/0.8) \times \{0.30 \times 400 + 0.290 \times (600 - 400)\}$
　　$≒ 222.5 (Ah) → 300 (Ah)$

となる。

したがって，ディーゼル機関のセルモータ1台当りの蓄電池はMSE−300型，(300Ah)を示す。

第2編　受変電機器選定上の技術計算

9　配電盤

9.1　主回路導体の許容電流

　配電盤の主回路導体として使用する裸母線の許容電流は**第9.1表**に示す基準から選定される。**第9.1表**は周囲温度40℃，温度上昇を30℃とした場合の許容電流で，周囲温度が上昇すると，許容電流が減少する。

　周囲温度がt℃のときの許容電流をI_t，周囲温度が40℃のときの許容電流をI_{40}とすると，I_tは次式より求めることが出来る。

$$I_t = I_{40}\sqrt{\frac{40}{t}}\quad [A]\qquad \cdots\cdots\cdots 第9-1式$$

第9.1表　銅導体の許容電流例（周囲温度40℃，温度上昇30℃の場合）

寸法 [mm]		枚数	概算断面積 [mm²]	概略重量 [kg/m]	許容電流 [A] AC		許容電流 [A] DC	
厚さ	幅				垂直取付	水平取付	垂直取付	水平取付
3	25	1	75	0.667	250		250	
3	25	2	150	1.13	450		450	
3	50	1	150	1.13	500		500	
3	50	2	300	2.27	900		900	
6	50	1	300	2.27	700	500	700	
6	50	2	600	5.33	1 100	900	1 100	900
6	50	3	900	8.00	1 300	1 100	1 400	1 200
6	75	1	450	4.00	1 000	850	1 000	900
6	75	2	900	8.00	1 600	1 400	1 700	1 500
6	75	3	1 350	12.00	1 900	1 600	2 100	1 800
6	75	4	1 800	16.00	2 200	1 800	2 500	2 100
6	100	1	600	5.33	1 300	1 100	1 400	1 200
6	100	2	1 200	10.70	2 200	1 600	2 400	1 800
6	100	3	1 800	16.00	2 500	2 000	2 900	2 300
6	100	4	2 400	21.30	2 900	2 300	3 500	2 800
6	150	1	900	8.00	1 900	1 400	2 100	1 500
6	150	2	1 800	16.00	3 000	1 900	3 500	2 200
6	150	3	2 700	24.00	3 500	2 300	4 200	2 800
6	150	4	3 500	32.00	4 100	2 600	5 100	3 200

9.2　母線短絡時，支持物にかかる力

9.2.1　導体間に作用する電磁力

　回路の短絡電流交流分実効値をI_sとしたとき，直流分を含めた短絡電流最大波高値I_mは，故障発生後の1/2サイクルに表れ，次式となる。

$$I_m = 1.8\times\sqrt{2}\ \ I_s\ [A]\qquad \cdots\cdots\cdots 第9-2式$$

　平行導体に働く短絡電流の電磁力Fは，導体の断面積を無視すると，次式で表される。

- 247 -

$$F = 2.04 \times I_1 \times I_2 \times \frac{L}{D} \times 10^{-8} \ [\text{kg}] \qquad \cdots\cdots\cdots 第9-3式$$

ここで，F：長さLなる導体に働く電磁力 [kg]
　　　　I_1, I_2：相対する平行導体に流れる電流 [A]
　　　　　L：導体の支持間隔 [cm]
　　　　　D：導体間隔 [cm]

a．単相回路短絡時の導体に働く電磁力

単相回路の短絡電流をI_{S1} [A] とすると単相回路の平行導体に働く電磁力Fは次式となる。

$$F = 2.04 \times (1.8\sqrt{2}\,I_{S1})^2 \times \frac{L}{D} \times 10^{-8} = 13.2\,\frac{L}{D}\,I_{S1}^2 \times 10^{-8} \ [\text{kg}] \qquad \cdots\cdots\cdots 第9-4式$$

b．三相回路短絡時の導体に働く電磁力

三相回路における単相短絡電流は，三相短絡電流I_{S3} [A] の約$\frac{\sqrt{3}}{2}$倍となるので，三相回路における電磁力は三相短絡時を考えれば良い。

三相回路において，第9.1図のように導体が配置されている場合，電磁力FはB相に働く応力が最大となり，その値は

$$F = 11.5 \times I_{S3}^2 \times \frac{L}{D} \times 10^{-8} \ [\text{kg}] \qquad \cdots\cdots\cdots 第9-5式$$

となる。

第9.2図のように，一相に複数の導体を使用する回路では，同相導体間にも電磁力が働く。導体の間隔dが小さいので導体に加わる応力として考えると，一般に相間に加わる場合より大きくなる。したがって，導体の数，導体間隔dの大きさにもよるが，中間挿入片を設けるなど，適当な処置を講じる場合もある。

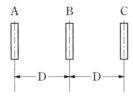

第9.1図　三相回路の母線配置

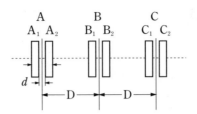

第9.2図　複数母線の配置

9.2.2　矩形導体における補正

　導体形状が矩形断面の場合，電磁力の分布も導体各部で異なってくるので，第9.3図に示す補正係数により実際の電磁力は次式により補正する。

$F_S = K \times F$ ［kg］　………第9－6式

　ここで，F_S：補正後の電磁力
　　　　　K：補正係数
　　　　　F：短絡電流から求めた電磁力

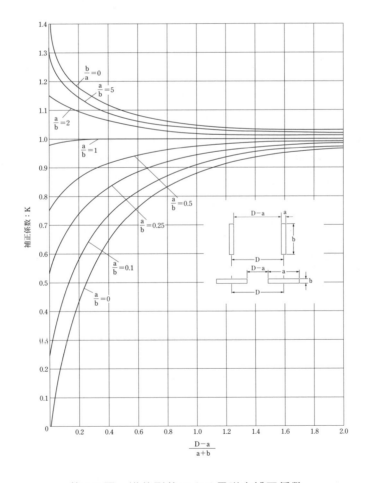

第9.3図　導体形状による電磁力補正係数

9.3 制御用電源と制御電線

9.3.1 制御電源の供給方式

ａ．直流電源方式

直流電源方式は，小容量の高圧受電設備を除くほとんどの受変電設備の制御用電源として採用されている方式で，通常は整流器より直流をつくり，その電源を利用して表示や操作用電源に利用されている。

また，停電などで交流電源が喪失した場合でも，直流電源が喪失しないよう，整流器の二次側には蓄電池を接続して常時充電状態とする。

直流電源方式を採用している最大の目的は，交流電源が停電しても制御用電源を確保することが目的であり，この方式により商用電源が停電した時の機器操作や復電したときの機器操作が可能となる。一般に，直流制御電源に接続する蓄電池の停電補償時間は30分程度を考える。

ｂ．交流電源方式

一般に小容量の高圧受変電設備などは，蓄電池設備などがないケースが多く，交流電源方式が採用されている。この方式は，操作用変圧器を受電点に設置して，その二次側で整流器により直流を作り，制御用電源として利用する。整流器に蓄電池などを接続しないので，停電時の遮断器引外しに備え，コンデンサトリップ装置を取り付けて対応している。

9.3.2 制御電線の選び方

配電盤内に使用する制御電線は次の項目に注意して選定する。

1）回路の電圧によって，交流か直流かなどを考慮して電線の定格電圧を決定する。
2）使用温度によって，耐熱性，耐寒性の程度を考慮して，電線の絶縁材料を選ぶ。この場合，使用環境の雰囲気なども考慮する必要がある。
3）制御回路に流れる電流（平常値，事故時，過負荷時），許容電圧降下，使用条件（配線方法によって，許容電流を低減する）などから導体サイズを決定する。

周囲温度による許容電流値の変化する程度は，次式により補正する。

$$R=\sqrt{\frac{Q_\mathrm{w}-Q_\mathrm{t}}{Q_0}} \qquad \cdots\cdots\cdots 第9-7式$$

ここで，　R ：許容電流減少係数
$\quad\quad\quad Q_\mathrm{w}$：絶縁物の最高許容温度
$\quad\quad\quad Q_\mathrm{t}$：周囲温度
$\quad\quad\quad Q_0$：基準周囲温度

一般配電盤の場合，周囲温度は30℃を基準とし，30℃を超える場合は，**第9.2表**の減少係数を用いて許容電流を計算する。

第2編　受変電機器選定上の技術計算

第9.2表　許容電流減少係数

周囲温度 (℃)	許容電流減少係数 600Vビニル電線
30	100%
35	91%
40	82%
45	71%
50	58%
55	41%

閉鎖配電盤に使用する制御電線（600Vビニル電線）の周囲温度別の許容電流は**第9.3表**となる。

第9.3表　周囲温度別の許容電流値（600Vビニル電線）

導体			外径	許容電流値値(A)		
公称断面積 （mm²）	構成素線数 /素線径（mm）	心線直径 （mm）	600Vビニル線 （mm）	周囲温度		
				30℃	40℃	55℃
0.9	7/0.4	1.2	2.8	17	14	7
1.25	7/0.45	1.35	3	19	15.5	7.8
2	7/0.6	1.8	3.4	27	22	11
3.5	7/0.8	2.4	4	37	30	15
5.5	7/1.0	3	5	49	40	20
8	7/1.2	3.6	6	61	50	25
14	7/1.6	4.8	7.6	88	72	36
22	7/2.0	6	9.2	115	94	47
30	7/2.3	6.9	10.1	139	114	57
38	7/2.6	7.8	11.4	162	133	66
50	19/1.8	9	12.6	190	156	78
60	19/2.0	10	13.6	217	178	89
80	19/2.3	11.5	15.5	257	211	105
100	19/2.6	13	17	298	244	122

- 251 -

9.4 発熱量と換気量

配電盤に収納する電気機器より発生する熱は，盤内の温度を上昇させるため，盤内温度上昇を抑えるため換気する必要がある。

9.4.1 発熱量と換気量の計算

機器の発熱量は機器自身の損失により発生するので，次式により計算できる。

$$P = P_a \times \frac{1-\eta}{\eta} \quad [\text{kW}] \quad \cdots\cdots\cdots 第9-8式$$

ここで，P ：機器発熱量 ［kW］

P_a：機器容量 ［kVA］

η ：機器の効率

機器からの発熱量は，すべて空気に伝達されるものとして考え「発生熱量は必要換気量と必要温度差と定圧比熱の積に等しい」と定義され，換気量は次式で計算される。

$$V = \text{K} \times \frac{P}{\Delta t} \quad [\text{m}^3/\text{min}] \quad \cdots\cdots\cdots 第9-9式$$

ここで，V ：必要換気量 ［m³/min］

K ：温度により定まる定数 ［m³℃/min・kW］

Δt：換気口の吹出し口と吸入口との温度差 ［℃］

P ：機器からの発熱量 ［kW］

電気機器1kWの損失熱量を1分あたりの発熱量に換算すると，860/60 ［kcal/min・kW］となり，任意の温度における空気の比重量をr ［kg/m³］，比熱をCp ［kcal/kg・℃］とすると，その積r・Cpは単位体積あたり1℃下げることができる空気量である。単位熱量を単位時間あたり必要な温度に下げるために必要な空気の体積を求める定数は

$$\text{K} = \frac{860}{60} \times \frac{1}{r \cdot C_p} \quad \cdots\cdots\cdots 第9-10式$$

となり，Kの値は温度により第9.4表のように変化する。

第9.4表　換気量計算の定数K値

温　　　度	定　数　K
30℃	53.0
35℃	53.7
40℃	54.5
45℃	55.4
50℃	56.2

〔発熱量と換気量の計算例〕

容量が500kVA，効率98％の変圧器を配電盤に収納した場合，室温を25℃，盤内温度（吹出し温度）を35℃とするために必要な換気量を求める。

変圧器の発熱量は

$$P = P_a \times \frac{1-\eta}{\eta} = 500 \times \frac{1-0.98}{0.98} = 10.2 \quad [\text{kW}]$$

となるので，K＝53.7より必要換気量を求めると

$$V = K \times \frac{P}{\Delta t} = 53.7 \times \frac{10.2}{35-25} = 55 \quad [\text{m}^3/\text{min}]$$

となる。

9.4.2 換気方式

配電盤の換気方式には，自然換気方式と強制換気方式がある。

自然換気方式は，配電盤の内外の温度差・風圧などによって，室内の空気が自然に入れ替わることによって換気する方式で，強制換気方式は，換気扇などを用いて強制的に配電盤内の発熱体から発生する発熱を盤外へ排出する換気方式である。

第9.4図に自然換気方式と強制換気方式の構成図を示す。

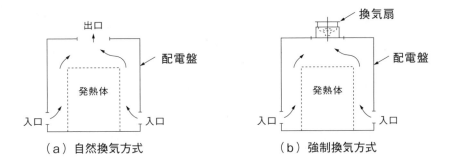

第9.4図　配電盤の換気方式

10 配線用遮断器

10.1 配線用遮断器の特性と保護協調

10.1.1 特性

配線用遮断器は，回路に定格電流を超える過電流（過負荷や短絡）が流れると，反限時特性（電流の大きさにより動作時間が変化する特性，電流が大きいと動作時間が短くなる）と瞬時特性（設定値以上の電流が流れると瞬時に動作する特性）をもって自動遮断する。

配線用遮断器の特性は最大と最小の動作特性範囲があり，その範囲内で動作することを意味している。

第10.1図に熱動電磁形，第10.2図に電子式の配線用遮断器動作特性曲線を示す。

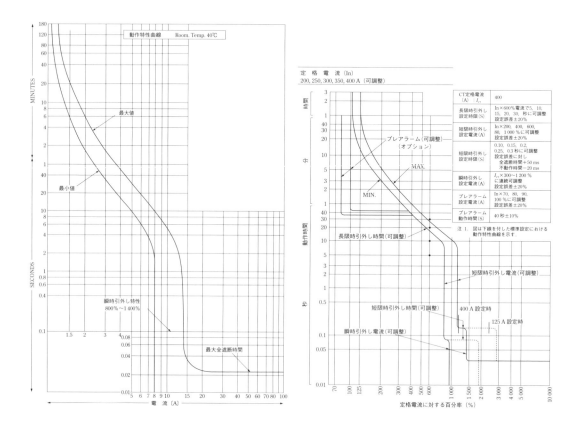

第10.1図 熱動電磁形の動作特性曲線例　　第10.2図 電子式の動作特性曲線例

10.1.2 保護協調

保護機器としての配線用遮断器間の短絡遮断保護協調には，選択遮断協調とカスケード遮断協調の2種類があり，電路保護に要求される信頼性，経済性等により保護協調方式および使用する遮断器を選定する必要がある。

a．選択遮断

保護機器としての配線用遮断器間の保護協調として最も一般的な保護協調であり，電路の信頼性を目的としたもので，保護協調という場合は選択遮断協調を指す場合が多い。

選択遮断協調は，負荷側（分岐回路用）の遮断器が電源側（幹線用）の遮断器を動作させないように遮断する方式で，第10.3図に示すように事故点に最も近い遮断器のみが遮断動作して短絡保護する方式である。

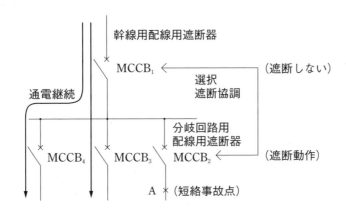

第10.3図　選択遮断方式

b．カスケード遮断

過電流保護などで多く採用される保護協調で，経済性を目的とした保護協調である。

カスケード遮断は，バックアップ遮断とも呼ばれ，電源側に直列に設置された遮断器と共同して遮断する方式で，第10.4図に示すように事故点に最も近い遮断器と，それより電源側に設置されている遮断器の同時遮断により短絡保護する方式である。

当然，電源側遮断器の動作により電源側遮断器の分岐負荷として接続されている健全回路も同時に停電となる。電技の解釈第33条では，低圧遮断器を設置した箇所を通過する最大短絡電流が10 000Aを超える場合に，カスケード遮断方式を認めている。

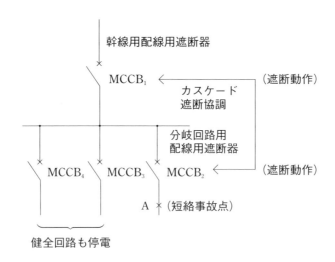

第10.4図　カスケード遮断方式

10.2　配線用遮断器の選定
10.2.1　負荷の種類による選定
ａ．電灯・電熱負荷の場合

　通常，電灯・電熱負荷は連続使用するものとして，内線規程3605の３条３［連続負荷を有する分岐回路の負荷容量］に示されるように，最大使用電流を低圧遮断器の定格電流の80％未満で選定するのが普通である。

　ただし，水銀灯のように始動電流が大きく，始動時間も長いものは始動時電流による不必要動作を避けるように，定格電流を選定する。

ｂ．コンデンサ負荷の場合

　JIS C 4901低圧進相コンデンサの解説で，コンデンサの開閉装置は，コンデンサの最大許容電流に耐え，投入時に発生する大きな突入電流に耐えなければならないとしている。

　コンデンサの最大許容電流の関係から，配線用遮断器の定格電流の選定は，コンデンサの定格電流の1.5倍を基準に突入電流値を考慮して選定する。

ｃ．変圧器一次側に設置する場合

　配線用遮断器を変圧器一次側に設置する場合に気をつけなければならないのは，変圧器の一次側を投入した時に流れる励磁突入電流による不要動作である。

　変圧器の種類，容量によって励磁突入電流の大きさは異なるが，10kVAから100kVAの変圧器では，励磁突入電流の大きさが変圧器定格電流の13倍から26倍程度になる場合もある。

　したがって配線用遮断器の定格電流の選定については，変圧器の第一波励磁突入電流および定格電流により，次の条件を満足するように選定する必要がある。

１）配線用遮断器の定格電流×0.8＞変圧器の定格電流

　ここで係数0.8は内線規程に示される負荷容量の割合である。

２）配線用遮断器の瞬時引外し電流の最小値＞変圧器の第一波励磁突入電流の波高値/$\sqrt{2}$

10.2.2 幹線，分岐回路による選定
a．幹線における選定

低圧屋内幹線（直接機器に達しない主回路部分の配線）を保護するために過電流遮断器の設置が電技の解釈で規定されており，その設置箇所は以下の3箇所であるが，第10.5図に示す幹線に該当する場合は省略することができる。

1）低圧で受電する場合は，引込み口
2）高電圧で受電して低圧に変成する場合は，その変電室の引出し口
3）幹線は末端に行くほど細い電線を使用する場合が多いので，電線サイズ（許容電流）の異なる部分

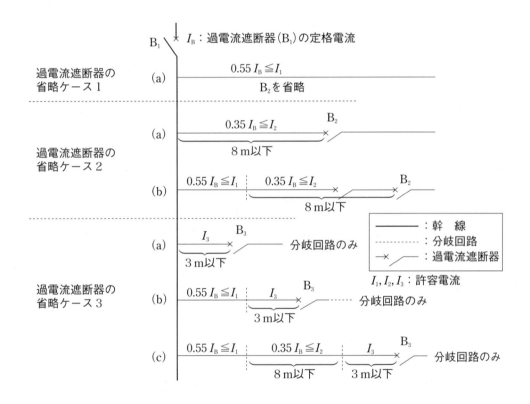

第10.5図　低圧屋内幹線における過電流遮断器省略のケース

b．分岐回路における選定

電技の解釈第149条では，低圧屋内幹線との分岐点から電線の長さが3m以下の箇所に開閉器および過電流遮断器を設置することが規定されている。ただし，第10.6図に示すような場合は，分岐点から3mを超える箇所に施設することができる。

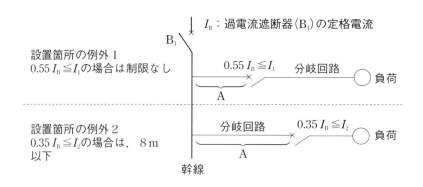

第10.6図　分岐回路における過電流遮断器の設置

また，電動機を除く負荷電路および電動機等のみの負荷電路における過電流遮断器の定格電流は，第10.1表のように規定されている。

第10.1表　各負荷電路における過電流遮断器の定格電流設定

電路条件	設定条件	過電流遮断器の定格電流
電動機を除く負荷電路	Ia≧50A 単一電気使用機器	In＜1.3Ia
電動機等のみの負荷電路	負荷側電線の許容電流：Ib	In≦2.5Ib 電線の許容電流が100Aを超える場合でInが過電流遮断器の標準定格以外の時は直近上位の定格
	ΣIm＞50A	In≧1.1ΣIm
	ΣIm≦50A	In≧1.25ΣIm

Ia：負荷機器の定格電流
In：過電流遮断器の定格電流
Ib：負荷電線の許容電流
Im：電動機の定格電流

10.2.3　電動機始動方式における選定

電動機は定格電流の選定に加え，電動機始動電流による不要動作を考えて配線用遮断器を選定する必要がある。

電動機の始動方式として最も代表的な始動方式である直入始動とスターデルタ始動における，配線用遮断器の定格電流の選定内容を第10.2表に示す。

第2編　受変電機器選定上の技術計算

第10.2表　電動機始動方式における配線用遮断器の定格電流選定

始動方式	始動突入電流	定格電流の選定
直入始動	1）電動機の始動電流は，全負荷電流の5倍～8倍程度（一般的には6倍程度） 2）始動時の直流分重畳の影響により始動電流は1.7倍程度になる	始動電流の関係から，電動機の全負荷電流の最大14倍の瞬時引外し電流値を基準に定格電流を選定 （定格電流≧全負荷電流×8×1.7）
スターデルタ始動	1）電動機の始動電流は，全負荷電流の5倍～8倍程度（一般的には6倍程度） 2）スター結線からデルタ結線切替時の突入電流の倍率は，最大で$(1+1/\sqrt{3})$倍に達する 3）始動時の直流分重畳の影響により始動電流は1.3倍程度になる（力率により変化）	始動電流の関係から，電動機の全負荷電流の17倍の瞬時引外し電流値を基準に定格電流を選定 （定格電流≧全負荷電流×8×1.3×1.58）

10.2.4　保護協調と選定

　配線用遮断器の保護協調には選択遮断とカスケード遮断の2つがある。

　選択遮断における幹線用遮断器には，優れた短限時特性が要求される。低圧遮断器の中では，機械的に短限時特性を作り出しているものもあるが，ほとんどの場合は電子式引外し装置を有した機種に限定される。

　一般に電子式配線用遮断器の短限時動作特性において，短限時設定時限の最大値は0.3秒，短限時設定電流の最大値は定格電流の10倍になっている。**第10.3表**に選択遮断とカスケード遮断採用時のポイントを示す。

第10.3表　選択遮断とカスケード遮断における配線用遮断器の選定ポイント

選択遮断	カスケード遮断
幹線，分岐回路共に各設置点における短絡電流値が，各遮断器の定格遮断容量より小	通過電流の波高値が分岐回路用遮断器の許容限度以内
分岐回路用遮断器の全遮断時間が，幹線用遮断器の引外し装置が動作して機構部の結合が解除する時間以下	分岐回路用遮断器の定格遮断容量における幹線用遮断器の開極時間が，分岐回路用遮断器の全遮断時間以下
分岐回路用遮断器の瞬時引外し動作電流の最大値が，幹線用遮断器の短限時動作電流の最小値より小	通過エネルギーが分岐回路用遮断器の許容限度以内

11　漏電遮断器

11.1　漏電遮断器の設置義務

11.1.1　設置義務に関する法規

　第11.1表は労働安全衛生規則による漏電遮断器の設置義務をまとめたもので，可搬形，移動形の電動機械器具に漏電遮断器を設置することが定められている。また，電気設備技術基準では，その解釈で第11.2表のように漏電遮断器の設置義務を規定している。

第11.1表　労働安全衛生規則による漏電遮断器の設置義務

移動形，可搬形の電動機械器具を使用する場所*	使用電圧	300V以上		300Vを超える場合	感度電流（動作時間）	
	対地電圧 回路電圧例	対地電圧150V以上	対地電圧150Vを超える場合		15mA (0.1s)	30mA (0.1s)
		1φ2W100V 1φ3W100/200V	3φ3W200V	3φ4W415V		
水などの導電性の高い液体によって，湿潤している場所		□	□	□	○	○
鉄板上，鉄骨上，定盤上などの導電性の高い場所		□	□	□	○	○
乾燥した場所		―	□	□	○	○

　＊　下記のいずれかに該当する場合は漏電遮断器を設置しなくてもよい。
　　1）電気用品安全法の許可を受ける二重絶縁構造の電動機械器具を使用する場合
　　2）絶縁台の上で電動機械機器具を使用する場合
　備考　表中記号　□：漏電遮断器の施設義務有　　―：漏電遮断器の施設義務なし

－ 260 －

第2編 受変電機器選定上の技術計算

第11.2表 電気設備技術基準の解釈による漏電遮断器の設置義務（抜粋）

対象電路	回路電圧 300V以下		300V超過（2）		感度電流（ ）内は動作時間					備考
	150V以下	150V超過	300V以下	300V超過	15mA(0.1秒)	30mA(0.1秒)	100mA	200mA	500mA	
地絡遮断装置の施設 （1）人が容易に触れるおそれのある場所に施設使用電圧が60Vを超える金属製外箱を持った低圧機械器具に電気を供給する電路（解釈第36条） 発電所，変電所，開閉所などに施設する場合	—	—	—							
乾燥した場所に施設する場合	—	—	□							
水気のある場所に施設する場合	□	□	□							
湿気の多い場所に施設する場合	—	□	□							
非接地式回路の場合	—	□	□							
機器に施されたD種またはC種接地工事の接地抵抗値が3Ω以下の場合	—		□		○	○	○	○	○	—
電気用品の適用を受ける二重絶縁構造の機器を施設する場合	—	—	該当電路なし							
ゴム，合成樹脂その他の絶縁物で被覆した機器を施設する場合	—		□							
機器が誘導電動機の二次側電路に接続されるものの場合	—		□							
機器内に電気用品の適用を受ける漏電遮断器を取り付け，かつ電源引出し部が損傷を受けるおそれがないように施設した場合	—	—	該当電路なし							
試験変圧器，電力線搬送用結合リアクトル，X線発生装置，電気浴器，電炉，電気ボイラ，電解槽など大地から絶縁することが防御上困難なものを接続する場合	—		□							
住宅屋内に施設する定格消費出力2kW（単機容量）以上の機器に電気を供給する電路（解釈第143条）	—	□	該当電路なし		○	○	○	○	○	感電保護が原則
火薬庫内の電気工作物に電気を供給する電路（解釈第178条）	□	該当電路なし	該当電路なし		○	○	○	○	○	警報可
フロアヒーティングなどの発熱線に電気を供給する電路（解釈第195条）	□	□	□	該当電路なし	○	○	○	○	○	—
電熱ボード，電熱シートに電気を供給する電路（解釈第195条）	□	該当電路なし	該当電路なし		○	○	○	○	○	—
パイプラインなどの電熱装置に電気を供給する電路（解釈第197条）	□	□	□		○	○	○	○	○	—
電気温床などにおいて空中および地中(対地150V以下でさくを設ける場合)以外に施設する発熱線に電気を供給する電路（解釈第196条）	□	□	□	該当電路なし	○	○	○	○	○	—
プール用水中照明灯その他これに準ずる照明灯に電気を供給する電路で絶縁変圧器（一次側300V以下，二次側150V以下）の二次側使用電圧が30Vを超える場合（解釈第187条）	□	該当電路なし	該当電路なし		*	*	*	*	*	＊特殊な漏電遮断器を使用すること
［地絡遮断装置の施設による接地の緩和］（解釈第17条）	C種，D種接地工事 500Ωに緩和				○	○	○	○	○	漏電遮断器は0.5秒以内に動作すること
［地絡遮断装置の施設による接地の省略］（解釈第29条）	300V，100A以下				○	×	×	×	×	水気のある場所は接地の省略は不可
［地絡遮断装置の施設によるケーブル工事の緩和］配線の設置工事が完了した日から1年以内に限り使用する臨時配線をコンクリートに直接埋設して施設する場合（解釈第180条）	使用電圧300V以下				○	○	○	○	○	—

（注）（1）非常用照明装置，非常用乗降機，誘導灯などの，その停止が公共の安全の確保に支障を生ずるおそれがある機械器具に電気を供給する電路には警報装置でもよい

（2）特高または高圧の電路から変圧器によって供給される場合

（3）解釈とあるのは「電気設備の技術基準の解釈」を示す

備考 　1．表中の記号の意味は次のとおり。　□：地絡遮断装置の施設義務有り　○：適用可能　×：適用不可

　　　　2．詳しくは「電気設備の技術基準の解釈」を参照

11.1.2　設置場所と定格感度電流

　漏電遮断器の設置場所と定格感度電流の関係に関しては，電技解釈，内線規程，労働安全衛生規則などにより第11.3表のように定められている。

第11.3表　設置場所と定格感度電流

	適用場所	関連法規	漏電遮断器の仕様
1	機械器具の金属製の台及び外箱の接地工事の困難な場合（水気のある場所を除く）	・電気設備技術基準の解釈 　＜第29条＞ ・内線規程＜1350-2条＞	・定格電圧　　　　300V以下 ・定格感度電流　　15mA以下 ・動作時間　　　　0.1秒以下
2	可搬式および移動式の電動機器具	・労働安全衛生規則＜第333条＞	・定格感度電流　　30mA以下 ・動作時間　　　　0.1秒以下
3	洋風浴室内のコンセント	・内線規程＜3202-2条＞	・定格感度電流　　15mA以下 ・動作時間　　　　0.1秒以下
4	電気温水器・電気暖房器などの深夜電力機器	・内線規程＜3545-5条＞	・定格感度電流　　30mA以下 ・動作時間　　　　0.1秒以下
5	C種およびD種接地工事の接地抵抗値を500Ωまで緩和する場所	・内線規程＜1350-1条＞	・定格感度電流　　100mA以下 ・動作時間　　　　0.2秒以下
		・電気設備技術基準の解釈 　＜第17条＞	・定格感度電流　　規定なし ・動作時間　　　　0.5秒以下

11.2　漏電遮断器の選定

11.2.1　感度電流

　感電防止や漏電火災の防止を目的として，電技，内線規程，労働安全衛生規則により，使用条件に応じて感度電流と動作時間が規定されている。

　地絡，漏洩電流の動作基準となる定格感度電流の選定は，地絡，漏洩電流の保護目的が感電防止か漏電火災防止かによって大きく2つに分かれる。第11.4表に使用条件と感度電流，動作時間の関係，第11.5表に感度電流，動作時間による選定基準を示す。

第2編　受変電機器選定上の技術計算

第11.4表　使用条件に対する感度電流と動作時間

目的	使用条件	感度電流			動作時間
感電防止	電気設備技術基準および内線規定で高感度,高速形の使用を規定しているもの。労働安全衛生規則の適用を受けるもの。	高感度形	15mA 30mA		0.1秒以内
	機器の接地が行われている回路で,漏電時の感電を防止する場合,機器の接地抵抗値は,許容接触電圧50V以下として,右のとおり。	中感度形	接地抵抗	感度電流	0.1秒以内
			500Ω以下	100mA	
			250Ω以下	200mA	
			100Ω以下	500mA	
漏電火災保護	地絡事故に対し,幹線と分岐回路で地絡保護協調をとる場合。	[幹線] 中感度時延形	幹線	100mA 200mA 500mA	0.3秒 0.8秒
		[分岐] 中感度高速形	分岐	100mA 200mA 500mA	0.1秒以内

第11.5表　感度電流,動作時間による選定基準

区分		選定基準
感度電流による種類	動作時間による種類	
高感度形	高速形	感電保護を主目的とする場合（分岐回路ごとに使用することが望ましい）
	時延形	保護協調を目的として使用する場合
	反限時形	特に不要動作を防止しての感電保護の場合
中感度形	高速形	幹線に使用し,保護接地抵抗と併用して感電保護を行なう場合
	時延形	電路こう長が長い場合や,回路容量が大きい場合などで保護協調を目的として使用する場合,分岐回路に高感度高速形を使用し,幹線に時延形を使用すれば保護協調がとれる。漏電火災防止を目的とする場合
低感度形	高速形	アーク地絡損傷保護を目的とする場合
	時延形	

- 263 -

11.2.2 選定の手順

漏電遮断器の定格感度電流を選定する一般的な選定手順は第11.1図となる。

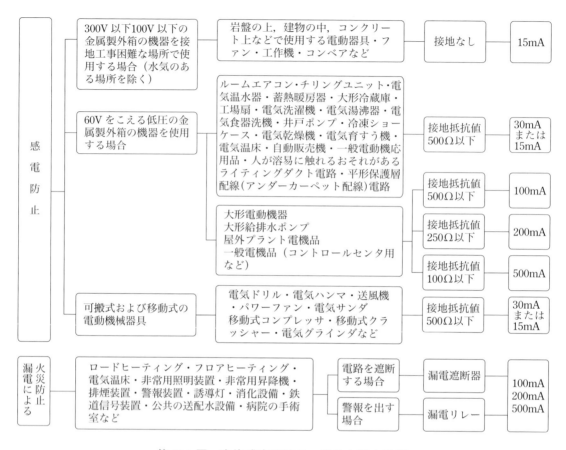

第11.1図 定格感度電流の一般的な選定手順

第2編　受変電機器選定上の技術計算

11.2.3　漏電遮断器の不要動作

　漏電遮断器は，検出感度が小さく，動作時間も速いので，サージ・高周波の影響等で不要動作をおこすことがある。第11.6表は漏電遮断器の不要動作の原因と対策をまとめたものである。

第11.6表　漏電遮断器の不要動作の原因と対策

	原因	対策・処置
1	誘導雷によるもの	・現在の漏電遮断器は衝撃波不動作形であり，一般的な誘導雷では不要動作することはほとんどない
2	外部磁界によるもの	・ZCTに磁気シールドを施してあるので，一般的な外部磁界では不要動作することはほとんどない ・漏電遮断器の近傍に数千A程度の大電流母線があるときはこの間の距離を10cm以上離す
3	開閉サージによるもの	・現在の漏電遮断器は衝撃波不動作形であり，一般的な開閉サージでは不要動作することはほとんどない ・ただし，電磁開閉器の各極投入時間に時間差がある場合，接点の異常消耗などによりサージが過大の場合，対地静電容量が大きく常時漏れ電流が大きい場合などで不要動作することもある
4	対地静電容量の影響によるもの	・金属管配線，金属ダクト配線などに電線を納めると，対地静電容量が他の配線方式と比較して大きくなり，常時漏れ電流が大きくなることがある。また，電磁開閉器のチャタリングなどがあると，一時的に常時漏れ電流がアンバランス状態となり，感電電流に相当する漏れ電流となって不要動作をすることがある 対策として (イ) 負荷電路長を短くするか，漏電遮断器の設置位置を使用負荷（機器）に近くする (ロ) 制御機器などの電源は漏電遮断器の一次回路と区別する (ハ) 定格感度電流，機器などを再設定する
5	始動時の大電流によるもの （平衡特性の不具合によるもの）	・現在の漏電遮断器は始動電流などの大電流で不要動作することはほとんどない ・ただし，始動電流が非常に大きく（定格電流の10倍を超える），また，時間も非常に長いときは不要動作をすることがある ・対策としては，定格電流もしくは定格感度電流の変更，または機器の変更をする

- 265 -

12 保護継電システムの構成

12.1 保護の原則

保護継電システムは，第12.1図に示すように検出部，判定部，動作部から構成されている。

検出部は計器用変圧器（VT）や計器用変流器（CT）などが用いられ，主回路の電圧や電流を検出して，変成された値（一般に110V，5A）を判定部に入力する。

判定部は，検出部からの電圧，電流の信号を受けて，その信号の大きさ，時間的変化，相互の位相関係などを判定し，動作の必要性の有無と必要動作時間を決定して動作部に信号を出す保護継電器の部分である。

動作部は判定部の指令に応じて電路を遮断して，事故部分を回路より除去する遮断装置の部分である。

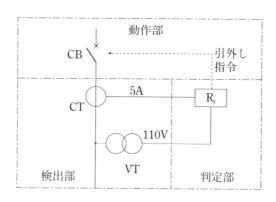

第12.1図 保護継電システムの構成要素

このように構成された保護継電システムは，事故時の誤不動作を防止するため，主保護と後備保護の機能にわけ，第12.2図のように構成される。

12.1.1 主保護

主保護は保護の主体となるもので，電力系統の区分ごとに設けられ，事故発生時に事故点に最も近くで，最も早く動作し，事故部分を最小限に抑える役目を持っている。

12.1.2 後備保護

後備保護は，主保護が誤不動作したときのバックアップとして，事故の波及および損害を最小限に抑える働きをする。

第12.2図に示すように事故点がF_1のとき，主保護は保護継電器OC_1と遮断器CB_1となり，後備保護は電力会社側の保護継電器OC_Sと遮断器CB_Sとなる。

主保護が何らかの原因で誤不動作となったとき，後備保護が主保護と同じ原因で誤不動作となるのを防ぐため，後備保護用の計器用変圧器や変流器，保護継電器，遮断装置などは別なものとする。

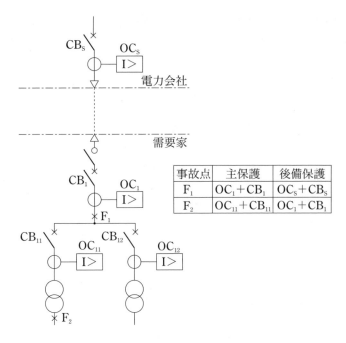

第12.2図　主保護と後備保護

12.2　区間保護方式

区間保護方式とは，保護区間の両端に遮断器と変流器を設け，両端間の電流の大きさ，方向，位相などを比較して，故障点が保護区間の内か外かを判定し，自区間内の場合には，自区間内の全回線の遮断器を選択遮断して，故障区間を高速除去する。区間内で発生した事故を確実かつ高速に検出する保護継電方式である。

両端の変流器や相互の連絡線が必要となるため経済的に高価なものとなる。

12.2.1　区間保護方式の対象

受変電設備における区間保護方式としては，変圧器の比率差動継電方式，母線保護継電方式，ループ受電保護用の表示線継電方式などがあり，いずれも電流差動形による差動継電方式である。

差動継電方式は，複数の同種電気量のベクトル差を検出して応動する継電方式で，変流器の誤差や回路の過渡現象による誤動作を避けるため，比率差動継電方式が多く用いられている。

12.2.2　比率差動継電方式

比率差動継電方式は，第12.3図に示すように保護すべき回路の両端の変流器に接続された比率差動継電器に，両端の変流器のベクトル差の電流が流れる。第12.3図は，変圧器の比率差動継電方式の動作原理図である。

変流器に囲まれた区間の外部での故障や平常時には，変流器の二次電流は変流器相互に流れるが，$i_1 = i_2$なので変流器の差電流i_dは$i_d = i_1 - i_2 = 0$となり，動作コイルには電流が流れないので動作しない。

しかし，区間内の内部事故では，故障電流が両端の変流器または一端の変流器から検出され，その差電流は大きな値となり，差動回路の平衡が破れ動作コイルに電流が流れて動作する。

一般的に，変流器二次の差電流は，故障電流に相当するものであるから，差電流が継電器の動

作値を超えれば継電器は動作することになるが，実際の回路では変流器の特性誤差，残留磁束の違い，二次負担の相違などによる両端の変流器の誤差により，差電流には差異が生じるので誤動作の原因となる。

この誤動作を避けるため，差動回路に接続される動作コイルのほかに，流入または流出電流の回路に動作を抑制する抑制コイルが設けられている。この抑制コイルにより，変流器の誤差に起因する電流が動作コイルに流れても，動作コイルにより生じる動作トルクが，抑制コイルを通過する電流により生じるよう抑制トルクを上回らない限り動作しないので，

通過電流に対する差電流の比率が一定以上とならないと動作しない比率特性をもっている。

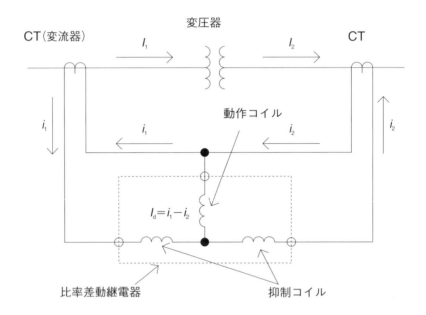

第12.3図　比率差動継電器の動作原理図

12.2.3　比率差動継電器の動作特性

変圧器保護用の比率差動継電器の動作は，内部事故が起こると，電源が一次側のみの場合，i_2が0となりi_1だけが流れ，電源が両端にある場合は，i_2の電流が反転してi_1とi_2の電流の位相は，180度異なる。これらにより，動作コイルに差電流が発生し変圧器の一次，二次の遮断器が遮断する。

差電流i_dと流出電流i_2の比を次式のように一定としているので，比率差動継電器と呼ばれる。

$$k = \left(\frac{i_1 - i_2}{i_2}\right) \times 100 = \left(\frac{i_d}{i_2}\right) \times 100 \quad [\%] \quad \cdots\cdots\cdots 第12-1式$$

（ただし，$i_1 > i_2$）

比率差動継電器の動作特性の1例を第12.4図に示す。

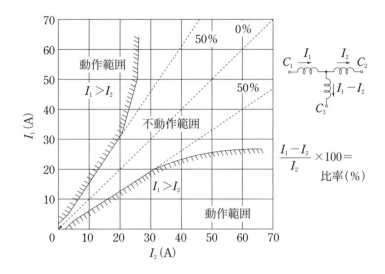

第12.4図　比率差動継電器の特性例（50％タップ）

12.2.4　比率差動継電器の誤動作防止

　変圧器を無負荷投入すると励磁突入電流が流れ，比率差動継電器を誤動作させることがある。また，外部事故で誤動作させないため，両端の変流器の二次電流の位相，極性，大きさが一致していなければならない。

a．励磁突入電流に対する抑制

　変圧器励磁突入電流は鉄心の材質，電源投入時の電圧位相，変圧器の残留磁気の位相，大きさなどにより異なるが，定格電流の数倍から10数倍にもなり，その継続時間は0.5秒から数秒，長いものでは10秒以上となる。

　これによる防止策としては，励磁突入電流が発生している間，比率差動継電器の動作コイルと並列に抵抗を挿入して，継電器の動作感度を低下させる感度低下法と，励磁突入電流に含まれる高調波含有率が非常に高い（特に第2調波が多く含まれる）ことから高調波フィルタを内蔵させて，抑制コイルに接続して，変圧器投入時に抑制力を得る高調波抑制法がある。

b．位相，極性，電流値の補正

　変圧器保護用の比率差動継電器では，変圧器の一次，二次の結線方式の差により，変流器の二次側の位相が異なり誤動作する原因となるので，二次側の接続方式を補正する必要がある。

　第12.5図は比率差動継電器の結線図で，（a）の変圧器の接続はΔ-Δであり，一次と二次の間には，位相差はないので，変流器の二次側は，Y-Yとして接続すればよい。（b）の結線では，一次側がY，二次側がΔなので30度の位相ズレがあるため，これを補正するため，一次側変流器の二次側をΔ接続とすれば，変流器二次の30度の位相差はなくなるので，継電器は正常の作動することになる。

　そのほか，比率差動継電器の動作コイルに一次，二次の差電流が流れるよう，変流器の二次極性を合わせる，変流比の差による差電流が発生しないよう，変流器二次電流の大きさを補償変流器または継電器の電流補正タップにより電流値を補正するなどの誤動作防止策が必要となる。

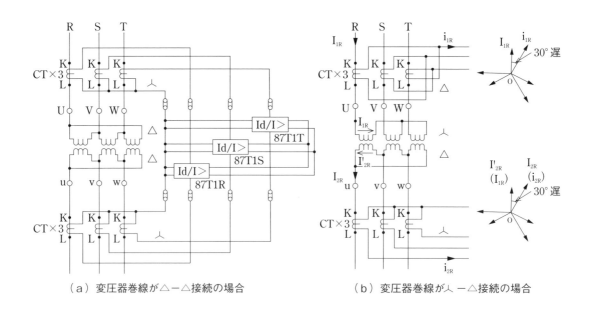

第12.5図　比率差動継電器の結線

12.3 限時保護方式

　限時保護方式とは，反限時特性をもった保護継電器が系統事故時に通過する電流に対する変流比による感度差と，継電器が持つ反限時の動作時限特性を利用して，故障区間を判定し選択遮断する方式である。受電系，変圧器系，配電系などの過電流継電器による短絡，過負荷保護方式がこれに該当する。

12.3.1 限時保護方式による選択遮断

　電気は発電所から何段階かの区分点を経て需要家に供給されており，各区分点には過電流継電器と遮断器が設置され，この過電流継電器の動作時間を負荷側から電源側に向かって，順次長くなるように整定して，動作時間に差を設けるようにする。このようにすると，事故が発生した場合に，事故点に近い過電流継電器が速く動作して，該当の遮断器を遮断するので，上位の系統に影響を及ぼすことなく，事故回路のみを遮断することができる。つまり，選択遮断が行なわれることになり，停電範囲を最小限とすることができる。第12.6図は過電流継電器による限時保護方式の選択遮断協調の例である。

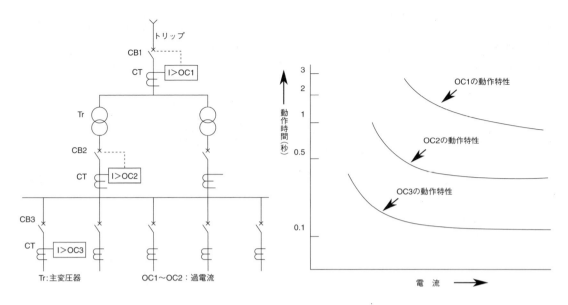

第12.6図　限時保護方式による選択遮断協調

このように段階的に時間差を設けて選択遮断する限時保護方式は，受変電設備としては，一般的な過電流保護方式であるが，この方式は区分点が多くなるに従って協調がとりにくくなる。

各過電流継電器の動作時限協調は，次式のような関係となる。

$$T_{RY1} \geq T_{RY2} + T_{CB2} + k_{RY1} + \alpha \qquad \cdots\cdots\cdots 第12-2式$$

ここで，
T_{RY1}：上位側の過電流継電器の動作時間（秒）
T_{RY2}：下位側の過電流継電器の動作時間（秒）
T_{CB2}：下位側遮断器の遮断時間（秒）
k_{RY1}：上位側過電流継電器の慣性動作時間（秒）
α　：余裕時間（継電器の動作時間のばらつきなどを考慮した時間）（秒）

12.3.2　慣性動作時間

慣性動作とは，継電器の動作中に入力が不動作となるべき値に急変しても，可動部の慣性または回路の応動遅れにより継電器が動作する現象で，慣性特性は慣性によって動作しない限界を示すものである。

継電器の慣性動作時間は，JEC-2510「過電流継電器」で，第12.1表のように規定されている。

例えば，誘導形の継電器を使用するとして，$t_{10}=2$秒とすれば慣性動作時間は0.3秒となる。実際の回路では継電器の動作レバーを最大にすることは少なく，通常，t_{10}は1.3秒以下であるから，慣性動作時間は0.2秒とらなければならない。また，下位側の遮断器動作時間は，5サイクル遮断器を使用すると0.1秒（50Hz系）なので，余裕時間を0.05秒とると，上位側と下位側の過電流継電器の動作時間差は0.35秒以上としなければならない。

限時保護方式では何段階かに区分点があると，電力会社との協議にもよるが，上位の継電器の動作時間を短くする必要があるときは，第12.1表のような整定とすることができない場合があ

る。このような場合，一般的には下位の継電器を瞬時要素付として，短絡事故時には瞬時に遮断器を遮断させ，選択性を得る方式が採用される。この瞬時要素の整定に際しては，負荷側変圧器の励磁突入電流，電動機の始動電流などにより動作しないよう，負荷の特性を把握することも大切である。

第12.1表 過電流継電器の慣性動作時間

項目		動作値負担	慣性動作時間
誘導形	反限時 強反限時 超反限時	1 VA以上	$0.15 \times t_{10}$ 注(1) ただし，最小は0.2秒
		1 VA以上	$0.4 \times t_{10}$
静止形		—	$0.15 \times t_{10}$ ただし，最小は0.2秒
静止形	定限時	—	$0.1 \times t_{10}$ ただし，最小は0.13秒

注(1) t_{10}は公称動作値の1 000％入力を与えた時の公称動作時間

12.3.3 下位の配線用遮断器との協調

第12.7図のような低圧側に配線用遮断器がある系統において，配線用遮断器に大容量の回路があるとき，上位の継電器との協調が困難な場合には，点線で示すような長限時＋短限時の特性をもった気中遮断器を採用することで協調をとる場合がある。

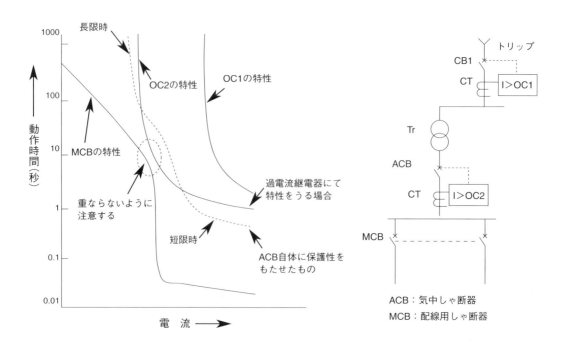

第12.7図 過電流継電器と配線用遮断器の限時保護協調

12.4 方向選択保護方式

この方式は，故障電流の方向により故障回線を選択する方式で，配電線の地絡保護や平行2回線などの両端電源の送電線保護などに採用されている。電流方向の判定には電力方向継電器が使用され，その方向判定の基準となる電圧に，地絡保護では零相電圧が，短絡保護では線間電圧または相電圧が用いられる。

12.4.1 電力方向継電器

電力方向継電器は，二つの異なった電気量により駆動される継電器で，極性量と呼ばれる基準の電気量と他の電気量の位相角を判別する。判別する組合せには，電流－電流，電圧－電圧，電圧－電流などがあるが，最も一般的な組合せは電圧－電流形で，地絡方向継電器や短絡方向継電器として用いられている。

電圧－電流形継電器の入力は，計器用変圧器および変流器より供給され，その動作特性は**第12.8図**のような位相特性として示される。電流ベクトルの値が正方向の動作領域に入ると動作し，不動作領域に入ると不動作となる。動作特性の曲線上の動作値が最小動作電流と呼ばれ，基準量の電圧が変わると動作特性を示す線は平行移動する。

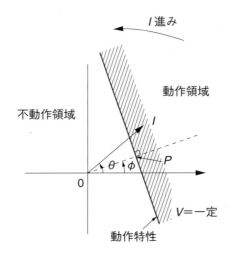

第12.8図　電力方向継電器の位相特性

12.4.2 非接地系の地絡保護

非接地系の配電線では，対地充電電流の影響があるため，地絡保護方式として電力方向継電器による保護方式が用いられる。

1線地絡時に発生する零相電圧V_0と零相電流としての地絡電流I_gを利用した地絡方向継電器が用いられ，**第12.9図**のような回路構成となる。地絡方向継電器は接地形計器用変圧器EVTの三次開放デルタ回路に発生するV_0と，各配電線の零相変流器ZCTを流れるI_gの二次電流で動作する電力継電器で，**第12.10図**に示すように電圧に対して進み動作特性をもっている。

自回線の地絡事故時には，他の健全回線に流れる対地充電電流の合計と，EVT三次の制限抵抗CLRによる電流I_0を合成した地絡電流Igが動作範囲に入り，事故回線を選択遮断する。他の回線はI_gと位相が180°異なるため不動作範囲となるので継電器は動作しない。

誘導形による地絡方向継電器は，非常に高感度のため，機械的振動で継電器の接点が誤動作する場合があるので，遮断器引外し回路に零相電圧V_0で動作する地絡過電圧継電器の接点を挿入し，誤動作を防止する方法が取られている。

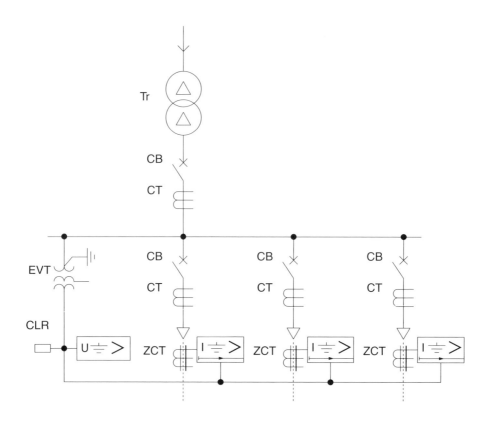

第 12.9 図　非接地系の地絡保護回路構成

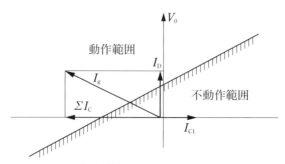

I_g；事故電流
ΣI_C；事故回線以外の全充電電流の和
I_D；CLRによる電流
I_{C1}；他回線事故時の自回線の充電電流

第 12.10 図　地絡方向継電器の位相特性

13 無停電電源設備

13.1 無停電電源装置の基本構成と動作

無停電電源設備（UPS：Uninterruptible Power Systems，以下UPSという）は，無停電で負荷に電力を供給する電源設備で，その構成には，常時UPSから電力を供給するか，停電時のみ供給するかなどの電力供給方式，UPS故障時などの冗長性から見たシステム構成方式，蓄電池の接続方式などにより各種の構成方法がある。

一般に用いられているUPSのシステム構成を大別すると，次の3つのシステムに分類できる。

13.1.1 単一UPS

UPSの基本構成で説明した最も基本的なシステム構成で，第13.1図に示すように，UPS，蓄電池，無瞬断切換器，バイパス回路から構成される。UPSは，交流入力を直流電力に順変換するコンバータ（整流器）と，そのコンバータの直流電力もしくは交流入力が停電した場合に蓄電池からの直流電力を交流電力に逆変換するインバータを備えている。

UPSは常に入力電源に同期して運転し，負荷側で過電流が発生した場合やUPSが故障した場合は，バイパス側に切り換えて給電する。また，これらの回路を保守点検する際にも，負荷給電を継続する目的で，メンテナンスバイパス回路を有したシステムが多く用いられている。

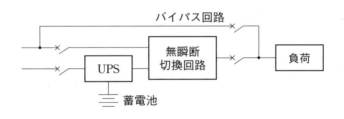

第13.1図　単一UPS

13.1.2 並列冗長UPS

並列冗長UPSは，第13.2図のようにコンバータとインバータで構成するUPS本体を複数台並列に接続し，出力の大容量化を図ったもので，並列運転中のUPS1台が故障した場合は，当該機を解列し健全機で給電を継続する高信頼性のシステムである。

このシステムは，1台のUPSが保守点検または故障時でも，他のUPSにより全負荷給電ができるようにするため，負荷容量からUPS本体の並列台数N台を決め，それに1台分の冗長性を持たせた（N+1）台とする。

並列冗長UPSも単一UPSと同様，並列に接続されたUPS本体の交流出力を，商用バイパスから無瞬断で切換える無瞬断切換回路とメンテナンスバイパス回路からなる。

また，交流入力と交流出力の周波数が異なる負荷設備の場合は，バイパス回路が設けられないが，UPS給電の信頼性を向上させるため，この並列冗長UPSを適用する場合が多い。

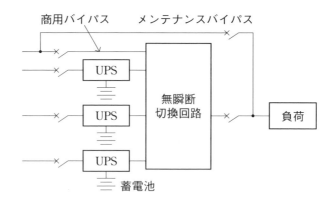

第13.2図　並列冗長UPS

13.1.3　共通予備UPS（待機冗長UPS）

単一UPSをカスケードに組み合わせたシステムで，第13.3図に示すように，常時負荷給電を行う複数台の常用系UPSのバイパス回路に，1台の予備系UPSの出力を共通に接続したシステムである。常時給電しているUPSが保守点検時や故障した場合，予備UPSに切換える。

この方式は，負荷システムごとに冗長化することができること，負荷システムが増加した場合でも常用系UPSを追加することで対応可能なこと，UPS点検時でも，予備UPSから給電できることなどの特徴がある。

給電の信頼性は，実用上，並列冗長UPSと同等であるが，システム変更（増設，リニューアルなど）に対して容易に対応可能なことから，最近適用されることが多くなっている。

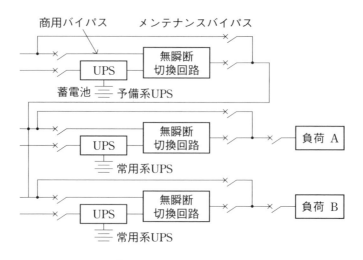

第13.3図　共通予備UPS

13.2　UPSと負荷の波形ひずみ

UPSに接続される負荷は，主にエレクトロニクス応用の情報・通信機器であり，従来の電気機器のような抵抗分と誘導分を持った負荷と違い，非線形の特性を持った負荷である。したがって，負荷の特性を十分把握していないと，安定な電源であるUPSを導入しても，UPSの機能や特性を

活用することができない。

UPS自身もパワーエレクトロニクス技術を応用した電源装置であり，その特性も変圧器や発電機のような電気機器とは異なっているので，これらを十分留意してシステム設計する必要がある。

13.2.1 ひずみ電流

コンピュータや情報・通信機器の負荷は，その論理回路を駆動するための直流安定化電源として，スイッチングレギュレータ（安定化した直流電圧または直流電流を出力するパルス制御による半導体電力変換装置）と呼ばれる電源回路を内蔵している。この回路は，第13.4図に示すようなコンデンサインプット形の整流器負荷で，この回路に流れる電流波形は，第13.5図のように正弦波でなくピーク値の高いひずみ波形である。

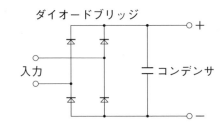

第13.4図　コンデンサインプット形整流器

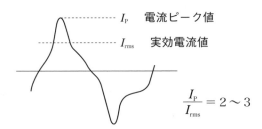

第13.5図　コンデンサインプット形整流器の電流波形

この図からわかるように，実効値に対して波高値（尖頭値）が極端に高いことである。正弦波形では実効値の$\sqrt{2}$倍が波高値であるが，第13.5図の例のように2～3倍近い値を示す場合が多い。このようなひずみ波形の影響により，正弦波で出力したUPSの出力電圧が歪み，極端な場合には，電圧波形の最大値を低下させ負荷側機器を停止させる可能性がある。

13.2.2 クレストファクタ

コンデンサインプット形の整流負荷は，電源電圧の急変（dv/dt）があると，電圧の変化量が小さくても過渡的に大きな電流が流れ，UPSの過電流保護が動作する場合がある。

UPSに限らず，交流電源装置の定格は，正弦波で規定しているため，このようなピーク電流に対しては，UPSの容量を大きくするか，負荷を低減する必要がある。UPSには，このような負荷が接続されることから，UPSの特性として，許容できるクレストファクタ値を示すようになっている。

電流の実効値に対する電流ピーク値の比をクレストファクタと規定し，これは次式で表される。

$$クレストファクタ＝\frac{電流ピーク値}{電流実効値}＝\frac{I_{\mathrm{p}}}{I_{\mathrm{rms}}} \quad \cdots\cdots\cdots第13-1式$$

〔クレストファクタの計算例〕

クレストファクタ許容値2.5の10kVA，UPSにクレストファクタ3.0のコンピュータ負荷を接続するとき，何kVAまで接続可能かを計算すると，

$$10\mathrm{kVA}\times\frac{2.5（UPSのクレストファクタ）}{3.0（負荷のクレストファクタ）}≒8.3 \quad［\mathrm{kVA}］$$

したがって，クレストファクタ許容値2.5の10kVAのUPSには，クレストファクタ3.0のコンピュータ負荷は約8.3kVAまでしか接続できないことになる。

13.3　UPSの設備計画と容量の決定

13.3.1　設備計画の留意点

UPSの設備計画にあたっては，信頼性，経済性，拡張性，保守性実績，負荷などを考慮する必要がある。設備計画をする場合の留意点を第13.1表に示す。

第13.1表　UPS設備計画の留意点

項　目		主なポイント
負　荷		負荷の目的・用途 負荷の運用条件 負荷システム
UPS	本　体	システム方式（信頼度レベル） 保守対応 将来拡張・リプレース
	周　辺	停電補償時間 蓄電池の種類・リプレース
電　源 （UPSの上位側）		UPSへの引込回線 非常用発電機
設置環境		空調設備（温度） 耐震性 ケーブルルートなど（ノイズ，ルート分岐） 搬出入スペース（拡張，保守）

13.3.2　UPSのシステム容量の決定

UPSのシステム容量を決定するにあたっては，各負荷の所要電源容量を算出し，次の項目に留意して決定する。

a．負荷力率

UPSの定格負荷力率は，一般に0.8または0.9としているが，最近のコンピュータ機器などの整流器負荷では0.9を超える高力率の負荷も少なくないので，負荷機器やシステムとしての定格力率を確認しておく必要がある。

－ 278 －

b．定常状態のUPS容量

UPS容量の算定にあたっては，負荷機器の総容量や負荷特性を把握することが必要となる。一般に，負荷機器は，有効電力［kW］で示されることが多いので，容量算定にあたっては皮相電力［kVA］に換算して検討する。定常状態におけるUPSの総出力容量Ps［kVA］は，算出された総負荷容量に将来拡張のための予想増設負荷容量を加えて，次式から求められる。

$$P_S = (A_S + B_S) \times K \times \alpha \quad \cdots\cdots\cdots 第13-2式$$

ここで，A_S：負荷の総容量　［kVA］
　　　　B_S：予想の増設負荷容量　［kVA］
　　　　K　：負荷の需要率
　　　　α　 余裕率（1.0～1.2）

c．負荷の始動電流からみたUPS容量

負荷機器の始動電流によっては，UPSの過電流保護領域に入ってしまうことがあるので，UPSの過負荷定格を考慮してUPS容量を算定する。

1）順次始動の場合

第13.6図にように，UPSの負荷容量は始動順序により異なるので，順序始動時の最大出力容量とUPSの過負荷耐量を考慮して，次の計算式から求められる容量以上のUPSとする必要がある。

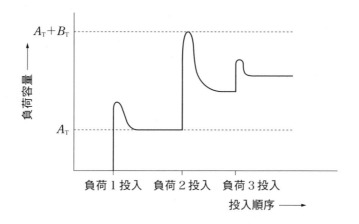

第13.6図　順序始動時の負荷の動き

$$P_{TS} = \frac{A_T + B_T}{k} \times 100 \quad [kVA] \quad \cdots\cdots\cdots 第13-3式$$

ここで，
P_{TS}：順序始動時のUPS容量　［kVA］
A_T　：既に稼働中のベース負荷容量　［kVA］
B_T　：負荷機器の順序始動時の最大容量　［kVA］
k　　：UPSの過負荷耐量　（％）

２）一括始動の場合

　UPS負荷を一括始動した場合は，一括始動時の最大容量がUPS過負荷耐量以内であることが条件となるので，次の計算式から求められる容量以上のUPSとする必要がある。

$$P_{Tb} = \frac{C}{k} \times 100 \quad [\text{kVA}] \qquad \cdots\cdots\cdots\text{第 13－4 式}$$

　ここで，P_{Tb}：一括始動時のUPS容量　［kVA］

　　　　　　C　：一括始動時の最大容量　［kVA］

13.4　UPSの過電流協調

　UPSの主回路に用いられている半導体は，半導体の特性上過電流耐量が回転機や変圧器などに比べて小さいので，UPSの電源特性として大きく影響している。半導体の過電流耐量を上げようとすれば，通電能力の大きいものを選定し，通常は低い電流で使用することになるので，大きな過電流耐量を持つUPSを作ることは経済的ではない。

13.4.1　UPSの過電流耐量

　大きな過電流耐量を持つUPSの製作は経済的ではないが，UPSは短時間の過負荷や過電流に対して，ある程度の耐量をもっている。UPSの過電流耐量はメーカや機種によって異なるものの，定格電流の150％過負荷で10秒，120％過負荷で１分間の過負荷耐量を持っている。

13.4.2　過電流協調

　UPSの過負荷耐量は，他の電気機器と比べて過負荷耐量が小さいので，負荷側で過電流が発生すると，UPSの許容値以上の電流が流れないように保護動作がはたらく。

　従来は，過電流発生と同時に出力電圧を絞り，0.2から0.3秒の時限を持って電圧を復帰させる垂下特性をもたせ，その間に負荷側の異常を起こした回路を切離すような，UPS自身の保護を目的とした方法が用いられていたが，過電流動作がはたらくと必ず負荷はシステムダウンとなるため，最近では過電流が働くと商用同期無瞬断切換方式により，バイパス電源側に切換えて，負荷側には影響を与えない制御方法がとられている。

　無瞬断切換方式は，第13.7図のように電磁接触器などの機械式の開閉器と高速の半導体素子を組合わせたハイブリット式が多く用いられている。切換時は，半導体を瞬時にオンし，開閉器の切換えが終了すると，オフすることで無瞬断に切換動作が行われる。半導体素子の通電時間が短時間でよいので，回路構成が簡単で，経済性と信頼性の向上に優れている。

　また，高速切換を要求する場合は，サイリスタスイッチをインバータ側，バイパス側の２組用意したサイリスタスイッチ式もあるが，サイリスタスイッチは，連続通電容量が必要となるので，装置が大型化し高価となる。

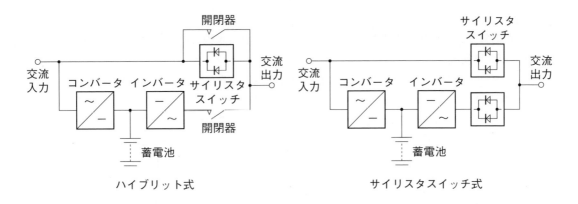

第13.7図　無瞬断切換方式

　一方，負荷側のシステム機器は，運用中に機器を始動する場合や，変圧器を投入することも考えられる。このような場合，給電中の負荷電流にさらに始動電流が加わることになるが，UPSの過電流許容値を超えることがあってはならないので，負荷特性を十分把握して計画しなければならない。負荷の始動電流の総和でUPS容量を選定すると，定常状態におけるUPS容量に比べ，UPS容量が大きくなるので経済的な電源システムにならない。したがって，負荷側機器の一括投入をさけ，順序投入回路を設ける場合もある。

　なお，バイパス回路側で負荷側の投入を行い，UPS側に無瞬断で切換える方式もある。

参考文献

1) （社）電気学会：新版　工場配電　電気学会　工場配電設備技術調査専門委員会編
1989年6月初版

2) （社）電気設備学会：電気設備に関する基礎技術（電源系統システム）　電気設備学会
平成10年9月

3) （社）電気協同研究会：瞬時電圧低下対策　電気協同研究，第46巻　第3号，平成2年7月

4) 漆原　信行：瞬時電圧低下の影響と対策，電気設備学会誌，VOL18 No.11　平成10年11月

5) （社）電気学会：配電系統の供給信頼度　評価方法と停電時間短縮化技術，電気学会技術報
告（II部）第298号，1989/5

6) 産業調査会：電気・情報設備要覧　「電気・情報設備要覧」編集委員会　2003年12月

7) （社）電気設備学会：電気設備の電路に関する基礎技術　電気設備学会　平成9年8月

8) オーム社：電気設備工学ハンドブック　電気設備学会編　平成14年11月

9) オーム社：電気設備用語辞典　電気設備学会編　平成15年9月

10) 豊田武二，北越重信：ビル電気設備　オーム社　平成14年1月

11) （社）電気設備学会：建築電気設備の計画と設計　電気設備学会編　平成13年4月

12) 中島廣一：実務に役立つ　高圧受電設備の知識　オーム社　平成14年11月

13) 中島廣一：見方・かき方　高圧受電設備　接続図　オーム社　平成15年3月

15) （社）電気協同研究会：電力品質に関する動向と将来展望，電気協同研究，第55巻第3号，
平成12年1月

16) （社）電気設備学会：電気設備学会誌VOL.18　1998　特集「電源システムにおける障害とそ
の対策」電気設備学会　平成10年11月

17) （社）電気学会：電気工学ハンドブック，（社）電気学会，2001年2月

18) 中島廣一：実務に役立つ　自家用電気設備の制御，オーム社　平成16年10月

19) 中島廣一：実務に役立つ　非常電源の知識，オーム社　平成17年8月

20) 中島廣一：選び方使い方　遮断器・開閉器，オーム社　平成17年11月

21) 中島廣一：選び方使い方　変圧器・変成器，オーム社　平成17年11月

22) （社）日本電設工業協会：高圧受変電設備の計画・設計・施工，（社）日本電設工業協会，
平成10年5月

23) （株）電気書院：電気設備技術計算ハンドブック，電気設備技術計算ハンドブック編集委員
会編，平成2年7月

24) （社）電気学会：電気規格調査会編，計器用変成器（保護継電器用），JEC-1201-1996

25) （社）電気学会：電気規格調査会編，変圧器，JEC-2200-1995

26) （社）電気協同研究会，特別高圧需要家受電設備専門委員会，電気協同研究　第47巻第5号，
平成4年1月

27) （社）日本電気協会使用設備専門部会編：高圧受電設備規程，（社）日本電気協会　2002年

28) （社）電気学会：電気規格調査会編，交流遮断器，JEC-2300，1998

29) 電気設備技術基準研究会編：絵とき電気設備基準・解釈早わかり，（株）オーム社，2000年

30) 開閉装置・避雷器：電気・電子工学大百科事典第17巻，電気書院，1983

31) 黒田　一彦・石川　熙：電力ヒューズ・低圧遮断器の現場技術　オーム社　昭和52年10月

32) 日本電機工業会技術資料：JEM-TR182　電力用コンデンサの選定，設置及び保守指針

第2編　受変電機器選定上の技術計算

　　　平成15年3月
33）日本電機工業会技術資料：JEM-TR134 高圧限流ヒューズの用途別　適用基準
　　　平成元年12月
34）日本電機工業会技術資料　JEM-TR134 高圧限流ヒューズの保守点検指針　平成2年5月
35）日本電気協会内線規程専門部会：内線規程　2005
36）日本電機工業会：JEM-TR119　配線用遮断器の適用　及び保守点検指針　1983年2月改正
37）日本電機工業会：JEM-TR142　漏電遮断器適用指針　2001年4月改正
38）竹野　正二：電気主任技術者"法＆実務"必携　オーム社　平成15年4月
39）服部　謙：ノーヒューズブレーカの原理と適用　電気書院　昭和50年4月

第3編　受変電設備と環境

第3編　受変電設備と環境

1　騒音対策

1.1　関連法規等

　騒音規制法において，工場及び事業場における事業活動並びに建設工事に伴って発生する相当範囲にわたる騒音について必要な規制が行われている。

騒音規制法では，機械プレスや送風機など，著しい騒音を発生する施設であって政令で定める施設（特定施設という）を設置する工場・事業場が規制対象となる。具体的な騒音規制基準値は，朝・夕，昼間，夜間の3つの時間帯および4種類の区域ごとに定められ，都道府県知事（市の区域内においては市長）が国の定める基準の範囲内で設定する。政令で定められた特定施設のうち，ビル設備に関係するものとして，空気圧縮機及び送風機（原動機の定格出力が7.5kW以上）がある。電気設備として特定施設に該当するものはない。

1.2　音の基礎

1.2.1　音の単位

a．デシベル尺度

　人の聴覚は範囲が広く，その感覚には対数的特性がある。そのため，音圧などを表す実用尺度にデシベル（dB）尺度が用いられる。デシベル（dB）は，もともとは電話信号の減衰の単位「ベル」の1/10のことで，入力/出力の強さをI/Oとすると，$10 \log_{10}(I/O)$で定義される。

イ．音圧レベル

　音圧レベルは，1kHzの正弦平面進行波で最小可聴音圧$2 \times 10^{-5} \mathrm{N/m^2}$の音を基準値（0dB）として対数尺度で表したもので，**第1-1式**のように定義される。

$$L_P = 20 \log_{10} \frac{P}{2 \times 10^{-5}} \quad (\mathrm{dB}) \qquad \cdots\cdots\cdots 第1-1式$$

ここに，L_P：音の強さのレベル（dB）
P：音圧（$\mathrm{N/m^2}$）

ロ．音の強さのレベル

　音の強さは，音の単位時間当たりの仕事量，すなわちエネルギーの流量で表される。音の強さのレベルは，**第1-2式**のように定義される。

$$L_I = 10 \log_{10} \frac{I}{10^{-12}} \quad (\mathrm{dB}) \qquad \cdots\cdots\cdots 第1-2式$$

ここに，L_I：音圧レベル（dB）
I：音の強さ（$\mathrm{W/m^2}$）

$10^{-12} \mathrm{W/m^2}$の値は，正弦平面進行波において音圧$2 \times 10^{-5} \mathrm{N/m^2}$を持つ音波の示す音の強さであり，実用上は$L_P$と$L_I$とは同等とみなして扱える。エネルギーが加算できる性質を利用して，例えばL_{P1}（dB）とL_{P2}（dB）の2つの音を合成するときには，$I_1 = 10^{\frac{L_{P1}}{10^{-16}}}$，$I_2 = 10^{\frac{L_{P2}}{10^{-16}}}$なので，$L_{P1} > L_{P2}$のとき，

$$L_{P(1+2)} = L_{P1} + 10 \log_{10}(1 + 10^{\frac{L_{P2}-L_{P1}}{10}}) \qquad \cdots\cdots\cdots 第1-3式 \quad となる。$$

2つの音の合成レベル（$L_{P1}+L_{P2}$）と一方の音L_{P2}から他の音L_{P1}を求めるためのグラフを**第1.1図**に示す。**第1.1図**は，騒音測定値から暗騒音を除いた音の騒音レベルを求める場合などに利用される。

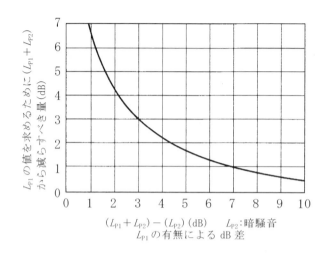

第1.1図　2音の分解

ハ．パワーレベル

音源のパワーレベルは，音源の全音響出力の測定単位であり，**第1－4式**で定義される。

$$L_W = 10 \log_{10} \frac{W}{10^{-12}} \text{（dB）} \quad \cdots\cdots\cdots 第1-4式$$

　　　ここに，L_W：パワーレベル（dB）
　　　　　　　W：音源の音響出力（W）

b．phon尺度

1kHzの正弦平面進行波の音圧レベルA（dB）の音と同じ大きさに聞こえる音をA（phon）の音という。dB尺度が物理的に定義されているのに対し，phon尺度は人間の聴覚の性質の入った生理的・心理的尺度である。人の感覚は周波数によって感度が異なり，同じ音圧であっても周波数によってうるささが異なる。音の周波数を変化させたとき，人の感覚に基づく音のうるささになる音圧レベルにして等高線で結んだものを等感度曲線（等ラウドネス曲線）という。純音（正弦波形の純粋な音）に対するISOの等感度曲線を**第1.2図**に示す。

1.2.2　騒音の表し方

a．騒音レベル

室内および屋外の環境騒音の評価尺度には，騒音レベルが広く用いられており，その測定方法がJIS Z8731-1999に規定されている。

変圧器など個別機器の騒音発生源に対する評価尺度としても，騒音レベルが用いられている。なお，防音対策では騒音の特性が必要となるため，音圧レベル（騒音計のZ特性[注1]）を測定して周波数分析する。騒音レベルによる室内の許容値を**第1.1表**に示す。（NC値は次の③参照）

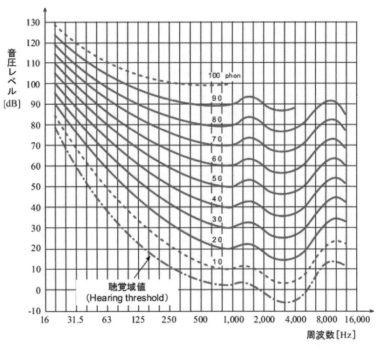

第1.2図　純音に対する等感度曲線（ISO 226：2003）

第1.1表　室内騒音の許容値（Beranek）

室 の 種 類	NC値	dB(A)
放送スタジオ	NC-15～20	25～30
コンサートホール	NC-15～20	25～30
劇場（500席，拡声なし）	NC-20～25	30～35
音楽室	NC-25	35
教室（拡声なし）	NC-25	35
集合住宅，ホテル	NC-25～30	35～40
会議場（拡声あり）	NC-25～30	35～40
家庭	NC-30	40
映画館	NC-30	40
病院	NC-30	40
協会	NC-30	40
図書館	NC-30	40
商店	NC-35～40	45～50
レストラン	NC-45	55

（注1）騒音計のZ特性（第1.3図参照）
　騒音の物理的大きさの尺度である音圧レベルに特性周波数の重み付けを行ったものである。
　同じ音圧レベルの音でも低音域と高音域では感覚的な音の大きさに差があり，騒音計は人間が感じる騒音の大きさを測定するために，聴覚のラウドネス特性を模擬するための周波数補正回路

を内蔵している。
A特性：人間の聴覚に近い周波数特性で，低周波領域と高周波領域での感度が鈍くなる特性を持ち，騒音レベルの測定には国際的にA特性が使われている。
C特性：比較的平坦な周波数特性を持ち，騒音計のAC出力（マイクロホンでとらえた瞬時音圧に比例した交流の電気信号出力）を録音する際や，衝撃音の測定の時に使用される。
Z特性：F（フラット）特性ともいい，周波数特性が平たんなので，音圧レベルの測定や騒音計の出力を周波数分析する場合などに利用される。

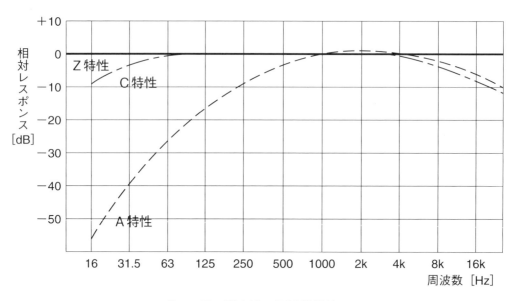

第1.3図　騒音計の周波数特性

b．暗騒音

対象とする音のないときに，すでにその場所で発生している騒音をいう。機器運転時の騒音と暗騒音とを周波数分析した結果から，第1.3図を用いて機器のみの騒音を知ることができる。

c．NC数（NC：Noise Criteria）

NC曲線は，部屋の静けさを表す指標で，これは，オフィス内の空調機器騒音等の，広帯域スペクトルを持つ定常騒音に対するアンケート調査をもとに，会話障害との関係からまとめられたものである。評価する騒音をオクターブ分析し，どのバンドでも図の曲線を上回らない最低の数値をNC値とする。第1.4図にNC曲線を示す。

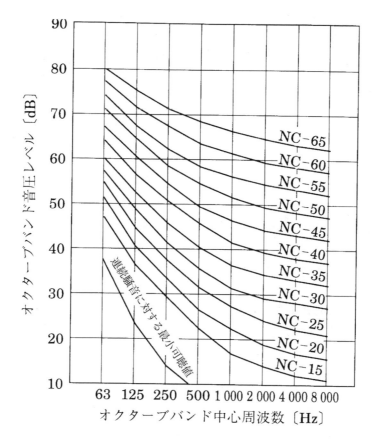

第1.4図　NC曲線（Ashrae）

　第1.4図は，室内騒音の許容値を63Hzから8kHzまでの周波数分析の結果から与えるようにしたもので，この図に測定値をプロットした分析値の中の最大のNC数をその室内騒音のNC数とする。

1.3　騒音の伝播とその防止対策
1.3.1　騒音の種類と伝播経路
　受変電設備の騒音発生源として次のものがある。
（1）遮断器投入，引き外し時の衝撃音
（2）開閉器類投入，開放時の操作音
（3）変圧器の騒音，振動音
（4）機器冷却用ファンの運転音
　その主な伝播経路は次のとおりである。
（1）電気室内に設置された機器から直接室内に放射されるもの
（2）電気室の床，壁，天井などを透過して他の室に伝播するもの
（3）屋外に設置された変圧器などが発生した騒音が，直接屋外に伝わるもの
（4）変圧器の振動が建物の構造体を伝わり，室内に伝播するもの

1.3.2 騒音防止の基本的留意事項

建物内の騒音防止対策には次のようなものがある。

（1）発生騒音を減らす

発生騒音のできるだけ小さい機器を選定し，必要に応じて防音，防振などの対策を行う。

（2）室内吸音処理により音圧レベルを下げる

室内に吸音材等を付加して，音が反射で増大し音圧レベルが上がるのを防ぐ。

（3）振動の伝達を防止する

振動が原因となる騒音の防止のため，防振ゴム，防振バネを設置する。

（4）騒音発生機器を設置する部屋を隔離する

騒音発生機器の設置される部屋と，許容騒音値の小さい部屋とを離したり，バスダクト，ケーブルラックなどの貫通部の遮音処理を充分行い音の伝播を防ぐ。

（5）遮音壁を設ける

屋外設置の場合，遮音壁を設け直接伝播音を低減させる。

1.4 変圧器の騒音と防止対策

受変電設備を計画する場合は，敷地境界において規制値を超過しないよう必要に応じて対策を施さなければならない。

受変電設備の中で特に検討を要するものは，変圧器の騒音である。発生騒音は，電源周波数の2倍から整数倍（100〜500Hzが主成分）の低周波であり，その原因として次のものが考えられる。

（1）鉄心の継ぎ目及び積層間に働く磁気力による振動

（2）鉄心の磁歪現象による振動

（3）フレーム，鉄心締め付け構造や周囲条件による共振現象

（4）磁気力及び磁歪現象による構造物（キュービクルなどを含む）への振動伝達

また，その対策としては次の方法が考えられる。

（1）変圧器本体の鉄心構造の改善

（2）変圧器本体への防音壁取り付け

（3）防振装置の設置

（4）遮音壁の設置

（5）変圧器の建屋内設置

1.4.1 JEM1118による変圧器の騒音レベル基準値

第1.2表にJEM1118-1998「変圧器の騒音レベル基準値」に規定された騒音レベル基準値を示す。同表には，乾式変圧器と油入・ガス入変圧器のそれぞれに対し，騒音レベル基準値が示されている。

1.4.2 JIS C4306による変圧器の騒音レベル基準値

第1.3表にJIS C4306-2013「配電用6kVモールド変圧器」に規定された騒音レベル基準値を示す。

1.4.3 JEC-2200による変圧器の騒音レベルの決定

JEC-2200（2014）「変圧器」に変圧器およびそれに付随する冷却装置の騒音レベルの決定方法

が示されている。これをもとに，運転中の騒音の特性を決めることができる。

　これは製造者が提示する騒音レベルデータであり，実施場所は製造者の工場，測定用騒音計は JIS C1509-1-2017（騒音計）に規定されたものまたは同等以上のもので，A特性音圧レベルで測定される。

　JEC-2200に基づく騒音レベルは，定められた基準に基づいて暗騒音の測定，変圧器騒音レベルの測定を行い，暗騒音補正を行うことにより決定される。

第1.2表　JEM1118-1998「変圧器の騒音レベル基準値」に規定された騒音レベル基準値

乾式変圧器の騒音レベル基準値

自然冷却の場合		強制通風冷却の場合	
等価容量 kVA	騒音レベル （自然冷却） dB (A)	等価容量 kVA	騒音レベル （強制通風冷却） dB (A)
300以下	66	300以下	70
300〜 500	68	300〜 500	71
501〜 700	70	501〜 833	73
701〜1 000	72	834〜1 167	75
1 001〜1 500	74	1 168〜1 667	77
1 501〜2 000	76	1 668〜2 000	79
2 001〜3 000	78	2 001〜3 333	81
3 001〜4 000	80	3 334〜5 000	83
4 001〜5 000	81	5 001〜6 667	85
		6 668〜8 333	86

油入およびガス入変圧器の騒音レベル基準値（抜粋）

等価容量（二巻線） MVA 公称電圧77kV以下 A[(1)]	騒音レベル dB(A)
0.3	56
0.5	58
0.7	60
1	62
1.5	63
2	64
3	65

注 [(1)] A：油入自冷，油入水冷，送油自冷，送油水冷，導油自冷，導油水冷，ガス入自冷，ガス入水冷，送ガス自冷，送ガス水冷，導ガス自冷，導ガス水冷，導液水冷の変圧器

備考1．表記以外のMVAに対する騒音レベル基準値は，そのMVAに最も近く，かつ，大きい表記MVAに対する騒音レベルを適用する。

第 1.3 表　JIS C4306-2013「配電用6kVモールド変圧器」の騒音レベル基準値

定格容量 （kVA）	騒音レベル （dB）
100以上300以下	63以下
500	65以下
750，1 000	72以下
1 500	74以下
2 000	76以下

1.4.4　変圧器の騒音計算

ａ．距離による騒音の減衰計算

屋外設置の変圧器の騒音について述べる。

音源が点音源の場合，距離減衰の計算式は，

$SPL2$：音源から距離rの点の音圧レベル（dB）

$SPL1$：音源から放射されるパワーレベル（dB）

とすると，

$$SPL2 = SPL1 + 10\log_{10}\frac{D_{\mathrm{f}}}{4\pi r^2}\ \text{（dB）}\qquad\cdots\cdots\cdots 第1-5式$$

である。

ここで，D_{f}：音源の指向係数

　　　　　　　自由空間・・・・・・1　（全方位に広がる空間の場合）

　　　　　　　半自由空間・・・2　（地上面に設置した場合）

　　　　　　　1/4自由空間・・・4

である。

変圧器騒音の距離による減衰は次の式により計算される。

$$L_{\mathrm{d}}\text{（dB）} = L_{\mathrm{S}}\text{（dB）} - 4.4 - 20\log_{10}\frac{d}{\sqrt{A\cdot H}}\qquad\cdots\cdots\cdots 第1-6式$$

ここに，　L_{d}：JEM規格の測定面から距離dを離れた点の騒音レベル（dB）

　　　　　L_{S}：JEM規格に従って測定した騒音レベル（dB）

　　　　　d：測定面から測定点までの距離（m）

　　　　　A：測定点から見た変圧器の幅（m）

　　　　　H：測定点から見た変圧器の高さ（m）

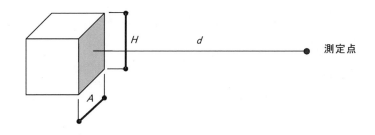

第1.5図　変圧器騒音の距離による減衰

〔計算例〕
　22kV/6.6kV 5 000kVA油入自冷変圧器×3台の屋外変電所がある。この変電所の変圧器から30m離れた地点における騒音レベルを求めよ。ただし，変圧器の騒音レベル基準値は58dB（A）とする。

　まず2音の合成を行い，その合成音と残りの音の合成を行う。（3音以上の場合はこの作業を繰り返す）その合成音から30m離れた地点における騒音レベルを，離隔距離が充分あることから，合成音を点音源として計算する。
　第1－3式で，$L_{P1}=58\text{dB}$，$L_{P2}=58\text{dB}$とすると，

$$L_{P(1+2)}=L_{P1}+10\log_{10}(1+10^{\frac{L_{P2}-L_{P1}}{10}})=58+10\log_{10}(1+10^{\frac{58-58}{10}})$$
$$=58+10\log_{10}2=58+3=61\ (\text{dB})\ (同一音の合成は+3\text{dB}となる)$$

61dBと58dBの合成も同様に，
$$L_{P(1+2)}=61+10\log_{10}(1+10^{\frac{58-61}{10}})=61+10\log_{10}(1+0.501)=61+1.8=62.8\ (\text{dB})$$

合成音62.8dBを，3台の変圧器の中心から発生する点音源と考えて，30m離れた地点における騒音レベルは，距離減衰の第1－5式を使い，音源の指向係数を半自由空間$D_f=2$として計算する。
$$L_P=62.8+10\log_{10}\frac{2}{4\pi\cdot 30^2}=62.8+10\cdot(-3.75)=62.8-37.5=25.3\ (\text{dB})$$

〔計算例〕
　22kV/6.6kV 5 000kVA油入自冷変圧器のJEM1118騒音レベル基準値は58dB（A）である。敷地境界で40dBまで低減させる必要がある場合，敷地境界から何メートル離して設置すればよいか。

　第1－6式　$L_d=L_s-4.4-20\log_{10}\dfrac{d}{\sqrt{A\cdot H}}$において，
　　　　　　L_d：40dB
　　　　　　L_s：58dB
　　　　　　A：3.3m
　　　　　　H：3.0m（コンサベータを除く）とすると，

$$d=\sqrt{A \cdot H} \cdot 10^{\frac{L_s-4.4-L_a}{20}}=\sqrt{3.3 \times 3.0} \times 10^{\frac{13.6}{20}}=15.1 \text{ (m)}$$

b．遮音壁による騒音の減衰計算

遮音壁による遮音の原理図を第1.6図に示す。

遮音壁は音の透過を妨げる透過損失と，遮音壁を越えてくる伝播音の距離が増大することによる距離減衰を利用している。壁の透過損失が大きいほど，また，壁の面積が大きいほど距離減衰も大きくなり遮音効果が大きくなる。

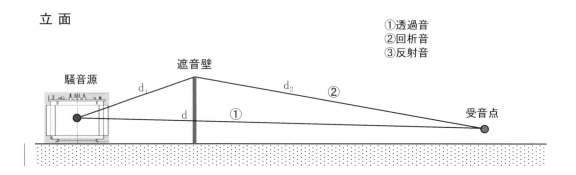

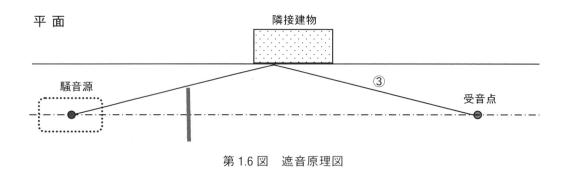

第1.6図　遮音原理図

遮音壁による騒音の減衰計算は，騒音源から受音点における①透過音　②回折音　③反射音の減衰による計算を行い，各計算結果を合成し騒音レベルを算出する。

イ．透過音

騒音源と受音点を結んだ直線上にある遮音壁の透過損失と，距離減衰を考慮し計算する。

　　　透過音＝L_p－透過損失　　・・・・・・・・第1－7式

（第1.4表参照）

ロ．回折音

騒音源と受音点の間に建物や遮音壁などの障害物がある場合，音は回り込んで伝播していく現象がある。これを音の回折と言う。最短の伝播経路を求めて距離減衰の計算を行う。

　　　回折音＝L_f－6.0(d_1+d_2-d)　　・・・・・・・・第1－8式

ハ．反射音（隣接建物壁面など）

　検討範囲に隣接建物などの反射面が存在し，騒音源からの音が反射面に対して入射角と反射角が一定となり受音点に到達する場合，反射音を計算する。壁面の材質に応じた反射係数を考慮し，距離減衰の計算を行う。第1.4表に各種防音壁の透過損失例を示す。

　合成音は2音の差からレベル上昇分を計算する。3つ以上の騒音源がある場合は，その中の2つの合成音レベルを求め，これと残りの1つを合成する作業を繰り返す。

第1.4表　各種防音壁の透過損失例

壁種類	透過損失(dB)
防音パネル 厚み45mm	18～20
組立式鉄板B形防音壁（全閉構造）	12～23
組立式コンクリートパネルB形防音壁（全閉構造）	17～25
コンクリート防音壁	20～40

〔計算例〕

　22kV/6.6kV 5 000kVA油入自冷変圧器を配置計画上敷地境界から5mの位置に設置する。変圧器から3m離れた位置に遮音壁（透過損失20dB）を設置し，敷地境界で40dBまで低減させるには，遮音壁の高さは何mにすればよいか。ただし，同変圧器のJEM1118騒音レベル基準値は58dB（A），反射音はないものとする。（変圧器の高さ＝3m，受音点の高さ＝地上1.5mとする）

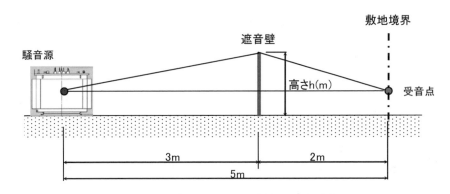

第1.7図　遮音壁による騒音の減衰計算

第1-7式より，

　透過音の騒音レベル＝L_P　透過損失＝58－20＝38（dB）

　この透過音のレベル38dBに回折音が加わり，2dB増加して合計40dBとなるための回折音のレベルは，第1.1図を用いると，40dBとの差は4.3dBとなることがわかる。従って，回折音のレベルは40－4.3＝35.7dBとなる。

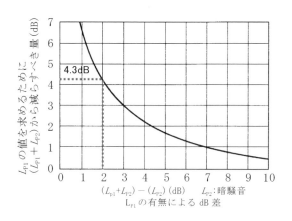

第1-8式より，

回折音の騒音レベル$=L_f-6.0(d_1+d_2-d)$
$=58-6[\sqrt{(h-1.5)^2+3^2}+\sqrt{(h-1.5)^2+2^2}-5]=35.7$

これを解いて，$h=5.05$（m）　遮音壁の高さは5.05m以上必要。

〔計算例〕

　22kV/6.6kV 5 000kVA油入自冷変圧器から3m離れた位置に，高さ5.05mの遮音壁（透過損失20dB）を設置する。変圧器から5m地点の敷地境界における騒音レベルはいくらか。
ただし，同変圧器のJEM1118騒音レベル基準値は58dB（A）とし，変圧器の高さは3m，変圧器の騒音は音源周波数の2倍の100Hzとする。（受音点の高さ＝地上1.5mとする）

注：変圧器の騒音は音源周波数の2倍である基本周波数のほかに，数次までの高調波成分を含むので，減衰量の計算としては周波数ごとに行う必要があるが，高周波成分は減衰量の増大と音圧上昇が相殺されると考えられるので，実用的には基本周波数で計算した値を用いて差し支えない。

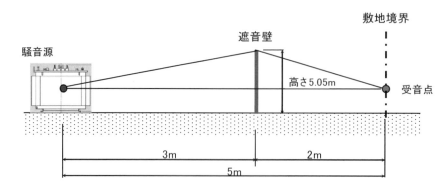

第1.8図　遮音壁による騒音の減衰計算

　遮音壁による変圧器騒音の計算式として，R.O.Fehr, Redfearnの方法がある。以下にそれらの方法による計算を示す。

R.O.Fehrの方法
　まず，第1-9式によりNの値を計算し，第1.9図から減衰量を求める。

$$N=\frac{2}{\lambda}(\sqrt{R^2+H^2}-R+\sqrt{D^2+H^2}-D) \quad \cdots\cdots\cdots 第1-9式$$

　ここに，λ：音源の波長
　　　　　R：音源の中心から遮音壁の中心までの距離
　　　　　H：音源の中心から遮音壁の頂部までの距離
　　　　　D：遮音壁から受音点までの距離

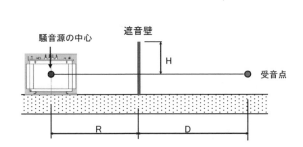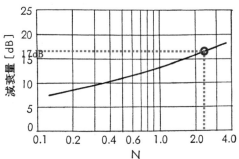

第1.9図　遮音壁による騒音低減効果（R.O.Fehr）

音速を340m/sとすると，波長λ＝340m/s÷100Hz＝3.4m

第1-9式

$$N=\frac{2}{\lambda}(\sqrt{R^2+H^2}-R+\sqrt{D^2+H^2}-D)$$

において，$R=3$m，$H=5.05-1.5=3.55$m，$D=2$m　なので，

$$N=\frac{2}{3.4}(\sqrt{3^2+3.55^2}-3+\sqrt{2^2+3.55^2}-2)=2.19$$

　第1.9図より，$N=2.19$に対応する減衰量は17dBとなる。
　従って，変圧器から5m地点の敷地境界における騒音レベルは，58－17＝41dBである。

Redfearnの方法
　第1.10図に示す遮音壁の実効高さH_e，波長λ，音源Sと受音点Pと遮音壁を結ぶ直線で囲まれる角θから防音効果は定まり，第1.10図のグラフにより減衰量を求めることができる。

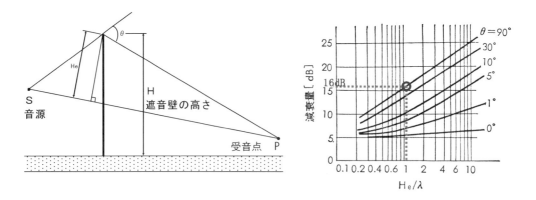

第1.10図　遮音壁による騒音低減効果（Redfearn）

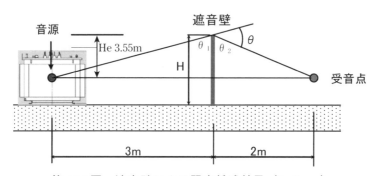

第1.11図　遮音壁による騒音低減効果（Redfearn）

同様の計算例で，
$H_e = 5.05 - 1.5 = 3.55$

$$\frac{H_e}{\lambda} = \frac{3.55}{3.4} = 1.04$$

$\theta_1 = \tan^{-1}\dfrac{3}{3.55} = 40.2°$ 　　$\theta_2 = \tan^{-1}\dfrac{2}{3.55} = 29.4°$

よって $\theta = 110.4°$　第1.10図のグラフにおいて $\theta = 110.4°$ に該当する曲線は定義されていないので，90°を代用すると，$\dfrac{H_e}{\lambda} = 1.04$ に対応する減衰量は16dBとなる。

従って，騒音レベルは，58−16＝42dBである。

以上の結果をまとめると次のとおりである。

第3編　受変電設備と環境

第1.5表　遮音壁による変圧器騒音の計算結果

	減衰量	騒音値
R.O.Fehrの方法	17dB	41dB
Redfearnの方法	16dB	42dB

1.5　騒音の測定

1.5.1　JIS Z8731「環境騒音の表示・測定方法」に基づく騒音の測定

　JIS Z 8731「環境騒音の表示・測定方法」は，環境騒音を表示する際に用いる基本的な諸量の規定と，それらを求めるための方法を示したものである。

　測定器は等価騒音レベルを算出できるものを用いることが示され，屋外における測定，建物周囲における測定，建物内部における測定のそれぞれについて，測定点の設定方法が定められている。また騒音の伝播は気象条件によって変化するため，このような影響が問題となる場合の測定方法について規定されている。以下にJIS Z 8731の概要を示す。

1.5.2　等価騒音レベルの算出方法

　等価騒音レベルの定義（equivalent continuous A-weighted sound pressure level）$L_{Aeq,T}$

　変動するさまざまな騒音を測定する場合，等価騒音レベルを統一した評価量とするのが一般的である。

　ある時間範囲Tについて，変動する騒音の騒音レベルをエネルギー的な平均値として表した量で，次の式で与えられる。単位はデシベル（dB）

$$L_{Aeq,T} = 10 \log_{10} \left(\frac{1}{T} \int_{t_1}^{t_2} \frac{P_A{}^2(t)}{P_0{}^2} \right) dt$$

　　　ここに，$L_{Aeq,T}$：時刻t_1から時刻t_2までの時間T(s)における等価騒音レベル（dB）

　　　　　　　$P_A(t)$：対象とする騒音の瞬時A特性音圧（N/m²）

　　　　　　　P_0：基準音圧（2×10^{-5}N/m²）

a．変動騒音

　変動騒音の等価騒音レベルはある設定された時間内に発生した音の総エネルギーに等しい定常騒音のレベルである。

　騒音の変動が大きい場合には，積分平均型騒音計を用いることが望ましい。その場合，設定した実測時間を必ず記録しておく。この方法の代わりに，以下に述べるサンプリングによる方法又は騒音レベルの統計分布による方法を用いることもできる。

イ．サンプリングによる方法

　時刻t_1からt_2まで，一定時間間隔Δtごとに騒音レベルのサンプル値を求める。その結果から，次の式によって等価騒音レベルを算出する。

$$L_{Aeq,T} = 10 \log_{10} \left[\frac{1}{N} \sum_{i=1}^{N} 10^{L_{PA,t}/10} \right]$$

ここに，　N　：サンプル数〔$N=\dfrac{t_2-t_1}{\varDelta t}$〕

　　　　　$L_{\mathrm{PA,i}}$：騒音レベルのサンプル値

　この方法による場合，サンプリング時間間隔が騒音レベルを測定する機器の時間重み特性の時定数に比べて長くなるほど測定結果の精度は低下する。一般に，サンプリング時間間隔を測定システム全体の時定数に比べて短くとれば，真の積分による結果と等しい結果が得られる。

ロ．騒音レベルの統計分布による方法

　騒音レベルのサンプル値の統計分布から等価騒音レベルを求めることもできる。その場合，騒音レベルの分割幅は，騒音の特性に応じて決めるべきであるが，一般に5dB間隔が適当である。この方法による場合，等価騒音レベルは次の式によって求められる。

$$L_{\mathrm{Aeq},T}=10\log_{10}\left[\dfrac{1}{100}\sum_{i=1}^{n}f_{\mathrm{i}}\cdot10^{L_{PA,i}/10}\right]$$

　　ここに，　n　：レベルの分割数

　　　　　　f_{i}　：騒音レベルがi番目の分割クラスに入っている時間の割合（％）

　　　　　　$L_{\mathrm{PA,i}}$：i番目の分割クラスの中点の騒音レベル（dB）

b．定常騒音

　対象としている時間全体にわたって騒音が定常である場合には，JIS C1509-1またはJIS C1505（精密騒音計）に適合する，積分機能を備えていない騒音計で測定を行ってもよい。その場合，周波数重み特性A，時間重み特性Sを用い，指示値の振れの平均を読み取る。ただし，指示値が5dBを超える範囲にわたって変動する場合には定常騒音として扱うことはできない。

c．騒音レベルが段階的に変化する定常音

　騒音レベルが定常的ではあるが段階的に変化し，それぞれのレベルが明りょうに区別できる場合には，各段階の騒音レベルを定常騒音として測定し，レベルごとの継続時間を測定しておくことにより，次の式によって等価騒音レベルを計算することができる。

$$L_{\mathrm{Aeq},T}=10\log_{10}\left[\dfrac{1}{T}\sum T_{\mathrm{i}}\cdot10^{L_{PA,i}/10}\right]$$

　　ここに，　$T=\varSigma T_{\mathrm{i}}$：全測定時間

　　　　　　　　T_{i}：i番目の定常区間の継続時間

　　　　　　　$L_{\mathrm{PA,i}}$：i番目の定常区間における騒音レベル（dB）

d．単発的に発生する騒音

　環境騒音の中で単発的に発生する騒音が卓越している場合，時間Tの間に発生する騒音の単発騒音暴露レベルから，次の式によって等価騒音レベルを計算することができる。

$$L_{\mathrm{Aeq},T}=10\log_{10}\left[\dfrac{T_0}{T}\sum_{i=1}^{n}10^{L_{AE,i}}\right]$$

　　ここに，　$L_{\mathrm{AE,i}}$：時間T（s）の間に生じるn個の単発的な騒音のうち，i番目の騒音の単発騒音暴露レベル

　　　　　　　T_0　：基準時間（1s）

第3編　受変電設備と環境

　単発的な騒音が同じ大きさで繰り返して発生している場合には，その騒音が整数回繰り返す時間にわたって測定する。別の方法として，単発騒音暴露レベルを測定できる騒音計を用いて一回の発生について単発騒音暴露レベルを測定し，その結果から次の式によって等価騒音レベルを求めることもできる。

$$L_{\mathrm{Aeq,T}} = L_{\mathrm{AE}} + 10 \log_{10}(n) - 10 \log_{10}\left(\frac{T}{T_0}\right)$$

　　　ここに，　n ：時間 T(s)における騒音の発生回数
　　　　　　　　T_0：基準時間（1s）

1.5.3　補正

　この規格で規定する測定方法は，環境における騒音を物理的に正しく表示することを目的としている。したがって，騒音に対する人間の反応を評価する場合には，その目的に通した基本量とするために，測定値に何らかの補正を加えることが必要となることもある。等価騒音レベルの値に対してそのような補正を加えた量が評価騒音レベルである。

〔計算例〕
　1秒ごとの騒音レベルが65, 72, 68, 70, 77〔dB〕であった時の5秒間の等価騒音レベルを求めよ。
　騒音レベルが段階的に変化する定常音の式を用いて，T秒間の等価騒音レベル $L_{\mathrm{Aeq,T}}$ は，

$$L_{\mathrm{Aeq},T} = 10 \log_{10}\left[\frac{1}{T}\sum T_{\mathrm{i}} \cdot 10^{LPA,T/10}\right]$$

と表されるので，

$$L_{\mathrm{Aeq},5s} = 10 \log_{10}\left[\frac{1}{5}(10^{\frac{65}{10}} + 10^{\frac{72}{10}} + 10^{\frac{68}{10}} + 10^{\frac{70}{10}} + 10^{\frac{77}{10}})\right] = 72.3 \text{（dB）}$$

　例えば，1秒ごとの騒音レベルが10, 20, 30, 40, 50, 60, 70, 80, 90, 100〔dB〕の場合の10秒間の等価騒音レベルは，同様に計算すれば，

$$L_{\mathrm{Aeq},10s} = 10 \log_{10}\left[\frac{1}{10}(10^{\frac{10}{10}} + 10^{\frac{20}{10}} + 10^{\frac{30}{10}} + 10^{\frac{40}{10}} + 10^{\frac{50}{10}} + 10^{\frac{60}{10}} + 10^{\frac{70}{10}} + 10^{\frac{80}{10}} + 10^{\frac{90}{10}} + 10^{\frac{100}{10}})\right] = 90.5 \text{（dB）}$$

となる。

- 301 -

2 振動対策

2.1 関連法規等

振動規制法において，工場及び事業場における事業活動並びに建設工事に伴って発生する相当範囲にわたる振動について規制が行われている。

振動規制法では，金属加工機械（機械プレス等）や圧縮機など，著しい振動を発生する施設であって政令で定める施設を設置する工場・事業場が規制対象となる。

騒音規制法と同じように，都道府県知事（市の区域内においては市長）が規制する地域を指定するとともに，国の定める基準の範囲内で基準値を設定する。

2.2 振動の基礎

2.2.1 振動の表し方・評価方法

振動の大きさの表し方として変位，速度，加速度がある。その中で最も人の感覚との対応がよいとされるのが加速度で，「振動加速度振幅の2乗に比例する」捉え方が一般的で，一定の基準値に対して何倍であるかを求めその対数を取ったものを，振動加速度レベルVAL（Vibration Acceleration Level）と呼ぶ。

人の感覚を考慮した振動評価のために振動レベルLが用いられる。人体の振動に対する感じ方は周波数により異なるため，振動レベルは振動の加速度をdBで表した加速度レベルに，振動感覚補正を加えたものである。

JIS C1510「振動レベル計」において，各周波数に対する鉛直振動感覚特性，水平振動感覚特性の補正を定めている。

振動レベルLは振動感覚補正を行った振動加速度の実効値aと基準の振動加速度a_0（1×10^{-5}m/s^2）とから第2−1式により求められる。

$$L = 20 \log_{10} \frac{a}{a_0} \qquad \cdots\cdots\cdots 第2−1式$$

設備機器の振動は，変位，速度，加速度振幅で測定，評価することが多い。建物内における振動の評価方法には，マイスターの感覚曲線，ISO2631 DAD（Draft Addendum：付属書草案）として示されている建物振動に対する人体暴露評価などのように，周波数ごとに求められた値が参考として上げられる。

ISO2631 DAD1による建物内居室における振動の評価基準について述べる。第2.1図（ｂ），第2.1表に評価基準を示す。周波数帯域ごとに予測，あるいは測定した振動加速度の実効値を同図にあて，それらの値が超えない曲線を評価値としている。

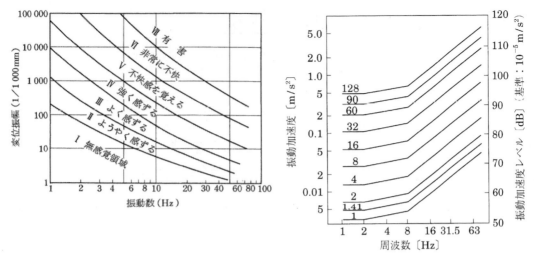

(a) 人体の一般的振動感覚曲線（Meister曲線）　(b) ISO2631/DAD1「建物振動に対する人体暴露評価曲線」

第2.1図　建物における振動評価曲線

第2.1表　振動評価の推奨値を与える基準値

場　所	時間	定常または間欠振動 繰返し衝撃	一日に数回起こる 衝撃振動
病院の手術室および 精密作業場所	昼 夜	1 1	1 1[※1]
住　居	昼 夜	2～4 1.4	60～90 1.4
事務所	昼 夜	4 4[※2]	128 128[※2]
作業所	昼 夜	8[※2] 8[※2]	128[※2※3] 128[※2※3]

※1　手術・精密作業が行われているときの値，それ以外は住居と同じ程度まで許される
※2　事務所・作業所の衝撃に対するレベルは，それによって作業・仕事の中断される可能性を考慮することなく，引き上げるべきではない
※3　定常または間欠振動および繰返し衝撃振動に対するレベルが2倍になれば苦情が出て，4倍でそれがかなり増大する

2.2.2　振動防止効果の表し方

防振効果の表わし方について示す。防振装置の防振効果は，一般的に第2.2図，第2.3図に示す加振力伝達率，振動伝達率，あるいは挿入損失率のどちらかで表されている。加振力の伝達率は振動源の加振力と防振装置を介した設置床に伝達する加振力の比で，振動の伝達率は振動源の振動振幅と防振装置を介した設置床の振動振幅の比で定義される。dB値で示した場合はレベル差となる。加振力の伝達率は，振動源の加振力と設置床への伝達力が正確に把握されれば，有効な防振効果を表しているといえる。

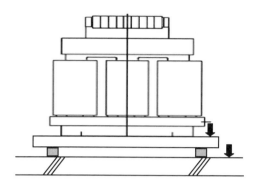

$$\text{加振力の伝達率} = \frac{\text{床への伝達加振力}}{\text{機器の加振力}}$$

$$\begin{array}{c}\text{振動の伝達率}\\\text{(見掛け上の防振効果)}\end{array} = \frac{\text{床の振幅}}{\text{機器架台の振幅}}$$

第2.2図　伝達率

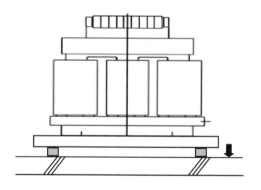

$$\text{加振力の挿入損失率} = \frac{\text{防振装置あり床への伝達加振力}}{\text{防振装置なし床への伝達加振力}}$$

$$\text{床振動の挿入損失率} = \frac{\text{防振装置あり床振動}}{\text{防振装置なし床振動}}$$

第2.3図　挿入損失率

機器を防振支持したとき，機器の加振力をF_0（または機器架台の振幅a_0），床への伝達加振力をF（または床の振幅a）とすると振動の伝達率τは，

$$\tau = \frac{F}{F_0} = \frac{a}{a_0} = \left| \frac{1}{1 - \left(\frac{N}{f}\right)^2} \right|$$ ・・・・・・・・第2－2式

となる。ここで，

N：機器の強制振動数

f：防振支持したときの固有振動数

第2－2式をグラフ化したものが，振動伝達曲線（第2.4図）である。

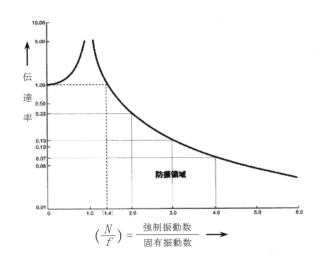

第2.4図　振動伝達曲線

2.3　振動の伝播とその防止対策
2.3.1　振動の特徴と伝播経路

　電気設備の大容量化による振動・加振力の増大，建物大型化・高層化による電気室の分散，鉄骨構造，薄い床スラブ，乾式工法などによる建築部材の軽量化などにより，振動防止は難しくなってきている。また，居住環境に対する要求の向上から高度な振動低減技術が必要となっている。

　変圧器などに起因する振動は，基礎や配管・配線類を通して構造躯体に伝わり，床，壁，天井などの振動が人に不快を感じさせたり，物が振動するなどの振動による直接のトラブルの場合がある。変圧器からの騒音・振動伝播の概念図を第2.5図に示す。

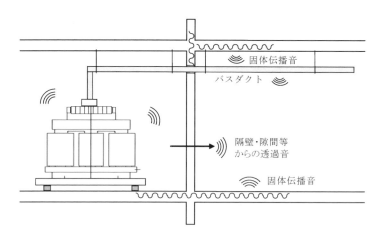

第2.5図 変圧器からの騒音・振動の伝播の概念図

　建物における振動による問題は，変圧器等が発生する振動が直接伝わることによって生じるクレームはまれであり，通常固体伝播音の影響で生ずる問題がほとんどである。従ってここでは，主に固体伝播音を対象とした低減を考慮するものとする。体感振動で問題となる周波数は数Hz～100Hz程度であるのに対し，固体伝播音は50～4 000Hz程度が問題となる。

2.3.2　振動防止の基本的留意事項

　固体伝播音の低減は，振動源から対象室までの振動伝播経路にある設備機器，防振材，設置床，伝播経路構造体，検討対象居室の仕様などすべてが関係する。どの部位の低減対策を行うかを，建物構造，形状，用途などから全体的に判断して決定することが必要となる。
　各部位の固体伝播音低減対策は次のとおりである。
（１）設備機器：低振動型機器の採用，小容量機器の複数設置による加振力低減
（２）設備機器部位：機器の防振支持による設置，基礎重量増加，躯体と縁を切った独立基礎
（３）設置床：床厚，小梁の追加など剛性，質量の増加，浮き床の採用
（４）振動伝搬経路躯体：エキスパンションジョイントの設置
（５）居室内装：浮き構造（床，壁，天井）の採用

2.4　振動の計算

　変圧器や発電機など振動発生源による壁・床への振動加速度レベル（VAL）は次の式によって表される。

$$VAL = L_f + 20\log(f) - L_r - Z_f - L_d + 116 \quad \cdots\cdots\cdots 第2-3式$$

ここで，
VAL：壁・床面の振動加速度レベル（dB）
L_f：加振力レベル（dB）
f：振動数（Hz）
L_r：防振装置による減衰量（dB）
Z_f：床のインピーダンス（dB）
　Z_f：床を加振した場合の力と発生する振動速度の比

第3編　受変電設備と環境

f_0　：床の1次固有振動数として，

　　f_0以下：バネ系の特性

　　f_0近傍：f_0以上の値−10dB

　　f_0以上：反射の影響のない均質な単版（無限大）の特性

L_d　：振動減衰量（dB）

　壁面や床面などが振動すると室内に騒音が放射される。振動と騒音レベルとの関係は次の式によって表される。

$$SPL = VAL - 20\log(f) + 10\log(\mathrm{k}) + 10\log\frac{S}{A_O} + 36 \qquad \cdots\cdots\cdots 第2-4式$$

ここで，

SPL　：室内音圧レベル（dB）

VAL　：壁・床面の振動加速度レベル（dB）

f　：振動数（Hz）

k　：音響放射係数

S　：振動面の面積（m^2）

A_O　：室内吸音力（m^2）

　　α　：室内の平均吸音率

　　A　：壁・床の室内表面積（m^2）とすると，$A_O = \alpha A$

〔計算例〕

　地下1階に設置した300kVAディーゼル発電機2台（防振装置［空気バネ式］あり）による直上室の振動及び騒音を求めよ。

　ただし，発電機室の直上室の大きさは，30m（W）×20m（D）×3.5m（H）（床・壁・天井の表面積は，1 550m^2）とし，この条件に基づく直上室への音響放射係数，平均吸音率データは第2.2表，発電機加振力レベル（L_f），防振装置による防振効果（L_r），床のインピーダンス（Z_f），振動減衰量（L_d）に関するオクターブ中心周波数のデータは第2.3表に示すとおりとする。

　注：オクターブ中心周波数

　　騒音・振動対策を行うためには各周波数成分ごとの音圧レベルがどの程度あるかを明らかにする必要がある。そのために1オクターブとなる周波数帯域（バンド）に分割したときの各バンドの中心周波数をオクターブ中心周波数と呼んでいる。

第2.2表　オクターブ中心周波数の音響関連データ

オクターブ中心周波数(Hz)	31.5	63	125	250	500
k　音響放射係数	0.5	0.7	1.0	1.0	1.0
α　平均吸音率	0.08	0.15	0.17	0.20	0.25

- 307 -

第2.3表　オクターブ中心周波数の振動関連データ

オクターブ中心周波数(Hz)	31.5	63	125	250	500
L_f　発電機加振力レベル(dB)	69.3	77.0	82.0	87.0	92.0
L_r　防振装置による防振効果(dB)	46.9	60.2	77.5	93.0	109.0
Z_f　床のインピーダンス(dB)	114.0	118.0	118.0	118.0	118.0
L_d　振動減衰量(dB)	10.0	10.0	10.0	10.0	10.0

　第2-3式　$VAL = L_f + 20\log(f) - L_r - Z_f - L_d + 116$を用いて周波数ごとの床面の振動加速度レベル$VAL$を求める。

　設置する発電機は2台であるので，台数補正+3dBを行い，各周波数ごとに計算表により計算する。その結果を**第2.4表**に示す。

第2.4表　振動加速度レベル計算結果

オクターブ中心周波数(Hz)	31.5	63	125	250	500
L_f　発電機加振力レベル(dB)	69.3	77.0	82.0	87.0	92.0
$L_{f'}$　発電機加振力レベル台数補正(dB)	3.0	3.0	3.0	3.0	3.0
L_r　防振装置による防振効果(dB)	46.9	60.2	77.5	93.0	109.0
Z_f　床のインピーダンス(dB)	114.0	118.0	118.0	118.0	118.0
L_d　振動減衰量(dB)	10.0	10.0	10.0	10.0	10.0
$20\log(f)$	30.0	36.0	41.9	48.0	54.0
VAL　振動加速度レベル(dB)	47.4	43.8	37.4	33.0	28.0

　以上より，各周波数ごとの振動加速度レベルを**第1-3式**を用いて合成すると，49.4dBとなる。

　次に，**第2-4式**　$SPL = VAL - 20\log(f) + 10\log(k) + 10\log(S/A_0) + 36$を用いて室内騒音レベル$SPL$を求める。前に求めた振動加速度レベル$VAL$と**第2.2表**の音響関連データにより，各周波数ごとに計算表により計算する。その結果を**第2.5表**に示す。

第 2.5 表　騒音レベル計算結果

オクターブ中心周波数(Hz)	31.5	63	125	250	500
VAL 振動加速度レベル(dB)	47.4	43.8	37.4	33.0	28.0
k 音響放射係数	0.5	0.7	1.0	1.0	1.0
α 平均吸音率	0.08	0.15	0.17	0.20	0.25
$20\log(f)$	30.0	36.0	41.9	48.0	54.0
$10\log(k)$	−3.0	−1.5	0.0	0.0	0.0
A_0 室内吸音力(m^2) $=1550\times\alpha$	124.0	232.5	263.5	310.0	387.5
$10\log(S/A_0)$	6.8	4.1	3.6	2.9	1.9
SPL 室内音圧レベル(dB)	57.2	46.4	35.1	23.9	11.9
A 補正値	−39.0	−26.0	−16.0	−9.0	−3.0
騒音レベル(dB [A])	18.2	20.4	19.1	14.9	8.9

以上より，各周波数ごとの騒音レベルを第1-3式を用いて合成すると，24.7dBとなる。

2.5　防振材料

防振装置に用いられる材料はいくつかあるが，振動源の周波数特性，必要低減量，耐候性，耐温度特性，納まりなどを考慮して，最も適したものを選定する。受変電設備における振動源として代表的なものは変圧器であり，通常その防振材料として防振ゴムが用いられる。ここでは，防振ゴムについてその特徴と計算例を述べる。

防振ゴムは用途に合わせていろいろな形状のものを製作することが可能，安価，コンパクトでで比較的大きな減衰効果を有する。しかし，温度，振幅，周波数によって防振効果が異なる傾向があり，特に温度の影響は大きい。また，ゴムの永久変形により経年的に防振効果が減少する。さらに熱，酸素，油脂，化学薬品などによって耐久性が低下するのでゴム材質の選定にあたっては設置環境に注意する必要がある。

変圧器を防振する場合，耐震上の対策から耐震ストッパーを取り付けることが多い。第2.6図に耐震ストッパー付き変圧器防振ゴムの例を示す。この防振ゴムは振動伝達率5％以下で，耐震ストッパーを防振ゴムに内蔵した構造となっている。

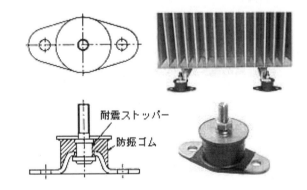

第 2.6 図　変圧器防振ゴムの例

〔防振ゴムの計算例〕

発電設備に設置する防振ゴム選定のための計算を示す。

・非常用ディーゼル発電設備500kVA
・質量：エンジン＋発電機3 700kg
・回転数：1 500rpm
・支持点数：8点

防振ゴムの選定手順は次のとおりである。

（1）防振支持位置の決定
（2）固有振動数，ばね定数の決定
（3）防振ゴムの選定

a．防振支持位置・箇所数の決定

　支持は共通台床に対し均等に8点支持とする

b．固有振動数，ばね定数の決定

イ．支持荷重

　各支持点における重さ（質量）mは，

$$m = \frac{3\,700}{8} = 462.5 \;(\text{kg})$$

ロ．固有振動数の決定

　振動伝達率τは，第2－2式より，

$$\tau = \left| \frac{1}{1 - \left(\dfrac{N}{f} \right)^2} \right|$$

　振動伝達率5％を目標とすると，第2.4図より$N/f = 4.7$となり，防振支持系の固有振動数fは，

$$f = \frac{1\,500}{60} \times \frac{1}{4.7} = 5.3 \;(\text{Hz})$$

ハ．動的ばね定数（K_d）の決定

　1点あたりの重さが462.5kgであるから，動的ばね定数は，

$$f = \frac{1}{2\pi} \sqrt{\frac{K_d}{m}} \text{ より，} \quad K_d = (2\pi f)^2 \cdot m = (2 \times 3.14 \times 5.3)^2 \times \frac{462.5}{1\,000} = 512 \;(\text{N/mm})$$

　ここで，m：防振ゴム1個で支える質量（kg）

ニ．静的ばね定数（K_s）の決定

　防振ゴムの材質を天然ゴム系であるとすると，動倍率は1.4程度であるので，

$$K_s = \frac{K_d}{1.4} = \frac{517}{1.4} = 366 \;(\text{N/mm})$$

第3編　受変電設備と環境

c．防振ゴムの選定

メーカーカタログデータ（例）を**第2.6表**に示す。

防振ゴム1支持点の静荷重は，$W = m \times 9.8 = 462.5 \times 9.8 = 4\,533$N，静的ばね定数が366N/mmより，性能に合致する防振ゴム（許容荷重［鉛直方向］5\,950N　静的ばね定数［鉛直方向］380N/mm）を選定する。

d．防振効果の確認

イ．防振支持系の固有振動数

$$f = \frac{1}{2\pi}\sqrt{\frac{K_d}{m}} = \frac{1}{2\pi}\sqrt{\frac{1.4 \times K_s}{Km}} = \frac{1}{2\pi}\sqrt{\frac{1.4 \times 380 \times 1\,000}{462.5}} = 5.4 \;\text{（Hz）}$$

ロ．振動伝達率と振動絶縁効果

振動伝達率は**第2−2式**より，

$$\tau = \left| \frac{1}{1 - \left(\dfrac{N}{f}\right)^2} \right| = \left| \frac{1}{1 - \left(\dfrac{25}{5.4}\right)^2} \right| = 0.049 \;\text{（4.9\%）}$$

振動伝達率は4.9％となり狙いどおりである。振動絶縁効果は$100 - \tau = 95$％となり，防振ゴムの役割を満たすことが確認された。

第2.6表　丸型防振ゴム　メーカーカタログデータ例

製造番号	標準寸法(mm)								Z方向 静的バネ N/mm	X方向 静的バネ N/mm	Z方向 許容荷重 N	X方向 許容荷重 N
	D_1	D_2	H	(h)	t	d	l	s				
EA 4001	20	15	15	11.8	1.6	6	15	12	98	14	270	50
EA 2001	20	15	21	17.8	1.6	6	15	12	39	5	145	20
EA 4002	25	20	18	13.4	2.3	6	18	15	135	18	440	75
EA 2002	25	20	26	21.4	2.3	6	18	15	54	9	245	39
EA(EB) 4003	30	25	18	13.4	2.3	8	24	20	275	36	880	145
EA 2003	30	25	26	21.4	2.3	8	24	20	88	17	340	59
EA(EB) 4004	35	30	26	19.6	3.2	8	23	20	210	32	1\,000	195
EA 2004	35	30	36	29.6	3.2	8	23	20	83	15	490	78
EA(EB) 4005	40	34	22	15.6	3.2	8	30	25	410	56	1\,500	245
EA02005	40	34	33	26.6	3.2	8	30	25	145	20	785	98
EA(EB) 4006	45	38	34	27.6	3.2	8	30	25	240	37	1\,650	290
EA 2006	45	38	45	38.6	3.2	8	30	25	110	20	830	145
EA(EB) 4007	50	42	27	20.6	3.2	10	30	25	455	62	2\,350	370
EA 2007	50	42	41	3406	3.2	10	30	25	155	25	1\,070	165
EA(EB) 4008	55	47	40	33.6	3.2	10	35	30	295	44	2\,500	440
EA 2008	55	47	54	47.6	3.2	10	35	30	145	25	1\,350	215
EA(EB) 4009	65	56	34	27.6	3.2	12	35	30	615	78	4\,400	635
EA 2009	65	56	50	43.6	3.2	12	35	30	260	44	2\,250	340
EA(EB) 4010	75	65	42	33	4.5	12	48	42	705	90	5\,850	880
EA 2010	75	65	63	54	4.5	12	48	42	235	39	2\,550	390
EA(EB) 4020	80	70	40	31	4.5	12	48	42	1\,350	205	9\,800	1\,950
EA 2020	80	70	55	45	4.5	12	48	42	655	110	6\,000	1\,000
EA(EB) 4011	90	80	50	41	4.5	12	48	42	785	105	7\,800	1\,250
EA 2011	90	80	76	67	4.5	12	48	42	305	59	4\,050	785
EA(EB) 4012	106	100	66	50	8	16	55	50	960	130	9\,800	1\,950
EA 2012	106	100	95	79	8	16	55	50	380	78	5\,950	1\,050
EA(EB) 4013	140	130	79	60	8	16	55	50	1\,450	190	17\,500	3\,400
EA(EB) 4014	150	140	70	46	12	20	55	50	2\,750	295	21\,500	3\,900

2.6 浮き床

　ホテルの客室，病院の病室，マンション住戸等の上階や隣接した場所に電気室をやむを得ず配置する場合，振動が建物構造体に伝播しないよう，変圧器設置床を防振ゴムやグラスウールなどで浮かす浮き床工法が採用される。浮き床工法では，浮き床を設置する構造躯体床の固有周波数，変圧器の固有周波数が関係するが，浮き床の固有周波数としては，約10Hzが現実的であり，これにより固体伝播音の低減に充分寄与できる。浮き床工法の場合，それを支える構造躯体床の高い剛性が必要となってくる。構造躯体床の剛性が小さいと，浮き床と一体になって振動することになり充分な防振効果が得られないため注意が必要である。そのためにスラブ厚さは200mm以上必要といわれている。第2.7図に浮床工法の例を示す。

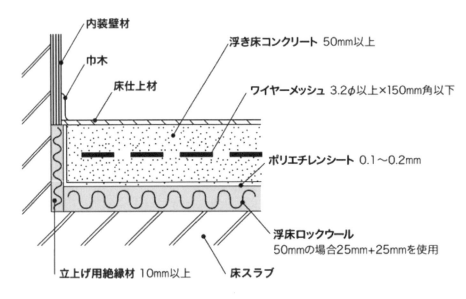

第2.7図　浮床工法の例

3 換気

3.1 関連法規等

建築基準法第28条の3により労働環境として安全性，快適性の確保のため換気の必要性が規定されている。

高圧受電設備規程には「変圧器の発熱などで，室温が過昇するおそれのある場合には，通気孔，換気装置又は冷房装置などを設けてこれを防止すること。なお，通気孔その他の換気装置を設ける場合は，その構造に特に注意し，強風雨時における雨水及び風雪時における雪の吹き込むおそれのないよう十分配慮すること」と規定されている。

3.2 換気方式

換気方式は，機械換気方式と自然換気方式に分けられる。

3.2.1 機械換気方式

ａ．第1種換気法

機械給気と機械排気との併用による換気をいう。一般的には，外気を浄化するためのエアフィルタを必要とする。

ｂ．第2種換気法

機械給気と適当な自然排気口による換気をいう。一般的には，外気取入れ部に空気浄化装置が設けられる。

ｃ．第3種換気法

機械排気と適当な自然給気口による換気をいう。外気を直接導入して第3種換気を行う場合，給気口に対する配慮がおろそかになることがあるので注意を要する。

第3.1図に機械換気方式の基本図を示す。

3.2.2 自然換気方式

換気の原動力が風及び温度差であるとき，自然換気という。

温度差による自然換気で注意すべきことは，給気口と排気口の位置関係である。単なる開口部の組み合わせだけでは換気力が弱く，外部の風の影響を受けやすいため，給気口を低く排気口を高くして温度差による換気力を大きくする配慮が必要である。

風による換気は，建物周囲に生ずる風圧と，建物上空の風速とによって行う換気である。室内空気が吸引されるよう，負圧領域となるような排気塔の位置・高さを決める必要がある。

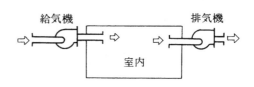

ａ．第1種換気法

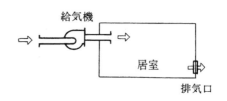

ｂ．第2種換気法

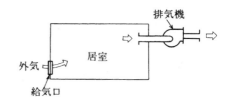

ｃ．第3種換気法

第3.1図　機械換気方式の基本図

3.3 電気設備関連諸室の換気

3.3.1 受変電設備の換気

a．屋内開放型受変電設備の換気

屋内開放型受変電設備の換気としては，第1種換気法または第2種換気法が適用される。室内許容温度を40℃とし換気計算を行う。（40℃は電気設備機器の許容最高温度）

室内発熱除去に必要な換気量は次式で与えられる。

$$V = \frac{3.6Q}{C_\mathrm{P}\,\rho\,(t_\mathrm{i} - t_\mathrm{o})} \quad \cdots\cdots\cdots 第3-1式$$

ここに，　V：必要換気量（m³/h）

　　　　　Q：発熱量（W）

　　　　　C_p：空気の比熱 [J/(kg・℃)]

　　　　　ρ：空気の密度（kg/m³）

　　　　　t_i：許容室温（℃）

　　　　　t_o：外気温度（℃）

〔計算例〕

単相変圧器（6.6kV/210-105V）300kVA×3台，三相変圧器（6.6kV/210V）500kVA×3台，300kVA×1台，高圧進相コンデンサ213kvar×3（直列リアクトル12.8kvar×3）を設置した屋内開放型受変電設備について，外気温度30℃のとき室内温度を40℃とするための換気量を求めよ。

イ．変圧器の発熱

高圧受電設備規程に示された高圧油入変圧器（標準型）の発熱量例を，第3.1表に示す。これはJIS C4304-2013「配電用6kV油入変圧器」の効率をもとに算出したものである。これによれば，単相300kVA：3.64kW，三相500kVA：6.53kW，300kVA：4.35kWである。

これより，変圧器の総発熱量＝3.64kW×3＋6.53kW×3＋4.35kW×1＝34.86kW

第3.1表　変圧器の発熱量（例）　6.6kV/210V　50Hz油入標準型（JIS C4304-2013）

変圧器容量 （kVA）	相　別	損　失 （kW）
50	単　相	0.89
	三　相	1.09
75	単　相	1.07
	三　相	1.30
100	単　相	1.43
	三　相	1.66
300	単　相	3.64
	三　相	4.35
500	単　相	5.71
	三　相	6.53

［参　考］

発熱量が与えられていない場合は，変圧器定格容量をP kVA，効率をη（％）とすると，

$$損失 = \frac{P \cdot (100 - \eta)}{\eta} \text{(kW)}$$

発熱量（J/s）＝損失（W）であるから，

変圧器効率（単相300kVA，三相500kVA，300kVAとも）を98.5％とすると，

$$総発熱量 = \frac{2\,700 \text{(kVA)} \times (100 - 98.5)}{98.5} = 41.1 \text{kW} \quad となる。$$

　省エネ法の規定に基づいたトップランナー変圧器では，エネルギー消費効率の基準値が規定されている。（500kVA以下の場合，基準負荷率40％，500kVA超過の場合基準負荷率50％のときの負荷損の基準値が定められている）あるメーカのトップランナー変圧器（単相6.6kV/210-105V，三相6.6kV/210V）の場合，50Hz仕様の損失の値は，単相300kVA：2.86kW，三相500kVA：4.54kW，三相300kVA：2.98kWなので，変圧器の総発熱量＝2.86kW×3＋4.54kW×3+2.98kW×1＝25.2kWとなり，27.8％発熱量が減少する。

ロ．高圧進相コンデンサの発熱

　高圧油入進相コンデンサの発熱量はメーカカタログ等による。

［参　考］

　データが与えられていない場合は，概略コンデンサ容量×0.35％（kW）で計算する（JIS C4902より）

213kvar×3×0.0035kW/kvar＝2.24kW

ハ．直列リアクトルの発熱

　油入直列リアクトルの発熱量はメーカカタログ等による。

［参　考］

　データが与えられていない場合は，概略コンデンサ容量×0.2％（kW）で計算する（JIS C4901より）

213kvar×3×0.002kW/kvar＝1.28kW

換気量は，第3-1式　$V = \dfrac{3.6Q}{C_\mathrm{P}\rho\,(t_\mathrm{i} - t_\mathrm{o})}$　において，

Q：発熱量＝34.86＋2.24＋1.28＝38.38kW（38 380W）

C_P：空気の比熱＝1.009〔J/(kg・℃)〕（760mmHg　30℃）

ρ：空気の密度＝1.2（kg/m³）〔760mmHg 30℃で1.2〕

t_i：許容室温＝40.0（℃）

t_o：外気温度＝30.0（℃）夏季の設計用外気温度

$$V = \frac{3.6Q}{C_\mathrm{P}\rho\,(t_\mathrm{i} - t_\mathrm{o})} = \frac{3.6 \times 38\,380}{1.009 \times 1.2 \times (40.0 - 30.0)} = 11\,411 \text{(m}^3\text{/h)}$$

$$\left(\frac{11\,411 \text{(m}^3\text{/h)}}{60 \text{(min)}} = 190.2 \text{(m}^3\text{/min)} \right)$$

　高圧進相コンデンサ及び直列リアクトルの発熱は，変圧器発熱量に比べて小さいので，概略計

算で求めてさしつかえない。

ｂ．屋内キュービクル型受変電設備の換気

キュービクルの換気方式は自然換気とする。発熱源は変圧器，進相コンデンサ，直列リアクトルであり，発熱量計算は前項ａ．と同様である。キュービクル内で発生した熱は，キュービクル換気口と盤面から放熱され，キュービクル内発生熱がすべて室内に放出されるので，開放型と同様と考えてよい。他の発熱源がある場合は，それらを加えて総発熱量とし，**第3－1式**により換気量を算出する。

3.3.2　自家用発電設備の換気

発電機室の換気量は，機関の燃焼に必要な空気の補給，室温上昇の抑制，保守員・運転員の衛生面から環境維持のための空気補給の合計で決定する。ここでは，ディーゼル機関の場合について述べる。**第3.2図**に水槽循環冷却方式の発電機室の換気方式の例を示す。

ａ．機関の燃焼に必要な空気量

水槽循環冷却方式（放流式，冷却塔方式も同様）の場合次のとおりである。

$$V_a = P_e \cdot \mu \cdot b_e \cdot \lambda / (60 \cdot \rho) \ (\mathrm{m^3/min}) \quad \cdots\cdots\cdots 第3－2式$$

ここに，　P_e：機関出力（kW）

　　　　　　μ：燃料1kgに対する理論空気量（kg/kg）

　　　　　　b_e：燃料消費率（kg/kW・h）

　　　　　　λ：空気過剰率

　　　　　　ρ：空気の密度（kg/m³）

ｂ．室内温度抑制に必要な換気量

$$V_b = \frac{Q_a + Q_b}{60 \cdot C_P \cdot \rho \cdot (t_i - t_o)} \ (\mathrm{m^3/min}) \quad \cdots\cdots\cdots 第3－3式$$

ここに，　Q_a：機関の放熱量（kJ/h）

　　　　　　　$= \alpha \cdot K \cdot P_e \cdot b_e$

　　　　　　α：燃料の低位発熱量（kJ/kg）

　　　　　　K：機関の熱放散損失率

　　　　　　P_e：機関出力（kW）

　　　　　　b_e：燃料消費率（kg/kW・h）

　　　　　　Q_b：発電機からの放熱量（kJ/h）

　　　　　　　$= \dfrac{3\,600 \cdot P_g \cdot P_f \cdot (1 - \eta)}{\eta}$

　　　　　　P_g：発電機定格出力（kVA）

　　　　　　P_f：発電機定格力率

　　　　　　η：発電機効率

　　　　　　C_P：空気の比熱〔J/（kg・℃）〕

　　　　　　ρ：空気の密度（kg/m³）

　　　　　　t_i：許容室温（℃）

　　　　　　t_o：外気温度（℃）

c．衛生面からの必要換気量

常駐の場合，保守員1人当たり0.5m³/minを考慮する。

$V_c = 0.5 ×$ 保守員数 （m³/min）

以上より必要換気量は，

給気量 $= V_a + V_b + V_c$

排気量 $= V_b + V_c$ 　と計算される。

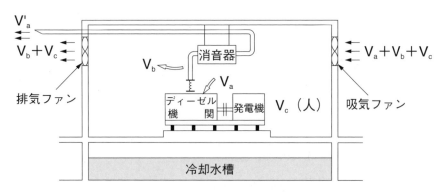

第3.2図　水槽循環冷却方式の発電機室の換気方式の例

〔水槽循環冷却方式の場合の計算例〕

定格出力750kVA屋内開放型非常用ディーゼルエンジン発電設備室の換気量を求めよ。
ただし，ディーゼルエンジン出力は900（PS），燃料はA重油，燃料消費率は180（L/h），過給機関，水槽循環冷却方式，発電機効率は0.9，発電機定格力率は0.8，許容室温40℃，外気温度30℃とする。

イ．機関の燃焼に必要な空気量

第3-2式　$V_a = \dfrac{P_e \cdot \mu \cdot b_e \cdot \lambda}{60 \cdot \rho}$　（m³/min）　により，

P_e：機関出力 $= 900 (PS) = 900 (PS) × 0.736 (kW/PS) = 662.4 (kW)$

μ：A重油 $= 13.9$　［軽油：14.2　　A重油：13.9］

b_e：燃料消費率 $= \dfrac{180 (L/h) × 0.9 (kg/L)}{662.4 kW} = 0.245$　(kg/kW・h)

λ：空気過剰率 $=$ 過給機関：2.5　［無過給機関：2.0　過給機関：2.5］

ρ：空気の密度 $= 1.2$ (kg/m³)　［760mmHg　30℃で1.2］

$V_a = \dfrac{662.4 × 13.9 × 0.245 × 2.5}{60 × 1.2} = 78.3$　(m³/min)

ロ．室内温度抑制に必要な換気量

第3-3式　$V_b = \dfrac{Q_a + Q_b}{60 \cdot C_P \cdot \rho \cdot (t_i - t_o)}$　（m³/min）　により，

　　　　　$Q_a = \alpha \cdot K \cdot P_e \cdot b_e$

α ：燃料の低位発熱量＝A重油：42 700（kJ/kg）［軽油・A重油：42 700　灯油：43 000］

K ：機関の熱放散損失率＝0.03　［水槽循環冷却方式の場合：0.03］

P_e ：機関出力＝662.4（kW）

b_e ：燃料消費率＝0.245（kg/kW·h）

$$Q_b = \frac{3\,600 \cdot P_g \cdot P_f \cdot (1-\eta)}{\eta}$$

P_g ：発電機定格出力＝750（kVA）

P_f ：発電機定格力率＝0.8

η ：発電機効率＝0.9

C_P ：空気の比熱＝1.009［J/（kg·℃）］

ρ ：空気の密度＝1.2（kg/m³）

t_i ：許容室温＝40（℃）

t_o ：外気温度＝30（℃）

$Q_a = 42\,700 \times 0.03 \times 662.4 \times 0.245 = 207\,891$（kJ/h）

$Q_b = \dfrac{3\,600 \times 750 \times 0.8 \times (1-0.9)}{0.9} = 240\,000$（kJ/h）

$V_b = \dfrac{207\,891 + 240\,000}{60 \times 1.009 \times 1.2 \times (40-30)} = 616.5$（m³/min）

ハ．衛生面からの必要換気量

常駐保守員 1 人とすると，$V_c = 0.5 \times 1 = 0.5$（m³/min）

以上より必要換気量は，

給気量＝$V_a + V_b + V_c = 695.3$（m³/min）

排気量＝$V_b + V_c = 617.0$（m³/min）

〔ラジエター冷却方式（排気ダクト付）の場合の計算例〕

定格出力750kVA屋内開放型非常用ディーゼルエンジン発電機設備室の換気量を求めよ。

ただし，ディーゼルエンジン出力は900（PS），燃料はA重油，燃料消費率は180（L/h），過給機関，ラジエター冷却方式（排気ダクト付）で，発電機効率は0.9，発電機定格力率は0.8，許容室温40℃，外気温度30℃とする。

第3.3図にラジエター冷却方式（排気ダクト付）の発電機室の換気方式の例を示す。

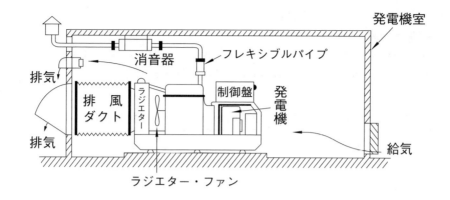

第3.3図 ラジエター冷却方式（排気ダクト付）の発電機室の換気方式の例

ラジエター冷却（排気ダクト付）の場合，機関の熱放散損失率K＝0.10である。（排気ダクトなしの場合は，室内に熱が放散されるためK＝0.35とする）

V_bの計算においてK＝0.10とすれば，

Q_a＝42 700×0.10×662.4×0.245＝692 970（kJ/h）

$Q_b = \dfrac{3\,600 \times 750 \times 0.8 \times (1-0.9)}{0.9} = 240\,000$（kJ/h）

これより，$V_b = \dfrac{692\,970 + 240\,000}{60 \times 1.009 \times 1.2 \times (40-30)} = 1\,284.2$（m³/min）

従って，給気量＝$V_a + V_b + V_c$＝1 363.0（m³/min）

排気量＝$V_b + V_c$＝1 284.7（m³/min）

［参　考］ラジエター冷却（排気ダクトなし）

排気ダクトなしの場合，室内に熱が放散されるため機関の熱放散損失率はK＝0.35として計算する。

V_bの計算においてK＝0.35とすれば，

Q_a＝42 700×0.35×662.4×0.245＝2 425 394（kJ/h）

$Q_b = \dfrac{3\,600 \times 750 \times 0.8 \times (1-0.9)}{0.9} = 240\,000$（kJ/h）

これより，$V_b = \dfrac{2\,425\,394 + 240\,000}{60 \times 1.009 \times 1.2 \times (40-30)} = 3\,668.9$（m³/min）

従って，給気量＝$V_a + V_b + V_c$＝3 747.7（m³/min）

排気量＝$V_b + V_c$＝3 669.4（m³/min）

3.4　発電設備と大気汚染

大気汚染防止法では，「ばい煙」等に関し次の事項を規定している。
（1）大気汚染の原因となる「ばい煙」を排出する「ばい煙発生施設」の指定
（2）当該施設の種類ごとの硫黄酸化物，窒素酸化物，ばいじん等に係わる排出基準の設定
（3）設置者に対する当該施設の届出義務及び排出基準の遵守義務

（４）基準に適合しない場合の当該施設の制限，変更命令，改善命令等

3.4.1　ばい煙発生施設

発電設備の原動機のうち常用設備は「ばい煙発生施設」に該当しその規制を受ける。
対象施設の規模（燃料の燃焼能力）は第3.2表のとおりである。

第3.2表　常用発電設備における「ばい煙発生施設」

原　動　機	燃料の燃焼能力
ディーゼル機関及びガスタービン	重油換算1時間あたり50L以上であるもの
ガス機関及びガソリン機関	重油換算1時間あたり35L以上であるもの

非常用発電設備については，ばい煙発生施設の届出義務はあるが排出基準の適用が当分の間除外されている。（昭和62年総理府令第53号改正附則及び平成2年12月同第58号改正附則）なお，電気事業法に基づく公害に関する工事計画書の届出は必要。

3.4.2　排出基準

硫黄酸化物，窒素酸化物及びばいじんについて，大気汚染防止法施行令別表に原動機種別ごとに排出基準値が定められている。第3.3表に排出基準値を示す。

第3.3表　排出基準値

機　関	ディーゼル機関		ガス機関	ガスタービン
規　模	シリンダ内径(mm)			
	400未満	400以上		
硫黄酸化物 (SOx)	硫黄酸化物の排出基準値(K値)による排出口の高さ規制(注1)			
窒素酸化物 (NOx)	950ppm (O$_2$：13%)	1200ppm (O$_2$：13%)	600ppm (O$_2$：0%)	70ppm (O$_2$：16%)
ば い じ ん　一般排出基準	0.1g/m^{3}N (O$_2$：13%)		0.05g/m^{3}N (O$_2$：0%)	0.05g/m^{3}N (O$_2$：16%)
特別排出基準(注2)	0.08g/m^{3}N (O$_2$：13%)		0.04g/m^{3}N (O$_2$：0%)	0.04g/m^{3}N (O$_2$：16%)

（注1）硫黄酸化物の排出基準値（K値）による排出口の高さ規制

硫黄酸化物（SOx）の排出基準は，次の式により算出した硫黄酸化物の量による。

$q = K \cdot 10^{-3} \cdot H_e^2$　［規則第3条第1項の式］　　……第2−4式

ここに，　q：硫黄酸化物の量

K：規則別表第1に掲げる値（K値）

H_e：補正された排出口の高さ

この式においてq，K及びH_eは，それぞれ次の値を表すものとする。

第3編　受変電設備と環境

q ：硫黄酸化物の量（単位　温度0℃，圧力1気圧の状態に換算したm³毎時）

K ：大気汚染防止法に基づき政令で定める地域の区分ごとに規則別表第一に掲げる値

（K値は地域の区分ごとに異なっており，数字が小さくなればなるほど規制が厳しい。硫黄酸化物の排出基準は全国に適用される一般排出基準と，汚染が著しいか又は著しくなるおそれがある地域で，新設される施設に限って適用される特別排出基準とがある。）

H_e ：次の算式により補正された排出口の高さ（単位　m）

$$H_e = H_o + 0.65(H_m + H_t) \quad \cdots\cdots 第2-4-1式$$

$$H_m = \frac{0.795\sqrt{QV}}{1+\dfrac{2.58}{V}} \quad \cdots\cdots 第2-4-2式$$

$$H_t = 2.01 \times 10^{-3} \cdot Q \cdot (T-288) \cdot \left(2.30 \log J + \frac{1}{J} - 1\right) \quad \cdots\cdots 第2-4-3式$$

$$J = \frac{1}{\sqrt{QV}}\left(1\,460 - 296 \cdot \frac{V}{T-288}\right) + 1 \quad \cdots\cdots 第2-4-4式$$

これらの式において，H_o，Q，V及びTは，それぞれ次の値を表すものとする。

H_o ：排出口の実高さ（単位　m）

Q ：温度15度における排出ガス量（単位　m³毎秒）

V ：排出ガスの排出速度（単位　m毎秒）

T ：排出ガスの温度（単位　絶対温度）

（注2）特別排出基準とは，施設集合地域（全国9地域）において，新増設施設に対して適用される更に厳しい基準をいう。

なお，各地方自治体では公害対策の観点から大気汚染防止法とは別に，窒素酸化物対策指導要綱等を定め，さらに厳しい規制を行っている場合があるため，計画にあたっては設置場所に対する自治体の指導要綱を調査の上必要な対策を実施する。

3.4.3　総量規制基準

大都市地域における大気汚染対策の緊急性に鑑み，硫黄酸化物，窒素酸化物等の総量規制地域においては，都道府県知事が従来のばい煙発生施設と同様に，既設施設を含めて総量規制を行う。これにより，該当地域では，排出基準よりさらに厳しい規制が行われる。

a．硫黄酸化物

硫黄酸化物（SOx）総量規制

工場・事業場が集中しており，施設ごとの排出規制（K値規制）のみによっては環境基準の達成が困難と考えられる一定地域を国が指定し（現在24地域），当該都道府県の知事は，地域全体での排出許容総量を算出し，総量削減計画を作成する。総量規制基準の基本式は，使用する原料または燃料の増加に応じて，排出が許容される硫黄酸化物の量の増加分が低減するような規制式で表される。（原燃料使用量増加低減方式）

または，排出される硫黄酸化物について所定の方法により求められる重合した最大地上濃度がすべての特定工場について一定となる規制式で表される。（最大重合地上濃度方式）

- 321 -

原燃料使用量増加低減方式による式は次のとおりである。

$Q=a\cdot W^b$　・・・・・第2－5式

Q：排出許容量（単位　温度0℃・圧力1気圧の状態に換算したm³毎時）

W：特定工場等における全ばい煙発生施設の使用原燃料の量（重油換算，kl毎時）

a：削減目標量が達成されるように都道府県知事が定める定数

b：0.80以上1.0未満で，都道府県知事が定める定数

また，新設された特定工場等及び増設のあった特定工場等に対しては，一般の総量規制基準より厳しい次の特別の総量規制基準が適用される。

$Q=a\cdot W^b+r\cdot a[(W+W_i)^b-W^b]$　・・・・・第2－6式

W_i：都道府県知事が定める日以後に新設された特定工場等及び増設のあった特定工場等の全ばい煙発生施設において使用される原燃料の量

r：0.3以上0.7以下の範囲内で定める定数

さらに，総量規制基準の対象外となる小規模な工場等については，燃料使用基準（工場単位の基準）が定められており，重油その他の石油系燃料の使用量について，都道府県知事が定めることができる。最大重合地上濃度方式による式については省略。

b．窒素酸化物

窒素酸化物（NOx）総量規制

窒素酸化物に係る総量規制は，3地域が指定されている。総量規制基準は，硫黄酸化物と同様に総量削減計画に基づいて都道府県知事が定める。設定方法は，特定工場等ごとに「原燃料使用量増加低減方式」または，排出ガス量にばい煙発生施設の種類ごとに定める施設係数を乗じて得た量の合計に対して削減定数を乗じて算定される「施設係数，削減定数方式」をもとに定められる。「原燃料使用量増加低減方式」の場合は，第2－5式と同様である。「施設係数，削減定数方式」の場合は，次に定める算式により算出される窒素酸化物の量とする。

$Q=\kappa\{\Sigma(C\cdot V)\}^l$　・・・・・・第2－7式

この式において，Q，κ，C，V，lは，それぞれ次の値を表すものとする。

Q：排出が許容される窒素酸化物の量（単位　温度0℃，圧力一気圧の状態に換算したm³毎時）

κ：削減目標を確保するための削減定数

C：窒素酸化物に係るばい煙発生施設について，その種類ごとに定める施設係数

V：特定工場等に設置されている窒素酸化物に係るばい煙発生施設ごとの排出ガス量（単位　温度0℃，圧力1気圧の状態に換算した万m³毎時）

l：0.8以上1.0未満で定める定数

また，新設された特定工場等及び増設のあった特定工場等に対しては，次の式で算定する。

$Q=\kappa\{\Sigma(C\cdot V)+\Sigma(C_i\cdot V_i)\}^l$　・・・・・・第2－8式

この式においてC_i，V_i，lは，それぞれ次の値を表すものとする。

C_i：特定工場等に都道府県知事が定める日後に設置される窒素酸化物に係るばい煙発生施設について，その種類ごとに定める施設係数

V_i：特定工場等に都道府県知事が定める日後に設置される窒素酸化物に係るばい煙発生施設ごとの排出ガス量（単位　温度0℃，圧力1気圧の状態に換算した万m³毎時）

第3編　受変電設備と環境

l　：0.8以上1.0未満で定める定数

　窒素酸化物総量規制においては，環境省告示で，ばい煙発生施設の種類ごとに規定された数値の範囲内で定めた燃料の重油換算係数を乗じることとしており，ガスタービン，ディーゼル機関については，第3.4表に示す係数となっている。
　また，施設係数を第3.5表に，窒素酸化物の排出基準値を第3.6表に示す。

第3.4表　原・燃料換算係数

	係　数
ガスタービン	2.0〜3.5
ディーゼル機関	20.0〜30.0

第3.5表　施設係数

	C（既設）	C_1（新設）
ガスタービン	7.0〜13.0	5.0
ディーゼル機関	49.0〜69.0	40.0

第3.6表　窒素酸化物の排出基準値

	On(％)	NOx（ppm）
ガスタービン	16	70
ディーゼル機関	13	950〜1200

c．ばいじん規制

　ばいじんの排出基準は，濃度規制方式であり，施設の種類及び規模ごとに定められている。硫黄酸化物の排出基準と同様，一般排出基準と特別排出基準（9地域指定）とがある。
　また，ばいじんの排出基準は，温度0℃・圧力1気圧の状態に換算した排出ガス1 m³中のばいじんの量として定められているが，排出ガスを空気で薄めて排出することによって排出基準に適合させることを防ぐために，次式に表される標準酸素濃度補正方式が取り入れられている。

$$C=\frac{21-O_n}{21-O_s} \cdot C_s$$

C　：ばいじんの量（g）

O_n：施設ごとに定める標準酸素濃度On（％）

O_s：排出ガス中の酸素濃度（20％を超える場合は，20％とする）

C_s：JIS Z8808に定める方法により測定されたばいじんの量（g）

　（$O_n=O_s$とされた施設は，標準酸素濃度補正を行わないことを示す）

〔硫黄酸化物のK値規制の計算例〕

以下に示すディーゼルエンジン発電設備（750kVA［600kW］×3台）において，硫黄酸化物のK値規制による排出口高さ規制への適否を確認する。

- ・湿り排ガス量：1台あたり4 090（m³N/h）
- ・排ガス温度：320（℃）
- ・燃料使用量 ：1台あたり180（l/h）
- ・煙突高さ ：15（m）
- ・燃料及び比重：A重油 0.86
- ・煙突 ：半径0.3（m）
- ・燃料硫黄分 ：0.3（％）
- ・K値 ：3.0（令別表第3の33号に該当する東京都の区域のうち特別区等の区域で，規則別表第1の1号に該当するものとする）

前記3.4.2 排出基準に示すK値の計算式を示す。

第2−4式により計算する。

$q = K \cdot 10^{-3} \cdot H_e^2$

ここに， q：硫黄酸化物の量（m³N/h）

K：規則別表第1に掲げる値（K値）

H_e：補正された排出口の高さ（m）

H_e：第2−4−1〜第2−4−4式により補正された排出口の高さ（m）

①排出口に陣笠ありの場合

硫黄酸化物量 q＝0.7×燃料中の硫黄分×燃料使用量×燃料の比重より，

$$q = 0.7 \times \frac{0.3}{100} \times 180 (l/h) \times 3 \times 0.86 (kg/l) = 0.975 \ （m^3N/h）$$

第2−4−2式の H_m は，排出ガスの運動量による上昇高さ，第2−4−3式の H_t は，排出ガスの密度差が浮力となって上昇する高さである。陣笠ありの場合は，H_m，H_t とも0として考えてよいので $H_e = H_o$ となる。

$H_e = H_o = 15 \ （m）$

第2−4式 $q = K \cdot 10^{-3} \cdot H_e^2$ より， $K = \dfrac{q}{H_e^2} \cdot 10^3$

$K = \dfrac{0.975}{15^2} \times 10^3 = 4.333$　　K＞3.0なので適合しない。

必要な排出口の高さは， $H_e^2 = \dfrac{g}{K} \times 10^3 = \dfrac{0.975}{3} \times 10^3 = 325$ より $H_e = 18.0 \ （m）$ となる。

②排出口に陣笠なしの場合

排出ガスの排出速度 $V = T \times \dfrac{1}{273} \times$ 湿り排ガス量（m³N/h）$\times \dfrac{1}{煙突断面積}$（m/s）より，

$$V = \frac{320 + 273}{273} \times \frac{4\ 090 \times 3}{3\ 600} \times \frac{1}{3.14 \times 0.3 \times 0.3} = 26.198 \ （m/s）$$

- 324 -

温度15度における排出ガス量　$Q=\dfrac{15+273}{273}\times$ 湿りガス量（m³/s）から，

$$Q=\frac{15+273}{273}\times\frac{4\,090\times3}{3\,600}=3.596\ (\text{m}^3/\text{s})$$

第2−4−2式　$H_\text{m}=\dfrac{0.795\sqrt{QV}}{1+\dfrac{2.58}{V}}$ より，

$$H_\text{m}=\frac{0.795\sqrt{(3.596\times26.198)}}{1+\dfrac{2.58}{26.198}}=7.025\ (\text{m})$$

第2−4−4式　$J=\dfrac{1}{\sqrt{QV}}(1\,460-296\cdot\dfrac{V}{T-288})+1$ より，

$$J=\frac{1}{\sqrt{3.596\times26.198}}\times(1\,460-296\times\frac{26.198}{593-288})+1=148.80$$

第2−4−3式　$H_\text{t}=2.01\times10^{-3}\cdot Q\cdot(T-288)\cdot(2.30\log J+\dfrac{1}{J}-1)$ より，

$$H_\text{t}=2.01\times10^{-3}\times3.596\times(593-288)\times(2.30\log[148.81]+\frac{1}{148.81}-1)=8.826$$

第2−4−1式　$H_\text{e}=H_\text{o}+0.65(H_\text{m}+H_\text{t})$ より，
$$H_\text{e}=15+0.65\times(7.024+8.825)=25.303$$

第2−4式　$q=\text{K}\cdot10^{-3}\cdot H_\text{e}{}^2$ より，　$\text{K}=\dfrac{q}{H_\text{e}{}^2}\cdot10^3$

$$\text{K}=\frac{0.975}{25.302^2}\times10^3=1.523\quad \text{K}<3.0\text{なので適合している。}$$

〔窒素酸化物に係る総量規制の計算例〕（東京都特別区［23区］の例を示す）

　常用ガスタービン発電機（3 000kW　1 050m³N/h）を新設する場合のNOx量の計算と排出基準への適合検討を行う。

　東京特別区において，環境確保条例で対象施設として下記を指定している。

対象施設

定置型内燃機関の種類	対象となる規模（非常用を除く。）
ガスタービン	燃料の燃焼能力が重油換算50L/時 以上のもの
ディーゼル機関	燃料の燃焼能力が重油換算５L/時 以上のもの
ガス機関	
ガソリン機関	

（注）重油換算の方法

液体燃料１L，気体燃料（都市ガス13Aに限る）1.6m³，固体燃料1.6kgがそれぞれ重油１Lに相当するものとして換算する。

環境確保条例窒素酸化物排出基準（第１種地域）

施設の種類及び規模			規制基準値（単位:ppm）		標準酸素濃度（％）
			平成元年４月３日から平成４年３月31日までに設置された施設	平成４年４月１日以後に設置された施設	
ガスタービン	気体燃焼のもの	定格発電出力が50 000kW以上	25	10	16
		定格発電出力が2 000kW以上50 000未満	35	25	
		定格発電出力が2 000kW未満	50	35	
	液体燃焼のもの	定格発電出力が50 000以上	25	10	
		定格発電出力が2 000kW以上50 000未満	50	25	
		定格発電出力が2 000kW未満	60	35	
ディーゼル機関	燃料の燃焼能力が重油換算25L/時以上で定格出力が2 000kW以上		190	110	13
	燃料の燃焼能力が重油換算25L/時以上で定格出力が2 000kW未満		190	110	
	燃料の燃焼能力が重油換算25L/時未満		500	380	13
ガス機関	燃料の燃焼能力が重油換算50L/時以上		300	200	0
	燃料の燃焼能力が重油換算50L/時未満		500	300	
ガソリン機関	燃料の燃焼能力が重油換算50L/時以上		300	200	0
	燃料の燃焼能力が重油換算50L/時未満		500	300	

東京都窒素酸化物削減指導要網に基づく指導指針は次のとおりである。

既設（新・増設以外の工場・事業場）

$Q＝0.51\{\Sigma(C・V)\}^{0.95}$　・・・・第２－７式を東京都の規制式としたもの

新・増設（基準日以後に新設又は増設した施設を有する工場・事業場）

$Q＝0.51\{\Sigma(C・V)＋\Sigma(C_i・V_i)\}^{0.95}$　・・・・第２－８式を東京都の規制式としたもの

ここで，

Q　　　：排出が許容される窒素酸化物の量（m^3N/h）

C，C_i：施設係数（ガスタービンの場合：$C=7.0$，$C_i=5.0$）

V　　　：基準日前に設置された施設ごとに，定格能力運転による乾き排出ガス量（酸素濃度0％換算）（$10^4 m^3N/h$）

V_i　　：基準日以後に新・増設された施設ごとに，定格能力運転で増加する乾き排出ガス量（酸素濃度0％換算）（$10^4 m^3N/h$）

（注）　　V（V_i）の算出は下式による。

　　　〔施設の定格能力〕×〔原燃料毎の排ガス係数：都市ガス〔10 000kcal/m^3N〕の場合9.8〕

　　　×10^{-4}（$10^4 m^3N/h$）

以下に適合検討のための計算を示す。

① 燃料の重油換算

　ガスタービンの都市ガス（天然ガス）発熱1m^3につき，10 000kcalの重油換算係数：1.1，排出特性勘案係数：2.6なので

　1 050m^3N/h×1.1×2.6＝3 003L/h　重油換算50L/h以上となるので総量規制の対象となる。

② 許容排出量（Q）の計算

　新・増設の計算式を用いる。

　$Q=0.51\{\Sigma(C \cdot V)+\Sigma(C_i \cdot V^i)\}^{0.95}$　において，

　$C=0$，$V=0$，$C_i=5.0$，排出ガス量V_iは上記（注）より，$V_i=3003 \times 9.8 \times 10^{-4}=2.94$

　$Q=0.51 \times (5.0 \times 2.94)^{0.95}=6.554 m^3N/h$

③ NOx排出量（q）の計算（定格で燃焼したものとして計算）

　NOx濃度は40ppm（$O_2$16％）なので

$$q=NOx濃度 \times \frac{21}{21-O_2濃度} \times 最大燃料使用量（定格能力）\times 排ガス係数 \times 10^{-6} から$$

$$q=40 \times \frac{21}{21-16} \times 3003 \times 9.8 \times 10^{-6}$$

　　＝4.94m^3N/h　許容排出量6 554m^3N/hを下回っているので総量規制基準に適合している。

4 災害対策

4.1 火災対策

4.1.1 関連法規等

a．受変電設備の消火設備

受変電設備に関する消防関係法令の規制についてのべる。消防法では，受変電設備，発電設備，蓄電池設備を火災の発生の危険性がある設備として，ある規模・条件のもとで消火設備の設置を義務付けている。

不特定多数の人が集まるホテル，デパート，複合用途建物，地下街などに施設する変電設備では，特に火災発生防止が重要であり，不燃化，難燃化のためオイルレス機器の積極的な採用が望まれる。第4.1表に受変電設備に必要な消火設備を示す。

第4.1表　受変電設備に必要な消火設備

電気容量及び位置等		消火設備		
		不活性ガス消火設備，ハロゲン化物消火設備，粉末消火設備	大型消火器	消火器
電気室の床面積が200m²以上		○		○
電気室の位置が地上31mを超える場合		○		○
特別高圧	乾式または不燃液機器を使用		○	○
	油入機器を使用	○		○
高圧・低圧	油入機器で1 000kW 以上	○		○
	乾式または不燃液機器で1 000kW 以上		○	○
	油入機器で500kW以上1 000kW 未満		○	○
	その他（500kW未満）			○
発電設備	1 000kW 以上	○		○
	500kW 以上1 000kW 未満		○	○
	その他（500kW 未満）			○
無人の変電，発電設備		○		○

この表は，関係法令（消防法その他）において規定されているものであり，用語等は次による。

・電気室とは，発電機，変圧器その他これらに類する電気設備が施設されている室をいう。
・消火器とは，二酸化炭素消火器，強化液消火器（消火液霧状に放射するものに限る），ハロゲン化物消火器および粉末消火器をいう。
・不活性ガス消火設備とは，二酸化炭素消火設備，窒素消火設備，IG-55消火設備，IG-541消火設備をいう。窒素，IG-55（アルゴナイト），IG-541（イナージェン）をイナートガスと呼

第3編　受変電設備と環境

んでいる。不活性ガス消火設備の適用は，所轄消防署との協議による。適用例を**第4.2表**に示す。

・ハロゲン化物消火設備とは，ハロン2401消火設備，ハロン1211消火設備，ハロン1301消化設備，HFC-23消火設備，HFC-227ea消火設備，FK-5-1-12消火設備をいう。（HFCガス，FKガスは代替ハロンである）ハロゲン化物消火設備は地球環境保護の観点から設置が抑制されることが望ましいので，その適用は，所轄消防署との協議による。適用例を**第4.3表**に示す。

・kWは全出力であり，変電設備の変圧器定格容量（kVA）の和に**第4.4表**に示す係数を乗じて算定する。発電設備の場合は，出力がkVAで表示されているときは，力率を乗じてkWに換算する。

・具体的に計画する場合には，都道府県の条例によることとし，かつ，その詳細については，所轄消防署と協議する。

第4.2表　不活性ガス消火設備の適用例（参考）

防火対象物またはその部分 \ 放出方式・消化剤			全　域		局　所	移　動
			二酸化炭素	イナートガス	二酸化炭素	二酸化炭素
常時人がいない部分	多量の火気を使用する部分		○	×	○	○
	発電機室等	ガスタービン発電機が設置	○	×	○	○
		その他のもの	○	○	○	○
	通信機器室		○	○	×	×

○：所轄消防署との協議のもとで設置可　　×：設置不可
「局所」は，予想される出火箇所が特定の部分に限定され，他の方式では不適当な場合に限る

第4.3表　ハロゲン化物消火設備の適用例（参考）

防火対象物またはその部 放出方式消火剤		全　域					局　所	移　動
		ハロン			代替ハロン		ハロン	ハロン
		2401	1211	1301	HFC	FK-5-1-12		
常時人がいない部分	多量の火気を使用する部分	×	×	○	×	×	○	○
	発電機室等 ガスタービン発電機が設置	×	×	○	×	×	○	○
	発電機室等 その他のもの	×	×	○	○	○	○	○
	通信機器室	×	×	○	○	○	×	×

○：所轄消防署との協議のもとで設置可　　×：設置不可

第4.4表　全出力算定のための係数

定格容量の数値の合計（kVA）	係　数
500未満	0.80
500以上1 000未満	0.75
1 000以上	0.70

〔計算例〕

　高圧受電設備で油入変圧器の場合，1 000kW/0.70＝1 428kVAなので，油入変圧器の定格容量合計が1 428kVA以上の場合は不活性ガス消火設備，ハロゲン化物消火設備，粉末消火設備のいずれかの消火設備が必要となる。

ｂ．受変電設備の施設方法

　火災予防条例に規定されている変電設備の施設基準を以下に示す。

　屋内に設ける変電設備（全出力20キロワット未満のものを除く。以下同じ。）の位置，構造及び管理は，次に掲げる基準によらなければならない。

・水が浸入し，又は浸透するおそれのない措置を講じた位置に設けること。

・可燃性又は腐食性の蒸気，ガス若しくは粉じん等が発生し，又は滞留するおそれのない位置に設けること。

・不燃材料で造つた壁，柱，床及び天井で区画され，かつ，窓及び出入口に防火戸を設けた室内に設けること。ただし，変電設備の周囲に有効な空間を保有する等防火上支障のない措置を講じた場合においては，この限りでない。

・前号の区画をダクト，電線管，ケーブル等が貫通する場合は，当該貫通部分に不燃材料を十分に充てんする等延焼防止上有効な措置を講ずること。

・屋外に通ずる有効な換気設備を設けること。

− 330 −

・見やすい箇所に，変電設備である旨を表示した標識を設けること。
・変電設備のある室内には，係員以外の者をみだりに出入させないこと。
・機器，配線及び配電盤等は，それぞれ相互に防火上有効な余裕を保持するとともに，堅固に床，壁，支柱等に固定し，室内は常に整理及び清掃に努め，油ぼろその他の可燃物をみだりに放置しないこと。
・定格電流の範囲内で使用すること。
・必要に応じ，熟練者に設備の各部分の点検及び絶縁抵抗等の測定試験を行わせ，不良箇所を発見したときは，直ちに補修させるとともに，その結果を記録し，かつ，保存すること。
・変電設備を設置し，又は改修するときは，温度過昇，短絡，漏電及び落雷等の事故による火災の予防に努めること。
・屋外に設ける変電設備（柱上及び道路上に設けるものを除く。以下同じ。）にあつては，建築物から3メートル以上の距離を保たなければならない。ただし，不燃材料で造り，またはおおわれた外壁で開口部のないものに面するときは，この限りでない。

第4.1図に受変電設備に使用する配電盤などの最小保有距離を示す。

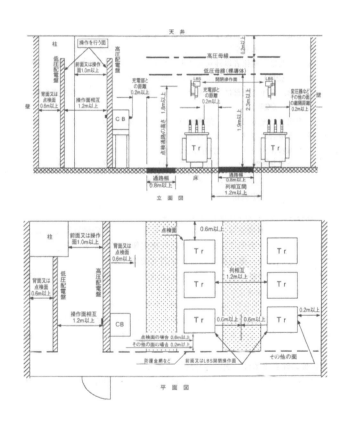

第4.1図　受変電設備に使用する配電盤などの最小保有距離

c．防災設備用電源

各種防災設備の予備電源（建築基準法），非常電源（消防法）については，第4.5表，第4.6表

による。

　変電設備を非常電源として採用可能な条件は，消防法施行規則第12条第4号の規定に基づき，特定防火対象物以外の防火対象物または特定防火対象物で延べ面積1 000m²未満のものに限定される。また，配電盤の構造，性能について，消防庁告示等により「配電盤及び分電盤の基準」が定められ，設置場所により構造指定が行われている。

第4.5表　建築基準法における予備電源の基準

防災設備			自家用発電装置		蓄電池設備	自家用発電装置と蓄電池設備(*2)	内燃機関	容量以上
			予備	常用(*1)				
非常用の照明装置	特殊建築物	居室			○	○		30分間
		避難施設等			○	○		
	一般建築物	居室			○	○		
		避難施設等			○	○		
	地下道（地下街）				○	○		
非常用の進入口（赤色灯）					○			
排煙設備	特別避難階段の附室非常用エレベータの乗降ロビー		○	○	○			
	上記以外		○	○	○		○	
非常用エレベータ			○	○	○			60分間
非常用の排水設備			○	○	○			
防火戸・防火シャッター等					○			30分間
防火ダンパー等・可動防煙壁					○			

（※1）常用とは，予備電源の要件を満たす自家用常用発電装置を示す。
（※2）10分間容量の蓄電池設備と40秒以内に起動する自家用発電装置に限る。

第3編　受変電設備と環境

第4.6表　消防法における非常電源の基準

防災設備 \ 非常電源	非常電源専用受電設備	自家発電設備	蓄電池設備	自家発電受備と蓄電池設備の併用	容量(以上)
屋内消火栓設備	△	○	○	－	30分間
スプリンクラー設備	△	○	○	－	30分間
水噴霧消火設備	△	○	○	－	30分間
泡消火設備	△	○	○	－	30分間
不活性ガス消火設備	－	○	○	－	60分間
ハロゲン化物消火設備	－	○	○	－	60分間
粉末消火設備	－	○	○	－	60分間
屋外消火栓設備	△	○	○	－	30分間
自動火災報知設備	△	－	○	－	10分間
ガス漏れ火災警報設備	－	－	○	○ [*1]	10分間
非常警報設備	△	－	○	－	10分間
誘導灯	－	－	○	○ [*2]	20分間 [*3]
排煙設備	△	○	○	－	30分間
連結送水管	△	○	○	－	120分間
非常コンセント設備	△	○	○	－	30分間
無線通信補助設備	△	－	○	－	30分間

○：適合するものを示す。

△：特定防火対象物以外の防火対象物または特定対象物で延べ面積1 000m²未満のものにのみ適応
　できるものを示す。

－：適応できないものを示す。

（※1）1分間以上の容量の蓄電池設備と40秒以内に電源切り替えが完了する自家発電設備に限る

（※2）20分間を超える容量部分については，自家発電設備でも可

（※3）消防庁長官が定める要件に該当する防火対象物については60分間

- 333 -

4.2 地震対策

4.2.1 関連法規等

受変電設備等の建築設備の耐震に関連する法規は，第4.7表のとおりである。

第4.7表　建築設備等の耐震関連法規

法　　　規	関連法規	内　　　容
建築基準法	第2条 第36条	建築設備の定義 建築物の安全上必要な技術的基準
建築基準法施行令	第82条の2 第88条 第129条の2の4 第129条の2の5 第129条の4，7	層間変形角 地震力 技術的基準のうち建築設備に係るもの 屋上から突出する水槽，煙突その他これらに類するもの 給水，排水その他の配管設備 エレベーター
建設省告示	昭和40年第3411号 （最終改正　平成12年12月建設省告示第2465号） 昭和55年第1793号 （最終改正　平成19年5月国土交通省告示第597号） 平成12年第1388号 （最終改正　平成24年12月国土交通省告示第1447号） 平成12年第1389号 （最終改正　平成27年1月国土交通省告示第184号）	屋上に設ける冷却塔設備 「地域別地震係数」Zの数値，RtおよびAiを算出する方法ならびに地盤が著しく軟弱な区域を特定行政庁が指定 建築設備の構造耐力上安全な構造方法 屋上から突出する水槽，煙突等の構造計算の基準
建設省住宅局建築指導課通達	昭和56年建設省住指発第158号	屋上から突出する水槽，煙突その他これに類するものの基準の制定について（通知）

新しい耐震設計の考え方を取り入れた設計・施工指針として，建設省住宅局建築指導課監修・日本建築センター編集『建築設備耐震設計・施工指針』が昭和57年（1982年）1月に作成された。

その後，兵庫県南部地震による被害状況を考慮し，施設者による建築設備の耐震性の目標レベルの選択幅を拡大し，建築用途との関連性を考慮しながら，建築設備全体としてバランスのよい耐震設計・施工の方法を示す目的で，同指針は平成9年（1997年）6月に改訂された。耐震設計の考え方として，建築物の地震による動的効果を考慮し，入力を局部震度法により耐力を検証する方法がとられている。同指針は，平成17年（2005年）5月に単位をSI単位系にするなどを主体

第3編　受変電設備と環境

とする改訂，その後の東北地方太平洋沖地震の被害経験を踏まえて，平成26年（2014年）版（独立行政法人建築研究所監修・日本建築センター編集）が発行されている。以下同指針について述べる。

4.2.2　建築設備耐震設計・施工指針

a．適用範囲

この指針で取扱う範囲は

（1）S造，SRC造およびRC造で，高さ60m以下の建築物に設置される建築設備（機器・配管等）の耐震支持（据付け，取付け）とし，機器本体の耐震性能は，別途製造者において確認されているものとする。

（2）重量1kN以下の軽量な機器の耐震支持についてはこの指針に準拠あるいは同等な設計用地震力に耐える方法で設計・施工されることを推奨する。ただし，耐震支持の詳細は軽量であることを考慮し，機器製造者の指定する方法で確実に行えばよいものとする。この際，特に機器の支承部（機器等が支持される上面スラブ・壁・床など）が地震によって生ずる力に十分耐えるように検討されている必要がある。

b．基本事項

設備機器に対する設計用地震力は，次のいずれかを採用する。

イ．局部震度法による設備機器の地震力

機器の重量に設計用水平震度を掛けた設計用水平地震力が機器の重心に作用するとしたもの。この指針では設計用標準震度は，0.4，0.6，1.0，1.5，2.0の値を使用するものとしている。

ロ．建築物の時刻歴応答解析が行われている場合の地震力

（1）時刻歴応答解析が行われ建築物の振動応答加速度の最大値が与えられている場合，その値によって設計用震度を定めるもの。

（2）設備機器，配管等にそれらが設けられた場所の地震応答を入力したシミュレーションの結果により設計用震度を定めるもの。

（3）設備機器，配管等にそれらが設けられた場所の地震応答を振動試験によって加えた試験結果から設計用震度を定めるもの。

この指針では原則としてイ．局部震度法による地震力を採用する。

ロ．建築物の時刻歴応答解析による地震力を採用する場合は，地震波の選定，振動台等の実験条件等により実際の場合と若干の差異が生ずるものである。したがって，その結果の評価については十分な留意が必要である。

c．設計用地震力

設備機器に対する設計用水平地震力F_Hは次式によるものとし，作用点は原則として設備機器の重心とする。

$$F_H = K_H \cdot W \text{（kN）} \quad \cdots\cdots\cdots 第4-1式$$

ここに，K_H：設計用水平震度

$\quad\quad\quad W$：機器の重量（kN）

設計用鉛直地震力F_Vは次式によるものとし，作用点は原則として設備機器の重心とする。

$$F_v = K_v \cdot W(kN) \qquad \cdots\cdots\cdots 第4-2式$$

ここに，K_v：設計用鉛直震度

イ．局部震度法による設備機器の地震力

　時刻歴応答解析が行われない通常の構造の建築物については，次式を適用して設計用水平震度K_H，鉛直震度K_vを求める。

$$K_H = Z \cdot K_s$$

$$K_v = (1/2)K_H$$

　K_s：設計用標準震度（**第4.8表**の値以上とする）

　Z：地域係数（昭和55年建設省告示第1793号［改正平成19年5月国土交通省告示第597号］による，通常1.0としてよい）

第4.8表　設備機器の設計用標準震度

	設備機器の耐震クラス			適用階の区分
	耐震クラスS	耐震クラスA	耐震クラスB	
上層階， 屋上および塔屋	2.0	1.5	1.0	塔屋 上層階 中間階 1階 地階
中　　間　　階	1.5	1.0	0.6	
地階および1階	1.0 (1.5)	0.6 (1.0)	0.4 (0.6)	

　（　）内の値は地階及び1階（あるいは地表）に設置する水槽の場合に適用する。

上層階の定義
- 2～6階建ての建築物では，最上階を上層階とする。
- 7～9階建ての建築物では，上層の2層を上層階とする。
- 10～12階建ての建築物では，上層の3層を上層階とする。
- 13階建て以上の建築物では，上層の4層を上層階とする。

中間階の定義
- 地階，1階を除く各階で上層階に該当しない階を中間階とする。
- 注）各耐震クラスの適用について
- 設備機器の応答倍率を考慮して耐震クラスを適用する
- （例　防振支持された機器は耐震クラスA又はSによる）
- 建築物あるいは設備機器等の地震時あるいは地震後の用途を考慮して耐震クラスを適用する
- （例　防災拠点建築物，あるいは重要度の高い水槽など）

ロ．建築物の時刻歴応答解析が行われている場合の地震力

　時刻歴応答解析が行なわれている建築物については，各階の応答加速度値$G_f(cm/s^2)$が与えられることとなる。この場合も局部震度法を採用しているが，地震入力や建築物内の揺れの増幅特性，地域特性，建物の用途に応じた重要度などは既に時刻歴応答解析の中に含まれているものとする。

この場合の設計用水平震度K_Hの求め方を以下に示す。

①設計用水平震度K_H

①及び②により振動応答に基づく相当設計用水平震度K_H'の値を求め，耐震クラスをS，A，Bのいずれかに設定して，**第4.9表**を用いてK_Hを定める。

なお，個別に詳細設計を行う場合においては，K_H'そのものを採用しても良い。

第4.9表　建築物の時刻歴応答解析が行われている場合の設計用水平震度K_H

K_H'の値	設計用水平震度K_H		
	耐震クラスS	耐震クラスA	耐震クラスB
1.65超	2.0	2.0	2.0
1.10超〜1.65以下	1.5	1.5	1.5
0.63超〜1.10以下	1.0	1.0	1.0
0.42超〜0.63以下	1.0	0.6	0.6
0.42以下		0.6	0.4

①設備機器および水槽の局部震度法による設計用水平震度（K_S）

$$K_S = K_0 \cdot K_1 \cdot K_2 \cdot Z \cdot D_{SS} \cdot I_S \cdot I_K \qquad \cdots\cdots\cdots\text{設備機器の場合} \qquad \text{第4-3式}$$
$$K_S = K_0 \cdot K_1 \cdot Z \cdot \beta \cdot I \qquad \cdots\cdots\cdots\text{水槽の場合} \qquad \text{第4-4式}$$

ここに，　K_0：基準震度＝0.4

　　　　　K_1：基準震度に対する各階床振動応答倍率（1.0，1.5，2.5）

　　　　　K_2：設備機器の応答倍率

第4.10表　設備機器の応答倍率

機器の取付状態	応答倍率：K_2
防振支持された機器	2.0
耐震支持された機器	1.5

　　Z：地域係数（1.0 〜 0.7，ここでは1.0を採用）

　D_{SS}：設備機器据付け用構造特性係数

　　　　　振動応答解析が行われていない設備機器の据付・取付の場合，$D_{SS}=2/3$

　　I_S：設備機器の用途係数（1.0 〜 1.5）

　　I_K：建築物の用途係数（1.0 〜 1.5）

　　　　　ただし，$I_S \cdot I_K \leqq 2.0$とする

　　β：水槽の設置場所と応答倍率（1階，地階，地上2.0，中間階，上層階，屋上，塔屋1.5）

　　I：水槽の用途係数（耐震性を特に重視する用途1.5，耐震性を重視する用途1.0，その他の用途0.7）

②振動応答解析結果がある場合の算出式

振動応答解析が行われている建築物の各階床の振動応答値G_fは，

$$G_f = K_0 \cdot K_1 \cdot Z \cdot I_K \cdot G$$

の値に相当していると考えて**第4-3式**，**第4-4式**を以下の式に変換して採用する。振動応答に基づく相当設計用水平震度K_H'は，

$K_H' = (G_f/G) \cdot K_2 \cdot D_{ss} \cdot I_s$ ········設備機器の場合

$K_H' = (G_f/G) \cdot \beta \cdot I$ ········水槽の場合

ここに

G_f：各階床の振動応答加速度の値（cm/s²）

G ：重力加速度の値＝980（cm/s²）

このK_H'から，**第4.9表**を適用してK_Hの値を設定すればよい。

②設計用鉛直震度K_v

設計用鉛直震度を考慮する必要がある場合は次式による。

$K_V = (1/2)K_H$

ただし，免震構造の建築物の設計用鉛直震度は，特に解析されていない場合には局部震度法による設備機器の地震力の値による。

ｄ．各部の設計

ここでは，主として機器の耐震支持についての設計・計算方法を示す。方法としては，アンカーボルトを用いて基礎，床，壁などに緊結するものとする。

イ．アンカーボルト

アンカーボルトの選定にあたっては，引抜力については一般にアンカーボルトが中立軸（部材に曲げモーメントが生じたとき，圧縮力と引張力が釣り合う位置）に対称に配置されているものとして，引張応力度σ及びアンカーボルト1本あたりの引抜力R_bをそれぞれ次式で求めるものとする。

$\sigma = M/Z$

$R_b = A\sigma$

ここに，　M：機器底面に作用する曲げモーメント（kN・cm）

　　　　　Z：アンカーボルト群の断面係数（$Z = \Sigma l_i A$）（cm³）

　　　　　l_i：アンカーボルト中心から中立軸までの距離（cm）

　　　　　A：アンカーボルト1本あたりの軸断面積（cm²）

矩形配列のアンカーボルトは直交2方向の外力に対して，独立して検討し，不利な方向を採用する。また，円周上に配置されたアンカーボルトについてはモーメントの中立軸が円の中心を通るものとして検討する。

せん断については，アンカーボルトの全体数でせん断力を負担するものとする。以下に実用的な諸式を示す。

① アンカーボルトに加わる引抜力とせん断力

アンカーボルトには，引抜力，せん断力等が加わる。床据付の場合の機器の諸元及び引抜力，せん断の加わり方を**第4.2図**に示す。

② アンカーボルトの引抜力

水平地震力は，機器を転倒させるように作用する。

したがって，機器を**第4.2図**のように剛体とみなし，重心位置に水平方向及び鉛直方向の地震力が条件の不利な方向に同時に作用するとして**第4-3式**により計算を行う。

③ アンカーボルトのせん断力

水平地震力は，機器を水平に移動させるように働く。この水平地震力をアンカーボルト全数で受けるものとし，第4-4式により，ボルトに作用するせん断力を計算し，許容応力度以下となるようにボルトサイズを決定する。

また，機器の重量及びボルト締付力による床等との摩擦抵抗は，原則として考慮しない。

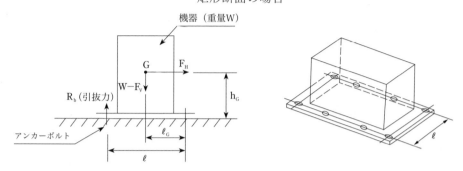

第4.2図　アンカーボルトに加わる引抜力とせん断力（床，基礎据付けの場合）

G：機器重心位置
W：機器の重量（kN）
R_b：アンカーボルト1本当りの引抜力（kN）
n：アンカーボルトの総本数
n_t：機器転倒を考えた場合の引張りを受ける片側のアンカーボルト総本数（第4.2図において検討方向の片側に設けられたアンカーボルト本数）
h_G：支持面より機器重心までの高さ（cm）
l：検討する方向からみたボルトスパン（cm）
l_G：検討する方向からみたボルト中心から機器重心までの距離（cm）
F_H：設計用水平地震力（kN）（$F_H = K_H \cdot W$）
F_V：設計用鉛直地震力（kN）（$F_V = 1/2 F_H$）

アンカーボルトの引抜力

$$R_b = \frac{F_H \cdot h_G - (W - F_V) \cdot l_G}{l \cdot n_t}$$　・・・・・・・・第4-3式

アンカーボルトのせん断力

$$\tau = \frac{F_H}{n \cdot A} \text{ 又は } Q = \frac{F_H}{n}$$　・・・・・・・・第4-4式

ここに，τ：ボルトに作用するせん断応力度（kN/cm^2）
　　　　Q：ボルトに作用するせん断力（kN）
　　　　F_H：設計用水平地震力（kN）
　　　　A：アンカーボルト1本当りの軸断面積（呼径による断面積）（cm^2）
　　　　n：アンカーボルトの総本数

④　アンカーボルトの選定

選定の方法としては，せん断力度で計算する方法と，アンカーボルト許容組合せ応力図を利用する方法があり，さらに機器の縦横比より，設計用水平震度と設備機器等の縦横比による許

容重量グラフを用いて許容重量を求めて，それが機器重量以上であることを確認する方法がある。

なお，この選定方法ではボルト本数は固定しているが，あまりにボルト径が大きくなる場合はボルト本数を多くして，R_b，Q（又はτ）を計算して再度検討を行えばよい。

〔計算例〕

屋外キュービクル

屋上キュービクルのアンカーボルトの計算例を以下に示す。（第4.3図，第4.11表参照）

RC7階建　屋上設置キュービクル，地域係数は1.0，耐震クラスA，機器質量は3 500kgとする。

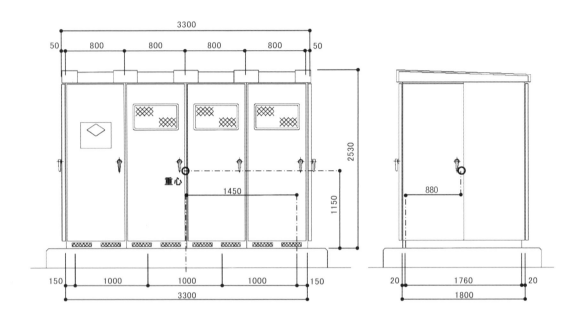

第4.3図　屋上キュービクル立面図

第4.11表　アンカーボルト配置

	長辺方向	短辺方向
片側本数(n_t)	4本	2本
ボルトスパン（l）	1 000mm	1 760mm

① 設計用震度の決定
- 地域係数：$Z=1.0$
- 設計用標準震度：第4.8表 設備機器の設計用標準震度より，$K_S=1.5$
- 設計用水平震度：$K_H=Z \times K_S=1.5$
- 設計用鉛直震度：$K_V=1/2 K_H=0.75$

② 機器本体の耐震性能の計算
- 機器の重量（W）：$3\,500\text{kg} \times 9.8\,(\text{m/s}^2) = 34.3\,(\text{kN})$

第3編　受変電設備と環境

- ・アンカーボルト総本数：8本，片側本数：4本
- ・重心高さ：$h_G = 1\,150$（mm）
- ・アンカーボルトスパン：$l = 1\,760$（mm）
- ・重心位置（短辺）：$l_G = 880$（mm）

③アンカーボルトに作用する力

設計用水平地震力　$F_H = K_H \cdot W = 1.5 \times 34.3$（kN）$= 51.5$（kN）

設計用鉛直地震力　$F_V = 1/2 \cdot F_H = 1/2 \times 51.5 = 25.7$（kN）

アンカーボルトの引抜力

$$R_b = \frac{F_H \cdot h_G - (W - F_V) \cdot l_G}{l \cdot n_t}$$

$$= [51.5 \times 1\,150 - (34.3 - 25.7) \times 880] / (1\,760 \times 4) = 7.34\ \text{（kN）}$$

アンカーボルトのせん断力

$$Q = \frac{F_H}{n}$$

$$= 51.5 / 8 = 6.43\ \text{（kN）}$$

以上の結果から，キュービクル短辺方向（前後方向）に地震力が作用したときは，取り付けアンカーボルト1本に作用する力は，引抜力$R_b = 7.34$（kN），せん断力$Q = 6.43$（kN）となる。

④アンカーボルトの選定

アンカーボルトの施工方法には，埋込アンカー，箱抜きアンカー，あと施工アンカーなどがあり，その施工方法を第4.12表に示す。

第4.12表　アンカーボルト施工方法

(i) 埋込アンカー	(ii) 箱抜きアンカー	(iii) あ　と　施　工　ア　ン　カ　ー		(iv) インサート金物
		(a) 金属拡張アンカー	(b) 接着系アンカー	
		イ）おねじ形　ロ）めねじ形		イ）鋼製　ロ）いもの
基礎コンクリート打設前にアンカーボルトを正しく位置決めセットし，コンクリートを打設と同時にアンカーボルトの設定が完了する方式。	基礎コンクリート打設時にアンカーボルト設定用の箱抜き孔を設けておき機器などの据付時にアンカーボルトを設定し，モルタルなどでアンカーボルトを固定埋込む方式。	躯体コンクリート面にドリルなどで所定の穴を明けアンカーをセットしたうえ下部を機械的に拡張させて，コンクリートに固着させる方式 この方式には イ）おねじ形（ヘッドとボルトが一体のもの） ロ）めねじ形（ヘッドとボルトが分離しているもの） の2種類があり，強度が著しく異なる。	躯体コンクリートの所定の穿孔をし，その内に樹脂および硬化促進剤，骨材などを充てんしたガラス管状カプセル（上図参照）を挿入し，アンカーボルトをその上からインパクトドリルなどの回転衝撃によって打ち込むことにより，樹脂硬化剤，骨材や粉砕されたガラス管などが混合されて硬化し，接着力によって固定される方式。	コンクリート打設時に埋込まれたねじを切った金物で，配管などを支持する吊ボルトねじをねじ込み使用する方式。

- 341 -

設置工法を「あと施工金属拡張アンカー（おねじ形）」とした場合，引抜力Rb：7.34kNを満足するアンカーボルトは，第4.13表よりM16であり，コンクリート厚さ120mm，埋込長さ$L=$ 70mmのとき，許容引抜力T_a=9.2kN/本となる。

第4.13表　あと施工金属拡張アンカーボルト（おねじ形）の許容引抜荷重

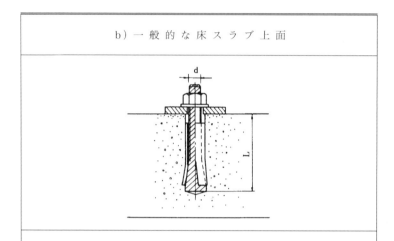

b）一般的な床スラブ上面

短期許容引抜荷重（kN）

ボルト径 d(呼称)	コンクリート厚さ(mm) 120	150	180	200	埋込長さ L[mm]
M8	3.0	3.0	3.0	3.0	40
M10	3.8	3.8	3.8	3.8	45
M12	6.7	6.7	6.7	6.7	60
M16	9.2	9.2	9.2	9.2	70
M20	12.0	12.0	12.0	12.0	90
M24	12.0	12.0	12.0	12.0	100
ボルトの埋込長さLの限度(mm)	100以下	120以下	160以下	180以下	

注１．上記において，上表の埋込長さのアンカーボルトが埋込まれたときの短期許容引抜荷重である。
　２．コンクリートの設計基準強度Fcは，1.8kN/m^{2}としている。
　３．各寸法が上図と異なる時或いはコンクリートの設計基準強度が異なる時などは，左記堅固な基礎の計算によるものとする。ただし，床スラブ上面に設けられるアンカーボルトは，一本当たり，12kN/m^{2}を超す引抜荷重は負担できないものとする。
　４．埋込長さが右欄以下のものは使用しないことが望ましい。
　５．第一種，第二種軽量コンクリートが使用される場合は，一割程度裕度ある選定を行うこと。

アンカーボルトM16の強度を**第4.14表**に示す。M16アンカーボルトのせん断力は同表より6.94kN/本であり、計算値6.43kNを満足する。

第4.14表　アンカーボルトM16の強度

引抜力(R_b)	9.2kN/本	コンクリート厚さ120mm
せん断力(Q)	6.94kN/本	埋込長さ70mm

以上より、アンカーボルト選定結果をまとめると次のとおりとなる。

	長辺方向	短辺方向
片側本数(n_t)	4本	2本
ボルトスパン(l)	1 000cm	1 760mm
引抜力(R_b)	9.20kN/本	
せん断力(Q)	6.94kN/本	

屋外キュービクル基礎

　屋外キュービクルの基礎は一般にコンクリート基礎が採用される。この基礎は設置する機器の荷重により地盤が破壊したり、不等沈下、傾斜あるいは転倒などが生じないようにする必要がある。基礎は機器の自重、風圧、地震（一般に0.5Gとする）、機器架台及び基礎の自重が加わったとき、これに耐える強度となるように設計する。基礎は地盤の耐圧限度に対して安全率（一般に2）を持つように許容地耐力を考慮する。地盤の種類に応じて、**第4.15表**（建築基準法施行令地盤の許容応力度）を用いる。この表は荷重の種類を長期荷重と短期荷重に分けて規定されている。地震力や風圧荷重は短期荷重とし、許容地耐力を2倍としている。

第4.15表　地盤の許容応力度

地　盤	長期に生ずる力に対する許容応力度（単位　1平方メートルにつきキロニュートン）	短期に生ずる力に対する許容応力度（単位　1平方メートルにつきキロニュートン）
岩盤	1 000	長期に生ずる力に対する許容応力度のそれぞれの数値の2倍とする。
固結した砂	500	
土丹盤	300	
密実な礫層	300	
密実な砂質地盤	200	
砂質地盤（地震時に液状化のおそれのないものに限る。）	50	
堅い粘土質地盤	100	
粘土質地盤	20	
堅いローム層	100	
ローム層	50	

　機器基礎の設計は，第4-5式で計算した，引張応力 σ が地盤の許容応力（短期応力）よりも小さくなるようにする。地盤が軟弱な場合はくい打補強を行う。

　第4.4図のように機器を据え付けた場合，基礎に加わる応力は水平震度0.5Gとすると，

$$\sigma = \frac{1}{AB}\left[W_t + W_B + \frac{3(W_t H + W_B h)}{AB}\right] \quad (\text{N/m}^2) \quad \cdots\cdots\cdots 第4-5式$$

ここに，　W_t：機器重量（N）
　　　　　W_B：基礎重量（N）
　　　　　H：機器の重心高さ（m）
　　　　　h：基礎の重心高さ（m）
　　　　　A：基礎の奥行き（m）
　　　　　B：基礎の幅（m）［A＜Bとする］

　第4.5図に示す屋外キュービクル基礎の設計を行う。

　地盤を砂質地盤とし，その応力度（長期）：50（kN/m²）のとき，キュービクル基礎の寸法を，幅4.0m，奥行き2.2m，厚さ0.3mで計画することが可能かどうかを検討する。

　ただし，キュービクル質量：3.5（ton），キュービクルの重心高さ：1.15（m），コンクリート（鉄筋含み）の比重：2.4とする。

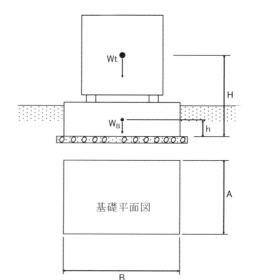

第4.4図　機器基礎の設計

- 344 -

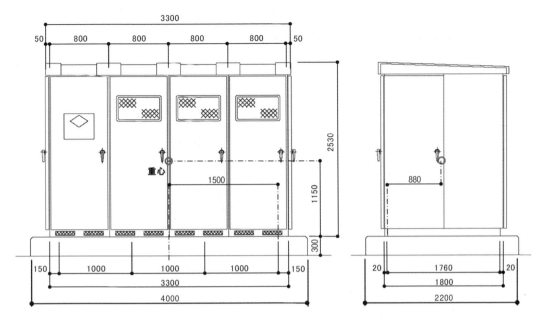

第4.5図　屋外キュービクル基礎の設計

$W_t=3.5$（ton），$A=2.2$（m），$B=4.0$（m），$H=0.3+1.15=1.45$（m），$h=0.15$となる。

$W_t=3.5×9.8$（kN）$=34.3$（kN）

$W_B=2.2×4.0×0.3×2.4×9.8$（kN）$=62.1$（kN）

例題の基礎が可能となるためには，**第4-5式**において

$$\sigma \geqq \frac{1}{AB}\left[W_t+W_B+\frac{3(W_tH+W_Bh)}{AB}\right]$$

が成り立つことが必要である。数値を入れて計算すると

$$2×50 \geqq \frac{1}{2.2×4.0}\left[34.3+62.1+\frac{3×(34.3×1.45+62.1×0.15)}{2.2×4.0}\right]=13.2$$

計算の結果この式は成り立っているので，キュービクル基礎を幅4.0m，奥行き2.2m，厚さ0.3mで計画することが可能である。

4.3 塩害対策

4.3.1 受変電設備と塩害対策

わが国は海岸からの距離が近く，季節風や台風などによって運ばれる海水中の塩分が受変電設備に悪影響を及ぼすおそれのある地域が多い。

塩害対策は，地形及び海岸線からの距離，気象などの状況を十分把握し，これらの条件に応じて設計，材料の選定，施工を適切に実施しなければならない。このために，次に示す事項について事前に状況を把握する必要がある。

a．地　域

塩害対策が必要かどうか判断するにあたり，一般的に海岸までの距離が目安となる。

実際に飛来する塩分の量は海岸線の形状や風向，海抜高さなどの影響を受けるため，一律に決めることは難しい。

一例として第4.16表に塩害対策地域区分表を示す。また，海岸からの距離と塩分飛来量の関係を示すグラフ（第4.6図）からも，海岸から約500m離れるとほぼ塩分飛来量が一定となることがわかる。

第4.16表　塩害対策地域区分表

地　　域	条　　件
1　重塩害地域	1．設置場所から海までの距離が300m以内 2．潮風（海塩粒子）が直接当たるところ 3．海岸面になる場所
2　塩害地域	1．設置場所から海までの距離が約300mを超え1km以内 2．潮風（海塩粒子）が直接当たらないところ 3．海岸面の反対（建物で影になる）ところ
3　一般地域	1．設置場所から海までの距離が1kmを超える

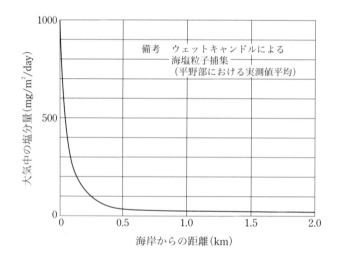

第4.6図　海岸からの距離と塩分飛来量の関係

第4.16表塩害対策地域区分表に対応して，第4.17表にスイッチギア，盤類及び据付ボルト等の耐塩害仕様の例を示す。

第3編　受変電設備と環境

第4.17表　耐塩害仕様の例

部　位	一般仕様	耐塩害仕様	耐重塩害仕様
外板 底フレーム	銅板＋メラミン系樹脂焼付け塗装	銅板＋アクリル系樹脂焼付け塗装又はウレタン樹脂塗装又は塩化ゴム系樹脂塗装	・ステンレス銅板SUS304＋ウレタン樹脂又は塩化ゴム系樹脂塗塗装 ・銅板＋亜鉛溶射＋アクリル系樹脂焼付け塗装
ボルト・ナット	亜鉛めっき製＋塗装	ステンレス製SUS304	
換気孔	メーカー標準	海塩粒子除去エアーフィルタ付き	
ボルト，ナット，アンカーボルト	・亜鉛めっき製 　＋塩ビキャップ ・ステンレス製SUS304	ステンレス製SUS304	

b．地域を規定するその他の要因

　海塩粒子あるいは大気中の塩化物イオンは，海岸線との間に遮蔽物が存在すれば，ほとんど持ち込まれないが，何もなければ内陸部まで濃度が高い地域があるといわれており，海からの距離が約2km離れているにもかかわらず，塩害が発生している事例がある。特に，河川の流域は河口から数km〜10kmの内部まで高濃度の場合がある。また，日本海側は太平洋側に比べて，冬季の季節風が強く海塩粒子濃度が高い。つまり潮風，湿度，温度等の気象要因が海岸面の地形，高さ，障害物の有無等の条件により変化し決定づけられ，海塩粒子が飛来し塩害を引き起こしていると考えられる。また，亜硫酸ガス，酸，アルカリ及び塩類などの汚染物質等の環境条件による影響で発生する場合もある。つまり，単に海からの距離だけで塩害地域を指定するのではなく，気象，環境等を含め，当該の地域における総合的な判断が必要となる。

c．受変電設備に対する具体的な塩害対策

　がいしを用いた引込配線等を伴う特高受変電設備について述べる。

　地域ごとに塩分の付着量を示すことは困難であるが，一般に第4.18表に示すようにA〜Eの汚損区分を設け，碍子，機器類の耐汚損度を定める目安としている。このような塩害のおそれのある場所に設置する受変電設備には次のような対策が必要である。

（1）過絶縁・耐汚損碍子方式 ⎫
（2）注水洗浄方式　　　　　　⎬ がいし
（3）シリコン（発水性物質）塗布方式 ⎭
（4）屋内方式 ⎫
（5）屋外スイッチギア方式 ⎬ 受変電設備
（6）密封式 ⎭

イ．屋内方式

　受変電設備を建屋の中に設け，塩害が直接機器に及ぶことを防ぐ方式で，次に述べるキュービクル式とともに最も広く採用される。建屋もできるだけ外気の侵入を少なくするよう配慮することが必要で，このようにすれば，きわめて塩害条件の厳しい地域でも屋内の碍子の等価塩分付着量は1年間で$0.015mg/cm^2$，2年間で$0.025mg/cm^2$程度になり，非常に有効である。ただし屋外

- 347 -

の場合は雨水による洗浄効果のため，塩分付着量はある値で飽和すると考えてよいが，屋内の場合は雨洗効果がないので累積していくことに注意しなければならない。また建物内あるいはエンクロージャ内に設置された機器を冷却するために導入する外気は塩害防止用にフィルター等を設け，外気が直接入らないような考慮を行う。

　屋内方式を採用しても架空線の引込み部など一部屋外に露出する碍管部分が存在する場合は，その碍管に対しては活線洗浄方式やシリコン塗布方式を併用することが多い。

ロ．スイッチギア方式

　屋内方式と同様，積極的に機器を塩害から保護する方式として屋外スイッチギア方式がある。耐塩害対策としての効果は屋内方式と同等であるが，屋外スイッチギア特有の他の利点すなわち，
（1）安全性が高い
（2）敷地面積の縮小化
（3）信頼性に優れる
（4）増設・移設が容易
（5）現地据付作業期間の短縮
（6）低騒音
などの点からも多く採用される。屋外に設置されるこれら機器の外装は，耐塩塗装はもとより先に記したように外気の処理も十分に行う。

　屋外スイッチギアとしては3〜6kV級，20〜30kV級，あるいは低圧級などが一般的に使用されている。また60kV級以上の特高設備では，接地された金属容器の中にSF6ガスを充満し，この中に母線・遮断器・DS・PT・CTなどいっさいの機器を収納した密閉式変電所が一般の需要家でも普及している。これはガス絶縁開閉装置，GIS（Gas Insulated Switchgear）と呼ばれるもので，絶縁にSF6ガスを用いているため，きわめて小型になるとともに，完全に充電部が接地金属で遮蔽されているため，耐塩害性が高く安全でメンテナンスレスの高性能変電所が実現できる。最近SF6ガスが地球温暖化の原因物質の一つであることから，圧縮空気を絶縁に用いるスイッチギアも導入されている。

第4.18表　汚損区分

汚損区分	A	B	C	D	E
想定塩分付着密度 (mg／cm²)	0.01 未満	0.01 〜0.03	0.03 〜0.06	0.06 〜0.12	0.12 以上
塩害地区	一般	軽汚損	中汚損	重汚損	超重汚損

d．がいしの汚損

　がいしへの塩分付着量は立地条件（海岸からの距離，地形，周囲の状況），気象条件（風速，風向，継続時間，降雨の有無）ならびに保守条件などによって著しく異なる。従って，がいしの塩分付着量を示すことは困難であるが，台風および季節風による想定最大塩分付着密度は海岸からの距離に応じおおむね**第4.19表**のとおりと考えられる。

第3編　受変電設備と環境

第4.19表　台風および季節風による想定最大塩分付着密度

汚損区分		A	B	C	D	E
想定最大塩分付着密度 (mg/cm²)	懸垂がいし(下面外) JIS形長幹がいし	0.063 0.03	0.125 0.06	0.25 0.12	0.5 0.35	海水のしぶきが直接かかる場合を対象とし，3.0 % 塩水0.3mm/min(水平分)の注水を想定
海岸からの概略距離 (km)	台風に対し 季節風に対し	50以上 (一般地域) 10以上 (一般地域)	30～50 3～10	3～10 1～3	0～3 0～1	海岸の地形構造により 0～0.5km 海岸の地形構造により 0～0.3km

　がいし表面が汚損し湿潤状態になると，商用周波フラッシュオーバー電圧は清浄時より著しく低下する。汚損がいしのフラッシュオーバー特性は，主に等価塩分付着量と漏れ距離（あるいは連結個数）に関係する。各種がいしのフラッシュオーバー特性はつぎのとおりである。

イ．250mm標準懸垂がいし

　250mm標準懸垂がいしの最低フラッシュオーバー電圧はおおむね次式によって表される。
　（この式は連結8個以上に対するものであるが，実用上これを用いてさしつかえない）

$$V_0 = \frac{28}{\left(\dfrac{\omega}{0.1}\right)^{1/5}\left[1.5\left(\dfrac{1}{3}K+2\right)+\dfrac{5}{8}K\right]} \cdot N \qquad \cdots\cdots\cdots 第4-6式$$

ここで，　V_0：N個連の標準懸垂がいしの最低フラッシュオーバー電圧（kV）
　　　　　ω：等価塩分付着密度（mg/cm²），がいし下面（外）の等価塩分付着量をW（mg）とすると$\omega = w/800$
　　　　　K：との粉の付着密度（mg/cm²），設計では0.1mg/cm²とする
　　　　　N：がいし連結個数

しかし，この数値をそのまま設計に適用するのは過去の運転実績や経済性からみて適当でなく，
$V = kV_0$
ここで，　V：設計に使用する電圧値
　　　　　k：係数

とおいて，係数kの値を重要度に応じて1～1.25として設計するのがよいとされている。一般の設計ではk＝1.25としてよい。

ロ．長幹がいし

　長幹がいしの最低フラッシュオーバー電圧は次式によって表される。この式はJIS型長幹がいしを対象にした式であるが，実用上各種長幹がいしに適用できる。

$$V_0 = \left[0.47 - \frac{1.04}{\log_{10}\left(\dfrac{0.1}{\omega}\right)-1.97}\right] \times \frac{L}{1.5K\dfrac{1}{3}+1.25K+\left[4.3-\dfrac{1}{N\cdot n+1}\right]} \cdot N \qquad \cdots\cdots\cdots 第4-7式$$

- 349 -

ここで， V_0：N個連の長幹がいしの最低フラッシュオーバー電圧（kV）

ω：等価塩分付着密度（mg/cm²），がいしの全面平均の値をとる

K：との粉の付着密度（mg/cm²），設計では0.05mg/cm²とする

L：がいし１個の漏れ距離

n：がいし１個のかさ数

塩害対策を行うにあたって，目標とする耐電圧は理想的には系統内に発生するあらゆる持続性以上電圧を考慮することが望ましいが，一般的には経済性から１線地絡時の健全相電圧，あるいは常規対地電圧の最大値に安全を見込んだ値を対象としている。

１線地絡時の健全相電圧としては，

非有効接地系（公称電圧）$\times \dfrac{1.15}{1.1}$

有効接地系（公称電圧）$\times \dfrac{1.3}{\sqrt{3}} \times \dfrac{1.15}{1.1}$

をとり，常規対地電圧の最大値としては，

（公称電圧）$\times \dfrac{1}{\sqrt{3}} \times \dfrac{1.15}{1.1}$

をとっている。遮断器では同相極間の耐電圧が問題となるが，異系統つき合わせとなる場所では相電圧の２倍を考慮し，その他の場合は対地絶縁よりいくぶん強化する。非有効接地系では中性点についても対策の検討を要するが，その考え方は明らかにされていない。**第4.20表**はそれぞれの商用周波耐電圧目標値を示す。

第4.20表　商用周波耐電圧目標値（kV）

接地系	公称電圧	常規対地電圧の最大値	１線地絡時の電圧		極　間
			健全相対地	中性点	
非有効接地	11	7	12	7	14
	22	14	23	14	27
	33	20	35	20	40
	66	40	69	40	80
	77	47	81	47	93
	110	67	115	67	133
	154	93	161	93	186
有効接地	187	113	147		226
	220	133	173		266
	275	166	216		332

〔計算例〕

汚損区分D地域で等価塩分付着密度が0.4（mg/cm²）としたとき，66kV架空引込線における

第3編　受変電設備と環境

250mm標準懸垂がいしの必要連結個数を求めよ。ただし，目標耐電圧は1線地絡時の健全相電圧とし，設計耐電圧値はフラッシュオーバー電圧の1/1.25とする。

設計耐電圧値は，

$$V_0 = 66\text{kV} \times \frac{1.15}{1.1} \times \frac{1}{1.25} = 55.2\text{kV} \ (k = 1.25)$$

第4-6式において，

ω：0.4（mg/cm^2）

K：0.1（mg/cm^2）なので，

$$V_0 = \frac{28}{\left(\frac{0.4}{0.1}\right)^{1/5}\left[1.5\left(\frac{1}{3} \times 0.1 + 2\right) + \frac{5}{8} \times 0.1\right]} \cdot N$$

より，$V_0 = 6.815N$　従って　N = 55.2/6.815 = 8.1 → 9（個）

4.4　その他の環境対策

4.4.1　油漏れ対策

電技第19条第10項において「中性点直接接地式電路に接続する変圧器を設置する箇所には，絶縁油の構外への流出及び地下への浸透を防止するための措置が施されていなければならない」と規定されている。直接接地式電路においては，非接地式や抵抗接地式電路に比べて大型変圧器が設置され，万一油漏れがあった場合土壌汚染による公害防止の観点から影響が大きいため，防油堤など油の流出防止対策をすることが義務付けられている。併せてJEAC 5001「発変電規程」及びJEAG 5002「変電所等における防火対策指針」に関連規定，さらに変圧器の絶縁油は消防法上の危険物に該当し，指定数量以上の場合取扱いの規定に従う必要がある。

4.4.2　PCB対策

電技第19条第14項において「PCBを含有する絶縁油を使用する電気機械器具は，電路に施設しではならない」と規定され，電技解釈32条にPCBを含有する絶縁油に係わる基準値が定められている。

使用済みPCB使用電気機器並びにPCB廃棄物は，特別管理産業廃棄物として通常の産業廃棄物より厳重な管理が義務付けられており，廃棄物処理法，PCB廃棄物特別措置法（PCB特措法）に基づき運搬や保管方法が規制され，JEAC 8102「PCB使用電気機器の取扱い規定」の準用が示されている。

平成28年改正PCB特措法では，高濃度PCB使用製品，廃棄物について所定の処分期間内の廃棄，処分委託等が義務づけられた。また消防法上の危険物に指定されており，指定数量以上の場合取扱いの規定に従う必要がある。

4.4.3　SF$_6$（六フッ化硫黄）対策

ガス変圧器，ガス遮断機，ガス絶縁開閉などに使用されているSF$_6$（六フッ化硫黄）は，CO_2と同様に地球温暖化の原因物質となっている。SF$_6$ガスは化学的に極めて安定で，不燃かつ人体に無害であるという認識から，これまでかなりの量が排出されていた。

- 351 -

環境省地球環境局において，機器の適正な管理，廃棄処分を通じて温室効果ガスの排出防止を目的に，機器の保有状況の把握，使用機器の保守点検，機器の適切な廃棄処分に関する指針を定めている。また，電気事業連合会では地球環境保全の取り組みの一環として，点検時や機器撤去時における排出量抑制に対する自主行動計画を策定している。

参考文献

1）建築設備耐震設計・施工指針（日本建築センター）
2）電気設備設計・施工ハンドブック（オーム社）
3）電気設備技術計算ハンドブック（電気書院）
4）空気調和設備計画設計の実務の知識（空気調和・衛生工学会）
5）実用 騒音・振動制御ハンドブック（エヌ・ティー・エス）
6）電気・情報設備要覧（産業調査会）
7）電気設備設計・施工ハンドブック（オーム社）
8）建築設備設計基準（公共建築協会）
9）電気設備工事監理指針（公共建築協会）
10）空気調和・衛生設備工学便覧「空気調和設備編」（空気調和・衛生工学会）
11）受配電・制御システムハンドブック（日本配電盤工業会）
12）建築電気設備advice（新日本法規）
13）高圧受電設備規程（日本電気協会）
14）建築電気設備の耐震設計・施工マニュアル（日本電設工業協会・電気設備学会）

索 引

あ

アーク時間　126
アクティブフィルタ　81, 192
油漏れ対策　351
網状（メッシュワイヤ）接地方式　84
アンカーボルトの強度　208
暗騒音　288
アンペアターン　154
アンペアメートル法　53, 58
硫黄酸化物　320, 321
硫黄酸化物のK値規制　324
異常電圧　83
位相　114, 273, 274
位相変位　114
一次冷却水膨張タンク　239
一次冷却方式　235
一括始動　280
インバータ　184, 275
インピーダンス法　25, 53, 55, 58
インピーダンスマップ　30, 32, 36, 195, 196
浮き構造　306
浮き床　306, 312
塩害対策　345
塩害対策地域区分表　346
エンジンの許容背圧　214
塩分の付着量　347
塩分飛来量　346
オイルレス機器　328
オーム法　25
屋外用負荷開閉器　138
オクターブ中心周波数　307, 308, 309
屋内キュービクル型受変電設備の換気　316
屋内配線の電圧降下　59
屋内用負荷開閉器　138
汚損区分　348, 350
音の単位　285
音の強さのレベル　285
音圧レベル　285
音響放射係数　307, 309
音源　286
音源周波数　296
温度計法　121
温度上昇　27, 94, 122, 123, 252

温度上昇限度　120, 121, 128, 135

か

開極時間　126
回折音　294, 295
回転速度の選定　194
回復充電　183
開閉過電圧　84
開閉過電圧対策　86, 91
開閉サージ　84, 265
開閉頻度　141
開閉容量　140, 141
架空地線　83, 84, 90
確度階級　156, 165
かご形　62, 141
火災対策　328
火災予防条例　21, 22, 330
加振力　303, 308
カスケード遮断　255, 259
カスケード遮断協調　255
カスケード保護方式　45, 46
ガス絶縁形　154
ガス負荷開閉器　138
活線洗浄方式　348
過電流協調　280
過電流強度　21, 28, 154, 157, 159
過電流許容値　281
過電流遮断器の設置　257, 258
過電流耐量　280
過電流定数　157
過電流保護協調　33, 34
過電流保護領域　279
過渡異常電圧　83, 87
過負荷運転　107, 122
過負荷遮断電流　140
過負荷耐量　279, 280
雷インパルス試験電圧　102
雷インパルス耐電圧試験　91, 92
雷インパルス耐電圧試験値　149
雷インパルス電流　149
雷過電圧　83, 84
換気装置　313
換気方式　313
環境確保条例　325, 326

環境騒音 286	系統接地 90
環境騒音の表示・測定方法 299	系統短絡電流 6,7
換気量 222,252,316,317	系統の運用 6,7
乾式変圧器 111,120,124,290,291	系統の運用保守点検 6
巻数比 153,163	系統分離 43
慣性動作時間 271	系統容量の増大 71
巻線形 62,141,154	契約電力 4,5,6,10,11
貫通形 155	ケーブル片道抵抗 161
感度電流 262	ケーブル電圧降下 63
機械換気方式 313	ケーブルの静電容量 52
機械的強度 27,28,44,157	結線 104,105,113
機器インピーダンス 47	結線の表示 114
機器架台 304,343	限時保護方式 270
基準インピーダンス 99	減衰計算 292
基準容量 30,31,32,35,41	減衰量 296
規制地点における総合音の検討 207	建築設備耐震設計・施工指針 24,208,211,334
気中負荷開閉器 138	原動機および発電機の放熱量 220
逆相 47,88,93,94,192,194	原動機出力係数 192
給・換気系統 218	原動機の機械音 199
吸音処理 290	原動機の排気音 199
給排気・換気ファン音 199	限流特性 131,133
給気量と換気量 223	限流ヒューズ 46,131,147
共振現象 81	限流リアクトル 43
共通予備UPS 276	コイルモールド形 154
極性 269	高圧回路の短絡電流計算 34
局部震度法 208,334,335,336	高圧リアクトル接地方式 47
許容回転速度変動出力係数 192	公称電圧 128
許容逆相電流出力係数 192	公称放電電流 149
許容ケーブル長 161,162	剛性 306,312
許容最高温度 120,314	合成インピーダンス 20,26,32,197
許容最大出力係数 193	合成音 295
許容時間 132,146	高速限流遮断 46
許容地耐力 343	拘束試験 62
許容電圧降下出力係数 191	高速スイッチング素子 79
許容電圧変動範囲 8	高調波の発生 73
許容電流減少係数 250,251	高調波含有率 74
許容電流値 251	高調波許容限界 172
許容排出量（Q） 327	高調波障害防止 172
距離減衰 294	高調波成分 296
均等充電 183	高調波電圧 93,172
区間保護方式 267	高調波電流 73,74
繰返し過電流特性 144	高調波発生機器 74
繰返し再発弧 85	高調波発生次数 74
クレストファクタ 277,278	高調波発生量の低減 79
計器用変圧器 163,165,166,168	高調波フィルタ 80
系統構成 7,19,33	高調波負荷の扱い 193
系統充電電流 89	高調波対策 79

索引

後備保護　45, 266
効率曲線　108
交流電源方式　250
交流フィルタ　80
固体伝播音　203, 306
誤動作防止　269
ゴムモールド形　154
固有周波数　312
固有振動数　305, 307, 310, 311
コンクリート基礎　343
コンデンサ　170
コンデンサインプット　277
コンデンサ電流　140
コンデンサ突入電流　172
コンデンサトリップ装置　250
コンデンサの設置場所　8
コンデンサ容量　68, 177
コンデンサ容量の計算　68, 69
コンデンサ容量早見表　69
コンバータ　275

さ

サージアブソーバ　87, 91
サージインピーダンス　85
サージサプレッサ　86
サージ侵入波頭しゅん度　151
サージ電圧　66, 85, 86, 90
最高許容温度　29, 59, 60, 128, 250
最小遮断電流　147
最小動作電流　273
最大許容電流　256
最大効率　108
最大需要電力　1, 4, 5, 6, 7
再点弧サージ　84, 176
酸化亜鉛形避雷器　149
三角結線　113, 114, 167
三角形結線　113
三相結線　112
三相短絡故障計算　25
シール形　190
直入始動　62, 258, 259
自家発電設備　19, 184, 333
自家用発電設備の換気　316
時間－電流特性　132
時刻歴応答解析　208, 335, 336
敷地境界　199, 295
試験電圧　91, 92, 102

自己励磁現象　177
地震対策　334
地震荷重の計算　208
地震力　24, 335, 339
自然換気　186, 253
自然換気方式　313
室内音圧レベル　307
室内騒音の許容値　287, 289
室内発熱　314
時定数　122, 123
始動空気槽/始動空気圧縮機　242
自動制御方式　174
始動装置　240
始動電流　53, 60, 62
始動方式　240
地盤の耐圧限度　343
遮音処理　290
遮音壁　290
遮断器の選定　126, 129, 256, 259
遮断電流　146
遮断容量　183
周囲温度　109, 120
充電電流　137, 140
周波数変動範囲　9
受電設備容量　6, 7
受電電圧　10
受電電圧と受電方式の組み合わせ　14
受電方式　11, 12, 13
受電用変圧器　15
手動・フック棒操作　139
受変電設備室と塩害対策　345
受変電設備の換気　314
受変電設備の消火設備　328
主保護　266
寿命　121, 142
需要電力　2
需要率　4, 5
潤滑油圧力調整弁　234
潤滑油系統　230
潤滑油清浄機　234
潤滑油の作用　230
潤滑油フィルタ　234
潤滑油プライミングポンプ　233
潤滑油ポンプ　233
潤滑油冷却器　234
循環電流　105, 106
瞬時電圧降下　53, 60, 61, 176

- 355 -

瞬時特性　254
瞬時励磁式　142
省エネ計算　111
省エネルギー　110
衝撃絶縁強度　150
常時励磁式　142
冗長性　275
使用負担　156
常用系UPS　276
商用周波試験電圧　92, 102
商用周波フラッシュオーバー電圧　349
商用同期無瞬断切換方式　280
触媒栓式　186, 190
所要耐電圧値　91
所要面積　12, 21, 22
シリコン整流素子　185
シリコン塗布方式　348
シリコンドロッパ　186
真空負荷開閉器　138
振動応答加速度値　335
振動加速度　302
振動規制法　302
振動絶縁効果　311
振動対策　302
振動低減技術　305
振動伝達率　303, 311
振動伝播経路　306
振動の表し方・評価方法　302
振動防止　303, 305, 306
振動源の周波数特性　309
振動レベル　302
垂下特性　183, 280
水槽循環冷却方式　316
水素ガス　186
スイッチングレギュレータ　277
スコット結線　111
スターデルタ始動　258, 259
スパイラル方式　86
スポットネットワーク受電方式　14
制御弁式　187, 190
制御用電源　250
正弦波電流　73, 81
正相　47, 49, 88, 93, 94
正相リアクタンス　88
静的ばね定数　310, 311
静電誘導　47, 86
整流器　275

整流器負荷　277
整流装置　183, 184
絶縁協調　90, 91, 92, 148, 151
絶縁強度　91, 102, 136, 149
絶縁試験関係　91, 92
絶縁物の劣化　28, 93, 121
設計用鉛直地震力　209, 335, 339
設計用水平地震力　208, 335, 339
設計用標準震度　24, 209, 336
設置義務　260
接地形計器用変圧器　164, 167
接地抵抗　150
接地有効電流　88, 89
設備機器の応答倍率　210, 336, 337
セルモータ用蓄電池　244
零相　47, 49, 50, 88, 93, 94, 155
零相三次電圧　164, 167, 168
零相インピーダンス　47, 49, 50
零相電圧　274
零相電流　93
零相リアクタンス　88
選択遮断　255, 259
選択遮断協調　255, 270
せん断力　338, 339, 341, 343
線地絡電流　49, 50, 52
全モールド形　155
線路のインピーダンス　21, 30, 31, 32, 47, 58, 93, 117
騒音・振動伝播　305
騒音規制基準値　285
騒音規制法　285
騒音計算　292
騒音対策　285
騒音対策の検討　206
騒音低減効果　297
騒音の計算　199
騒音の測定　299
騒音の伝播　289
騒音発生源　286, 289
騒音レベル　286
騒音レベル基準値　290
相互インダクタンス　93
操作方式　142
挿入損失　303, 304
総量規制基準　321

た

耐塩害仕様　347

索引

耐汚損度　347
大気汚染防止法　319
待機冗長UPS　276
対称座標法　47, 48
対称短絡電流　38, 42
耐震　334
耐震設計　24, 208, 211, 212, 335
耐震対策　24, 198, 208
対地静電容量　47, 50, 51, 81, 85, 137, 140, 265
耐熱クラス　121
縦磁界方式　86
単一UPS　275
単一母線方式　17
単位動作責務　148
単極双投形　134
単極単投　134
短限時特性　259
短時間過電圧　83
短時間過電流耐力出力係数　192
短時間過負荷耐量曲線　124
短時間許容電流　29
短時間交流耐電圧試験値　149
短時間商用周波耐電圧試験　91, 92
短時間耐量　27
端子記号　114
単相負荷の扱い　193
単発騒音暴露レベル　301
断面積　52, 59, 136, 153, 324
短絡インピーダンス　105, 115
短絡協調　33
短絡強度　25, 27, 28, 29, 44
短絡電流　157, 182, 195, 196
短絡電流計算　20, 25, 30, 34, 38, 40
短絡電流の計算式　20, 29, 37, 129, 130, 196
短絡電流の抑制対策　43
短絡投入電流　140
短絡保護協調　33
短絡容量及び短絡電流の計算　196
短絡容量計算　195
断路器　134, 135
断路器の種類　134
地域係数　209, 337, 340
地下水槽方式　238
力率改善　68, 69, 72, 140, 170, 177
力率改善の効果　69
力率管理　7
力率制御　173

力率の計測　173
蓄電池設備　184
窒素酸化物　319, 320, 321, 322
窒素酸化物の総量規制　322
中性線　93, 94
中性点接地抵抗　47
中性点接地方式　48
聴覚　286
長時間商用周波耐電圧試験　91, 92
直撃雷　83, 90
直接接地方式　47, 48
直流電源方式　250
地絡故障　47
地絡時異常電圧　87
地絡抵抗　47
地絡電流　273
地絡電流計算　47, 48, 50
ちらつき視感度曲線　66, 67
ちらつき視感度係数　66, 67
通過エネルギー　259
通気孔　313
月負荷率　5
低圧電磁接触器　143
定格開閉容量　140
定格感度電流　262
定格遮断時間　126
定格遮断電流　126, 129
定格充電電流開閉容量　140
定格耐電圧　129, 140
定格耐電流　157
定格短時間耐電流　129
定格短時間電流　135, 136, 139
定格通電電流　143
定格電圧　127, 128
定格電流　128, 139
定格投入電流　129
定格負荷電流開閉容量　140
定格負担　156, 166
定格容量　4, 99, 173, 184, 314
定格励磁電流開閉容量　140
抵抗接地方式　47, 48
抵抗法　121
低サージ真空遮断器　86
定常騒音　288, 300
定常電圧降下　53
定常負荷出力係数　191
定電圧特性　183

- 357 -

デシベル尺度　285
鉄損　107
電圧降下　168, 170
電圧降下の改善　70
電圧降下の計算法　53
電圧降下の低減　170
電圧不平衡　8, 93
電圧不平衡の発生原因　93, 94
電圧不平衡率　93, 94
電圧フリッカ　53, 65, 66, 67
電圧変動　8, 9, 17, 43, 65, 83, 103, 115
電圧変動率　43, 56, 57, 60, 61, 100, 103, 104
点音源　201, 293
電界強度　84
電気事業法　9
電気室所要面積　22
電気料金の割引　72
電源インピーダンス　26, 30, 34, 40, 64, 130
電磁接触器　141
電磁誘導　86
電磁力　247, 248
伝達加振力　304
伝達率　303, 304, 311
電動機寄与電流　31, 42
電動機始動時の電圧降下　62
電動機始動電流　258
電動機のインピーダンス　31
伝播経路　289
電流裁断サージ　85
電流値の補正　269
電力コンデンサの性能　171
電力損失　8, 68, 69, 70, 71, 72, 111, 170
電力損失の軽減　69, 70
電力損失の低減　170
電力ヒューズ　144
電力方向継電器　273
等価塩分付着量　349
透過音　207, 294, 295
等価基準周囲温度　109
等価周囲温度　109, 110, 120, 122
等価騒音レベル　299, 300
透過損失　207, 294, 295
等価抵抗　53, 58, 59
等価抵抗法　53, 58, 59
動作時間　132, 147, 263
動作責務　126
動作特性曲線　132, 254

銅損　107
導体の許容電流　247
動的ばね定数　310
等電位接地方式　84
投入サージ　84
特定防火対象物　332
特別の総量規制基準　322
年負荷率　5
トップランナー変圧器　110, 111, 315

な

内線規程　10
内部抵抗　182
難燃化　328
二次母線方式　17
二重母線方式　17
二次冷却方式　239
入射角　295
入力容量　3, 4, 185
熱交換器　239
熱的・機械的強度　27, 28, 44, 157
熱的過電流強度　157
熱的強度　27, 28, 46, 133
撚架　95
燃焼に必要な空気の補給　316
粘度コントローラ　230
燃料油清浄機　230
燃料油フィルタ　230
燃料移送ポンプ　227
燃料系統の構成　224
燃料小出槽　225
燃料循環ポンプ　229
燃料貯油槽　226
燃料の重油換算　323, 327
燃料の種類　225

は

パーセントインピーダンス　27, 29, 30, 31, 34, 40
パーユニット法　25, 27
ばい煙発生施設　320
排気管系の放熱に対する換気量　222
排気系統　214
排出基準　320
ばいじん　319, 320
ばいじん規制　323
配線抵抗　160
配線用遮断器　256, 258, 272

- 358 -

索引

配線用遮断器との協調　272
配線用遮断器の選定　256
配置計画　21, 24
配電方式　18, 19, 59
配電用変圧器　19, 110, 114, 195
波及事故　33
波形ひずみ　276
バックアップ遮断　255
発生熱量　27, 252
発電機効率　220, 318
発電機室の換気量　316, 318, 319
発電機出力係数　191
発電設備と大気汚染　319
発電設備の出力計算　191
発熱量　252, 315
パワーレベル　286
反限時特性　254, 270
反射音　294, 295
反射角　295
引抜力　211, 338, 342
比誤差　153, 156, 166
非常電源　332
非常電源専用受電設備　333
ひずみ電流　277
ひずみ波　73
ひずみ波形　277
非接地系の地絡保護　273
非接地方式　47
皮相容量　112
非対称系数　25, 26, 37, 38, 39
非対称短絡電流　38, 42
必要低減量　309
灯動共用結線　118
灯動変圧器　118, 119, 120
日負荷率　5
被保護機器の位置　151
被保護機器の絶縁強度　149
避雷器　84, 86, 90, 148, 149, 150, 151
避雷針　84, 90
比率差動継電方式　267
風圧荷重　343
負荷設備容量　1, 2
負荷損　100, 107, 108, 109, 171
負荷調査　2
負荷電圧補償装置　178, 184, 186
負荷パターン　122
負荷分担　105, 106, 118, 119

負荷分担曲線　119, 120
負荷容量　2
負荷リスト　3
負荷率　5
負荷力率　278
浮動充電　182, 183, 184
不燃化　328
不平衡電圧　83
不要動作　265
フラッシュオーバ　83, 84, 91, 349, 350
フリッカ値　65
分割（貫通）形　155
平均吸音率　307
平均溶断時間　132
並行運転可能な結線　105, 107
並列運転　16, 275
並列冗長UPS　275
閉路容量　143
変圧器移行電圧　86
変圧器インピーダンス　31, 35, 41, 43, 100
変圧器インピーダンスの変更　43
変圧器二次母線方式　17
変圧器のインピーダンス　31, 35, 41, 43, 64, 100
変圧器の周囲温度　120
変圧器の寿命　121, 124
変圧器の絶縁強度　102
変圧器の騒音　290
変圧器のバンク構成　15, 16
変圧器の並行運転　17
変圧器容量　115
変圧比　103, 105, 106, 163, 165, 166
変動騒音　299
変動負荷　65, 66
ベント形　183, 189
変流器　28, 32, 91, 153
変流器二次過電圧　175
変流器の絶縁方式　154
変流器の選定　158
防音対策　286
防音壁　295
防火対象物　330, 332
方向選択保護方式　273
防振効果　303, 304, 311
防振ゴム　309
防振材　306
防振材料　309
防振支持　304, 310

防振装置　303, 304, 309
放電耐量　90, 148, 151
放電電流　83, 148, 149, 179, 244
放電特性　148
放流方式　235
保護協調　255, 259
保護レベル　149
星形結線　112, 113, 114
保守点検　7
保守率　178
母線電圧降下　176
母線連絡遮断器　17
母線連絡のある単一母線方式　17
保有距離　21, 22, 331

ま

密閉反応効率　186
無効電力　7, 66, 71, 95
無効電力制御　174
無効電力補償装置　66, 95
無瞬断切換方式　280
無停電電源設備　275
無負荷損　107, 108, 109
モータコントリビューション　31

や

有効電力　7, 69, 71
誘導雷　84
誘導電動機　31, 53, 60, 62, 69, 94
床のインピーダンス　306, 307, 308
油入形　154
油入変圧器運転指針　124
溶断時間　132
溶断特性　132, 145
用途係数　210, 337
容量換算時間　178
予想増設負荷容量　279
予備UPS　276

ら

ラジエター方式　239
リアクタンス接地方式　47
利用率　117
ループ受電方式　11, 13
冷却塔　239
冷却塔ファン音　199
冷却塔方式　238

冷却媒体　109, 120
冷却方式　120, 235, 239
励磁電流　140
励磁突入電流　256, 269, 272
レジンモールド形　154
連絡遮断器　17
漏電遮断器　260
漏電遮断器の設置義務　260

わ

ワニス絶縁　154

英数字

1回線受電方式　13
1バンク構成　15
2回線常用・予備受電方式　13
2バンク構成　15
3バンク構成以上　15
BIL（基準衝撃絶縁強度）　90
CO_2の低減計算式　112
CO_2発生量　111
NC曲線　288, 289
NC数　288, 289
NC値　286
NOx排出量　327
PCB対策　351
phon尺度　286
PWM制御方式　79, 80
R.O.Fehr　296, 297
Redfearn　297, 298
SF_6対策　351
SPL　200, 292, 307, 308, 309
UPS　275
UPS給電の信頼性　275
UPSのシステム容量　278
UPSの設備計画　278
UPS容量　279
V－V結線　116
V結線　104, 116, 117
Y－Y結線　114
Y－Δ結線　105, 118
Δ－Y結線　105, 118
Δ接続　269
Δ－Δ結線　114, 116, 117
％インピーダンス法　27, 53, 56, 60, 99
％抵抗　99
％リアクタンス　99, 100, 195

【執筆者】

第1編 全般　　　中島　廣一　　元㈱東芝
第2編 1～6, 9～13 中島　廣一　　元㈱東芝
　　　7　　　　　蒲　新太郎　　㈱GSユアサ産業電池電源事業部 システムエンジニアリング本部
　　　　　　　　　　　　　　　　SE推進部
　　　8　　　　　馬場　美行　　西芝電機㈱ 技術部 発電・産業システム技術担当
　　　　　　　　　岡見　知光　　㈱IHI原動機 陸用事業部 プラントエンジニアリング部
　　　　　　　　　本田　徹　　　㈱IHI原動機 陸用事業部 プラントエンジニアリング部 常用プラ
　　　　　　　　　　　　　　　　ント設計グループ
　　　　　　　　　高畑　達郎　　㈱IHI原動機 陸用事業部 プラントエンジニアリング部 非常用プ
　　　　　　　　　　　　　　　　ラント設計グループ
第3編 全般　　　高山　博　　　元清水建設㈱

【監　修】

(一社)日本電設工業協会　出版委員会　単行本企画編集専門委員会

主 査　林　和博　㈱九電工　　　　　　委 員　田代　博行　㈱関電工
委 員　梶山　修　住友電設㈱　　　　　　〃　　辻　靖成　　㈱トーエネック
　〃　　北浦　仁　㈱ユアテック　　　　　〃　　渡辺　正男　日本電設工業㈱
　〃　　佐藤　慎司　東光電気工事㈱　　　事務局　野々村　裕美　(一社)日本電設工業協会

電気設備技術者のための　建築電気設備技術計算ハンドブック(上巻)改訂版

平成 20 年 2 月 25 日　　第 1 刷発行
平成 21 年 4 月 20 日　　第 2 刷発行
平成 23 年 2 月 1 日　　　第 3 刷発行
平成 29 年 5 月 25 日　　第 4 刷発行
令和元年 12 月 10 日　　改訂版発行

編 者　　一般社団法人　日本電設工業協会　出版委員会　単行本企画編集専門委員会
発行所　　一般社団法人　日本電設工業協会
　　　　　　　東京都港区元赤坂 1 丁目 7 番 8 号　〒 107-8381
　　　　　　　電話　(03) 5413-2163
　　　　　　　FAX　(03) 5413-2166
　　　　　　　https://www.jeca.or.jp
印 刷　　昭和情報プロセス㈱
発売元　　株式会社　オーム社
　　　　　　　東京都千代田区神田錦町 3 - 1　〒 101-8460
　　　　　　　電　話　　(03) 3233-0641　(代表)

ISBN　978-4-88949-107-4　C3054

本書の一部または全部を無断で複製あるいは転載すると著作権および出版権の侵害となること
がありますので，ご注意ください。